行政書士法人名南経営
行政書士 大野裕次郎 著
行政書士 寺嶋　紫乃 著
行政書士 片岡　詩織 著

最初からそう教えて
くれればいいのに！

建設業法の
ツボとコツが
ゼッタイにわかる本

［第3版］

秀和システム

はじめに

・この仕事は建設業法の規制の対象になるか？
・この工事はどの業種に該当するか？
・この人は技術者として認められるか？
・当社は建設業許可が取得できるか？
・この行為は建設業法に違反するか？

　本書を手にとっていただいた読者の皆様は、建設業法に関して、少なからずこのような疑問を抱いたことのある方だと思います。建設業法は難しいと感じているのではないでしょうか。

　このような疑問が生じる理由は、建設業法の条文を読んだだけでは判断できない、ということが主な理由ではないかと思います。建設業法が難しい法律であると感じさせる原因の一つです。

　さて、ここで読者の皆様に質問です。
　建設業法という法律は、土木や建築に関する工事を請け負ういわゆるゼネコンや建設業者だけが遵守しなければならない法律でしょうか？

　答えは、NO です。

　建設業法は、建設業許可業者に対するルールが多く規定されている法律です。建設業許可を取得している事業者はゼネコンや建設業者に限られず、空調・電気・水道等の建築設備に関する工事を請け負う設備業者はもちろんのこと、製造業者、商社、運送業者といった他業種の事業者も建設業許可を取得しています。

　令和6年3月末現在の建設業許可業者数は479,383業者ですが、このうち建設業以外の営業を行っているいわゆる兼業業者は29.4%の141,155業者です（国土交通省「建設業許可業者数調査の結果について」－建設業許可業者の現況（令和6年3月末現在）－ https://www.mlit.go.jp/report/press/content/001742597.pdf）。この数は年々増加しています。

　建設業許可業者がゼネコンや建設業者だけでないということは、建設業法の適用対象となる仕事が多いということがおわかりいただけると思います。それだけ適用

範囲が広い法律であるということ、さらに適用範囲が広いがゆえにわかりづらい法律であると考えています。

　また建設業法令が頻度に改正されていることも、難しい法律であると感じさせる原因です。建設業法に関する最近の動向として、令和2年10月に施行された改正建設業法が挙げられます。25年ぶりの大改正として、建設業法に注目が集まりました。

　建設業が抱える長時間労働や就業者の高齢化といった課題を解決するため、「建設業の働き方改革の促進」「建設現場の生産性向上」「持続可能な事業環境の確保」という3つの観点から令和元年6月に改正建設業法が成立し、令和2年10月にはその大部分が施行されました。

　本書の第1版（令和2年6月出版）及び第2版（令和4年9月出版）は、令和2年10月に施行された改正建設業法に対応した書籍として出版し、多くの建設業の方にご愛読いただきました。

　そして、その後、令和6年6月、「処遇改善」「資材高騰による労務費へのしわ寄せ防止」「働き方改革と生産性の向上」を大きな柱に、「持続可能な建設業」の実現に向け、第213回国会（常会）において「建設業法及び公共工事の入札及び契約の適正化の促進に関する法律の一部を改正する法律」が成立し、その一部が令和6年9月1日、12月13日に施行されました。令和2年の改正ほどではないものの「監理技術者等の専任義務に係る合理化」など、建設業者にとって影響の大きい改正内容となっています。

　第3版となる本書は、令和6年6月に成立した改正建設業法の内容を踏まえて、執筆をしました。令和7年12月までに施行予定の改正内容も盛り込み、第2版の出版以降、お客様からいただいたご相談内容も取り入れ、第2版の内容をバージョンアップしております。
　第1版及び第2版をお読みいただいた方にもご満足いただける内容になっております。

　建設業の管理職の方、建設業許可ご担当者の方、法務部の方、現場の技術者の方など、幅広い職種の方にご活用いただける内容です。本書を手元に置いて、いつでも参照できるコンプライアンスマニュアルとしてご活用いただければ幸いです。

行政書士法人名南経営

行政書士　大野裕次郎

本書で使用する用語のポイント

本書では、類似した用語が様々な表現で登場します。

節のタイトルであるQuestionやカエルの会話は、世間一般で使われる用語や通称を使用していることが多く、解説部分は、基本的に建設業法上の用語を使用しています。混乱しないように、あらかじめ確認をしておきましょう。

●「建設業者」「建設業を営む者」

本書で使用する「建設業者」「建設業を営む者」とは建設業法上の用語です。「建設業を営む者」には、「建設業者」だけでなく、建設業許可を受けずに軽微な建設工事のみを請け負うことを営業とする者も含まれ、広い意味合いとなっています。

- ・「建設業者」とは、建設業許可業者を指しています。
- ・「建設業を営む者」とは、建設業許可を取得しているかどうかに関わらず、建設業を営む者すべてを指しています。

▼「建設業者」は「建設業を営む者」の一部

建設業を営む者

建設業者
（建設業許可業者）

●「発注者」「元請業者」「元請負人」「下請負人」

本書では、通称と建設業法上の用語を用いています。一次下請や二次下請といった下請の立場であっても、建設業法上は「下請負人」だけでなく、注文者の立場となれば「元請負人」と表現されることがあります。通称と建設業法上の用語を対比して確認しておきましょう。

- ・「発注者」とは、建設業法上の用語で、建設工事の最初の注文者のことです。
- ・「元請業者」とは、通称で、発注者から建設工事を直接請け負った建設業者のことです。
- ・「元請負人」とは、建設業法上の用語で、下請契約における注文者で建設業者である者のことです。
- ・「下請負人」とは、建設業法上の用語で、下請契約における請負人のことです。

▼通称と建設業法上の用語の違い

通称	発注者 (施主)	⇔	元請業者	⇔	一次 下請業者	⇔	二次 下請業者	⇔	三次 下請業者
建設業法上	発注者	⇔	元請負人	⇔	下請負人 元請負人	⇔	下請負人 元請負人	⇔	下請負人

●「営業所技術者」「特定営業所技術者」

建設業法の改正前は「専任技術者」と呼ばれていましたが、令和6年の建設業法改正により、一般建設業許可の専任技術者は「営業所技術者」、特定建設業許可の専任技術者は「特定営業所技術者」と呼ばれることになりました。

本書では、営業所技術者・特定営業所技術者をまとめて「営業所技術者等」と呼びます。

最初からそう教えてくれればいいのに！

建設業法のツボとコツがゼッタイにわかる本

［第3版］

Contents

第2章　建設工事について

第3章　建設工事の請負契約について

第4章　技術者について

第6章　経営事項審査（経審）について

第7章 監督処分と罰則について

情報を更新

第8章　その他、コレも押さえておこう

第1章 建設業を始める前に

建設業を営業するときは、どんな法律で規制されるの？

建設業は誰でも自由に営業できるの？

建設業を始めるなら、建設業法という法律を守って営業しなければいけないよ

建設業法とは？

建設業法とは、建設業を営む者が守らなければならないルールです。建設業の許可や、建設工事の請負契約、施工技術の確保等について定められています。建設業法違反には、罰則と監督処分が用意されています。建設業を営む者は建設業法を理解し、法令遵守を図らなければなりません。

▼建設業法の構成

第1章　総則（1条、2条）
第2章　建設業の許可
　第1節　通則（3条、4条）
　第2節　一般建設業の許可（5〜14条）
　第3節　特定建設業の許可（15〜17条）
　第4節　承継（17条の2、17条の3）
第3章　建設工事の請負契約
　第1節　通則（18〜24条）
　第2節　元請負人の義務（24条の2〜24条の8）
第3章の2　建設工事の請負契約に関する紛争の処理（25〜25条の26）
第4章　施工技術の確保（25条の27〜27条の22）
第4章の2　建設業者の経営に関する事項の審査（27条の23〜27条の36）

建設業法の目的は？

建設業法の目的は4つあります。

1

①建設工事の適正な施工を確保すること。

②発注者を保護すること。

③建設業の健全な発達を促進すること。

④公共の福祉の増進に寄与すること。

▼建設業法

> (目的)
> 第一条　この法律は、建設業を営む者の資質の向上、建設工事の請負契約の適正化等を図ることによつて、建設工事の適正な施工を確保し、発注者を保護するとともに、建設業の健全な発達を促進し、もつて公共の福祉の増進に寄与することを目的とする。

　本書で解説する建設業法の各種規定は、これらの目的を達成するために設けられているものです。特に「建設工事の適正な施工を確保」「発注者を保護」という目的を念頭に置いておくと、建設業法の理解が深まると思います。また、建設業法には下請負人を保護するための規定が多く設けられています。建設業法の目的には規定されていませんが、「下請負人を保護」するという目的もあるように感じられます。

　建設工事の請負契約に下請法の適用がないとされているのは、建設業法にこのような側面があることが理由です。

建設業法の目的達成のための手段は？

　建設業法の目的を達成するための手段として、建設業法では「建設業を営む者の資質の向上」と「建設工事の請負契約の適正化」が示されています。

　建設業を許可制にしていること、技術検定制度を設けていること、工事の契約書に記載すべき事項を規定することなど、建設業法では目的達成のための手段が規定されています。

▼建設業法の目的

<究極の目的>
公共の福祉の増進

<目的>
・建設工事の適正な施工を確保
・発注者を保護
・建設業の健全な発達を促進

<手段>
・建設業を営む者の資質の向上
・建設工事の請負契約の適正化

500万円以上の工事を受注したけど、工事開始までに許可を取得すればいいの？

建設工事を受注できたよ！　これから許可を取ろう

うーん。ちょっと遅いのでは？

建設業許可が必要な場合

　建設業を営もうとする者は、「軽微な建設工事」のみを請け負う場合を除いて、建設業の許可が必要です。

　軽微な建設工事とは工事1件の請負金額が500万円未満の工事（建築一式工事の場合は、1件の請負金額が1,500万円未満の工事または延べ面積が150㎡未満の木造住宅工事）のことをいいます。

　建設工事が、民間工事であるか、公共工事であるかは関係ありません。また、請負金額は、消費税及び地方消費税を含めた税込金額で判断します。よくある間違いとして、軽微な建設工事は請負金額500万円「**以下**」と認識しているケースです。1件の請負金額が税込500万円ちょうどの場合、軽微な建設工事500万円「**未満**」には該当しないため建設業許可が必要な工事ということになります。

▼建設業法

> （建設業の許可）
> 第三条　建設業を営もうとする者は、次に掲げる区分により、この章で定めるところにより、二以上の都道府県の区域内に営業所（本店又は支店若しくは政令で定めるこれに準ずるものをいう。以下同じ。）を設けて営業をしようとする場合にあつては国土交通大臣の、一の都道府県の区域内にのみ営業所を設けて営業をしようとする場合にあつては当該営業所の所在地を管轄する都道府県知事の許可を受けなければならない。ただし、政令で定める軽微な建設工事のみを請け負うことを営業とする者は、この限りでない。
> 　〜以下省略〜

建設業許可を取得するメリット

建設業許可を取得するためには、一定の要件を満たさなければなりません。つまり、建設業許可を持っている建設業を営む者は、①建設業の経営ノウハウがあること、②建設工事を受注や施工できる技術があること、③財力があること、について国または都道府県からお墨付きをもらっているようなものです。建設業許可を持っていれば、それだけで信用に繋がります。

また、建設業許可を取得する最大のメリットとしては、軽微な建設工事を超える500万円以上の工事を受注することが可能になるということです。発注者やゼネコン等の元請業者によっては、建設業許可を持っている業者にしか工事を発注しないとしている場合があるため、建設業許可を取得しておくことで失注を防ぐことができます。

建設業許可が必要となるタイミング

建設業法では、**建設業**とは、**「建設工事の完成を請け負う営業」**をいうと定義されています。

▼建設業法

（定義）
第二条　この法律において「建設工事」とは、土木建築に関する工事で別表第一の上欄に掲げるものをいう。
2　この法律において「建設業」とは、元請、下請その他いかなる名義をもってするかを問わず、建設工事の完成を請け負う営業をいう。
3　この法律において「建設業者」とは、第三条第一項の許可を受けて建設業を営む者をいう。
　　〜以下省略〜

また、（軽微な建設工事を除いて、）建設業を営む者は建設業許可を受けなければならないとされていますので、**「建設業」**を営む＝**「建設工事の完成を請け負う」**場合には建設業許可が必要だということになります。

つまり、建設工事の請負契約を締結するタイミングで建設業許可が必要だということです。建設工事を施工するまでに許可があれば良いというわけではありません。

▼建設業許可が必要となるタイミング

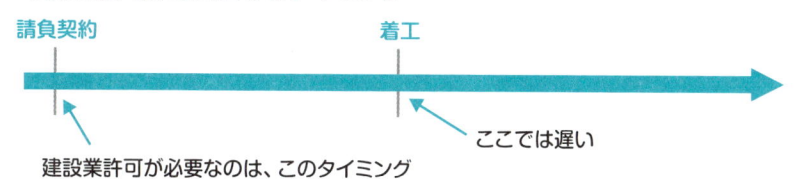

建設業許可が無い状態で軽微な建設工事を超える500万円以上の請負契約を締結すると無許可業者として建設業法違反となります。無許可業者に対する罰則は、行為者に対して「3年以下の懲役又は300万円以下の罰金」、法人に対しては「1億円以下の罰金」と重い罰則が用意されています。

1

用語の解説

軽微な建設工事：軽微な建設工事とは次の①②の建設工事のことをいう。
①建築一式工事は、1件の請負代金が1,500万円（消費税及び地方消費税を含む）未満の工事または請負代金の額にかかわらず、木造住宅で延べ面積が150㎡未満の工事。
②建築一式工事以外の工事は、1件の請負代金が500万円（消費税及び地方消費税を含む）未満の工事。

3 元請から100万円の資材提供があるけど、工事代金は450万円だから許可は不要？

> 請負金額450万円なら軽微な建設工事だね

> 請負金額に含まれるものとして、提供される資材があるんだよ

工事の請負金額に含まれるもの

　軽微な建設工事を超える請負金額の建設工事を請け負う場合、建設業許可が必要となります。請け負う建設工事が、軽微な建設工事かどうかを判断する際、契約書に記載された請負金額だけで判断してはいけません。

　工事に必要となる材料を注文者が用意し提供するケースがありますが、その場合には提供された材料の価格を請負金額に含めて判断することになります。材料の価格は市場価格です。さらに、材料の提供にあたり運送費がかかった場合には、その価格も請負金額に含めることになります。

▼建設業法施行令

> （法第三条第一項ただし書の軽微な建設工事）
> 第一条の二
> 　〜中略〜
> 3　注文者が材料を提供する場合においては、その市場価格又は市場価格及び運送賃を当該請負契約の請負代金の額に加えたものを第一項の請負代金の額とする。

機械器具設置工事における「機械」は請負代金に含める？

　機械器具設置工事の例として、エレベーターの設置工事が挙げられます。現実的ではないかもしれませんが、例えば、発注者が自らエレベーターを購入して用意し、建物への設置工事だけを、ある業者に発注するようなケースでは、請負金額にエレベーターの代金を含めて判断することになるのでしょうか。

　このケースでは、工事の請負金額にエレベーターの代金を含めて判断することになります。エレベーターの代金を含めて、工事の請負代金が500万円以上となるのであれば、この業者は機械器具設置工事の許可が必要です。

　機械器具設置工事は、その名の通り、機械器具を設置するという工事ですので、機械がなければ成り立ちません。例えるなら、木造住宅建築工事における木材と同じです。機械器具設置工事の場合は、機械を材料と考えます。機械の代金を工事の請負代金に含めて、軽微な建設工事に該当するかどうかを判断することになります。

元請から貸与された「機械」は請負代金に含める？

　土工事を請け負った下請業者が、元請業者から油圧ショベルを貸与された場合、請負金額に油圧ショベルの代金を含めて判断することになるのでしょうか。

　油圧ショベルは建設工事の材料ではないため、請負代金に含めることにはなりません。このケースでは、純粋に土工事の請負代金だけで、軽微な建設工事に該当するかどうかを判断することになります。

用語の解説

軽微な建設工事：軽微な建設工事とは次の①②の建設工事のことをいう。
①建築一式工事は、1件の請負代金が1,500万円（消費税及び地方消費税を含む）未満の工事または請負代金の額にかかわらず、木造住宅で延べ面積が150㎡未満の工事。
②建築一式工事以外の工事は、1件の請負代金が500万円（消費税及び地方消費税を含む）未満の工事。

県外の仕事を請け負いたいけど、許可は大臣許可じゃないとダメなの？

県外に出て工事をするということは、知事許可ではダメだよね？

大臣許可と知事許可の違いはそういうことではないよ

国土交通大臣許可と都道府県知事許可

建設業許可には、**国土交通大臣許可**（大臣許可）と**都道府県知事許可**（知事許可）という区分があります。

▼建設業法

（建設業の許可）
第三条　建設業を営もうとする者は、次に掲げる区分により、この章で定めるところにより、二以上の都道府県の区域内に営業所（本店又は支店若しくは政令で定めるこれに準ずるものをいう。以下同じ。）を設けて営業をしようとする場合にあつては国土交通大臣の、一の都道府県の区域内にのみ営業所を設けて営業をしようとする場合にあつては当該営業所の所在地を管轄する都道府県知事の許可を受けなければならない。ただし、政令で定める軽微な建設工事のみを請け負うことを営業とする者は、この限りでない。
　〜以下省略〜

営業所が、2つ以上の都道府県にある場合は大臣許可、営業所が1つの都道府県にのみある場合には、営業所がある知事許可を取得することになります。

大臣許可と知事許可の違いは、**営業所**をどこに設置するかということだけです。

▼大臣許可と知事許可の違い

A社は、甲県と乙県に営業所があるため、大臣許可となります。
B社は、甲県にのみ営業所があるため、甲県の知事許可となります。

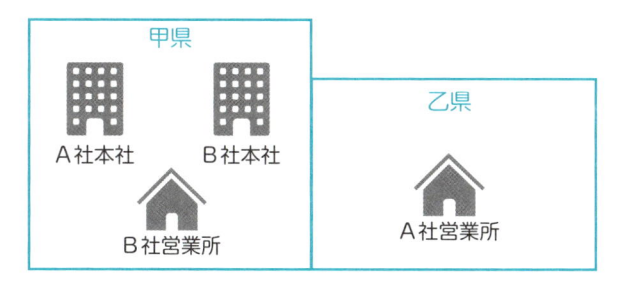

建設業法の「営業所」とは？

　建設業法でいう「営業所」とは、常時建設工事の請負契約を締結する事務所のことをいいます。

▼建設業法施行令

（支店に準ずる営業所）
第一条　建設業法（以下「法」という。）第三条第一項の政令で定める支店に準ずる営業所は、常時建設工事の請負契約を締結する事務所とする。

　支店、営業所、出張所など、名称は関係なく、常時建設工事の請負契約を締結する事務所であれば、建設業法でいう「営業所」に該当します。なお、海外にある支店等は「営業所」には該当しません。

　「営業所」は、建設工事の請負契約の締結を行う事務所なので、その事務所に契約締結の権限が与えられていることが必要です。また「請負契約を締結する」とは、契約書の締結行為のみでなく、工事の見積りや入札など請負契約の締結に係る実体的な行為が含まれます。なお「営業所」となる場合は、建設業許可上において、営業所として届出をする必要があります。

知事許可業者は、県外で建設工事を行うことができる？

　例えば、愛知県知事許可の建設業者は、東京都内の建設工事を行うことが可能でしょうか。

　答えは可能です。建設業許可が大臣許可であろうと知事許可であろうと、建設

業法上、建設工事の場所には制限がありません。知事許可であっても、全国どこでも建設工事を行うことが可能です。

　ただし、建設工事の請負契約は「営業所」でしか行うことができませんので、注意が必要です。このケースでは、愛知県知事許可の建設業者は、愛知県内の営業所で建設工事の請負契約を締結し、東京都内で建設工事を行うこととなります。

5 県外出張所で見積書発行するけど、契約書押印は本社だから知事許可で大丈夫？

出張所で契約書の押印をしていないんだから、知事許可でいいよね

出張所で見積書の発行をすることはいいのかな？

建設業許可の知事許可とは？

　建設業許可において、営業所が1つの都道府県にのみある場合には知事許可となります（営業所が2つ以上の都道府県にある場合は大臣許可となります）。

　例えば、愛知県内にのみ本社と営業所がある場合には、愛知県知事許可となります。建設業法でいう「営業所」とは、常時建設工事の請負契約を締結する事務所のことをいいますので、この例で、愛知県外に営業所があったとしても、本社でのみ請負契約を締結するということであれば、愛知県知事許可で足りるということになります。

▼建設業法施行令

> （支店に準ずる営業所）
> 第一条　建設業法（以下「法」という。）第三条第一項の政令で定める支店に準ずる営業所は、常時建設工事の請負契約を締結する事務所とする。

出張所は建設業法の「営業所」に該当する？

　出張所が建設業法の「営業所」に該当する可能性もあります。建設業法の「営業所」とは、常時建設工事の請負契約を締結する事務所のことをいい、その名称が何であるかは問いません。○○支社、○○支店、○○出張所、○○事務所、○○工場等の営業所以外の名称が使われていたとしても、常時建設工事の請負契約を締結

する事務所であれば、全て建設業法の「営業所」に該当します。

　先ほどの例で、愛知県外にある出張所が、常時建設工事の請負契約を締結する事務所であれば、大臣許可を取得しなければなりません。

建設業法の「営業所」じゃないとできないこと

　常時建設工事の請負契約を締結する事務所が、建設業法の「営業所」であると説明しましたが、さらに詳しく「営業所」の役割を見ていきましょう。国土交通省の「建設業許可事務ガイドライン」には、営業所の範囲について、次のとおりの記載があります。

▼建設業許可事務ガイドライン

2. 営業所の範囲について
　「営業所」とは、本店又は支店若しくは常時建設工事の請負契約を締結する事務所をいう。したがって、本店又は支店は常時建設工事の請負契約を締結する事務所でない場合であっても、他の営業所に対し請負契約に関する指導監督を行う等建設業に係る営業に実質的に関与するものである場合には、当然本条の営業所に該当する。
　また「常時請負契約を締結する事務所」とは、請負契約の見積り、入札、狭義の契約締結等請負契約の締結に係る実体的な行為を行う事務所をいい、契約書の名義人が当該事務所を代表する者であるか否かを問わない。
　なお、1.（1）のとおり、許可を受けた業種については軽微な建設工事のみを請け負う場合であっても、届出をしている営業所以外においては当該業種について営業することはできない。

出典：国土交通省「建設業許可事務ガイドライン」(https://www.mlit.go.jp/totikensangyo/const/content/001860019.pdf) より

　ポイントは「「常時請負契約を締結する事務所」とは、請負契約の見積り、入札、狭義の契約締結等請負契約の締結に係る実体的な行為を行う事務所をいい」という部分です。単に契約書に押印をする事務所が「営業所」に該当するというわけではなく、請負契約の見積りを行う事務所や入札を行う事務所も「営業所」に該当するということです。つまり、県外の出張所で工事の見積書を発行するということであれば、建設業法の営業所に該当します。その場合は、知事許可ではなく、大臣許可でなければならないということになります。

　なお、建設業法の「営業所」に該当する場合は、建設業許可において届出が必要です。逆にいいますと、届出がされていない事務所では、請負契約の締結等の行為ができないということですので、注意してください。

6 提供資材を含めて下請金額が5,000万円以上となる場合は特定の許可が必要？

軽微な建設工事であるかどうかを判断するときは、注文者から提供される材料費を含めて判断するんだったよね。同じことが言えそうだね

まずは特定建設業許可とはどういうものかを見てみよう

特定建設業許可と一般建設業許可

　建設業許可には、特定建設業許可と一般建設業許可の区分があります。

　軽微な建設工事のみを請け負って営業する場合を除き、建設業を営もうとする者は、一般建設業許可が必要です。また、発注者から直接請け負う1件の工事について、下請代金の額が5,000万円（建築一式工事の場合8,000万円）以上となる下請契約を締結して施工しようとする場合は特定建設業許可が必要です。

　特定建設業許可の「発注者から直接」とは、元請の立場となる場合を表しています。そのため、下請の立場で工事を行う場合には、一般建設業許可があれば足り、特定建設業許可は必要ありません。

　また、一般建設業許可の場合は、下請代金の額に5,000万円（建築一式工事の場合8,000万円）未満という制限がありますが、受注する金額には制限がありません。受注した工事のほとんどを自社施工して、下請代金の額を5,000万円（建築一式工事の場合8,000万円）未満とすれば、一般建設業許可でも金額の大きい工事を受注することができます。この下請代金の額ですが、一次下請業者が複数ある場合には一次下請代金の総額となりますので注意が必要です。

▼一般建設業と特定建設業の違い

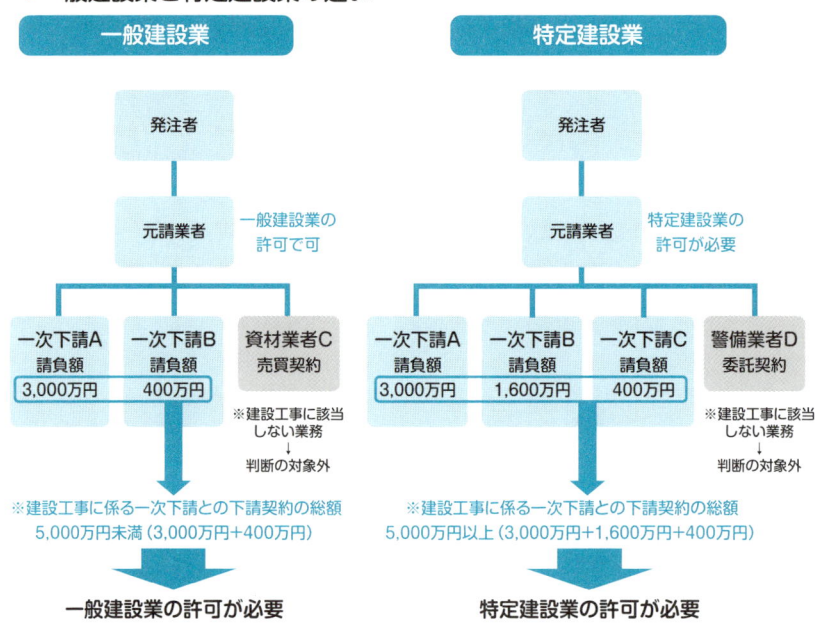

出典：国土交通省中部地方整備局「建設業法に基づく適正な施工の確保に向けて」(https://www.cbr.mlit.go.jp/kensei/info/qa/pdf/R0702/R0702_tekiseinasekounokakuho.pdf) P3 をもとに作成

下請契約の請負代金に含まれるもの

　特定建設業許可が必要か否かは、下請代金の総額が5,000万円（建築一式工事の場合8,000万円）以上になるかどうかで判断しますが、その下請代金には消費税及び地方消費税を含めて判断することになります。元請負人が下請負人へ提供する材料等があっても、その価格は下請代金には含めません。国土交通省の「建設業許可事務ガイドライン」にその旨の記載があります。

▼建設業許可事務ガイドライン

【第3条関係】
4. 令第2条の「下請代金の額」について
　発注者から直接請け負う一件の建設工事につき、元請負人が5,000万円（建築一式工事にあっては8,000万円）以上の工事を下請施工させようとする時の5,000万円には、元請負人が提供する材料等の価格は含まない。

出典：国土交通省「建設業許可事務ガイドライン」(https://www.mlit.go.jp/totikensangyo/const/content/001860019.pdf) より

請け負う工事が軽微な建設工事であるか否か（建設業許可が必要な工事か否か）を判断する際には、材料等の価格を含めて判断することになりますので、その場合との違いに注意が必要です。

▼請負代金に含まれるもの

	法第3条第1項第2号の政令で定める「特定建設業許可の下請契約の請負代金」	法第3条第1項ただし書の政令で定める「軽微な建設工事の請負代金」
消費税及び地方消費税	含む	含む
提供された資材の市場価	含まない	含む

重い罰則がある

一般建設業者が、特定建設業許可が無いのに5,000万円（建築一式工事の場合8,000万円）以上の下請契約を締結してしまった場合、建設業法違反で罰則が科される可能性があります。

罰則は、無許可営業の場合と同じで、行為者に対して「3年以下の懲役又は300万円以下の罰金」、法人に対しては「1億円以下の罰金」と重い罰則が用意されています。

用語の解説

軽微な建設工事：軽微な建設工事とは次の①②の建設工事のことをいう。
①建築一式工事は、1件の請負代金が1,500万円（消費税及び地方消費税を含む）未満の工事または請負代金の額にかかわらず、木造住宅で延べ面積が150㎡未満の工事。
②建築一式工事以外の工事は、1件の請負代金が500万円（消費税及び地方消費税を含む）未満の工事。

7 建築一式工事の許可があれば、どんな工事でも請け負えるの?

「一式」というくらいだから、何でも請け負うことができるオールマイティな許可なんだよね

「一式」とはそういう意味ではないよ

建設業許可の業種区分

建設業許可には、29種類の業種区分があります。建設業許可を取得しようとする場合、業種ごとに許可を取得しなければなりません。29業種は以下のとおりです。

▼建設業許可の業種区分

区分	建設工事の種類		
一式工事 (2業種)	土木一式工事 建築一式工事		
専門工事 (27業種)	大工工事	鉄筋工事	熱絶縁工事
	左官工事	舗装工事	電気通信工事
	とび・土工・コンクリート工事	しゅんせつ工事	造園工事
	石工事	板金工事	さく井工事
	屋根工事	ガラス工事	建具工事
	電気工事	塗装工事	水道施設工事
	管工事	防水工事	消防施設工事
	タイル・れんが・ブロック工事	内装仕上工事	清掃施設工事
	鋼構造物工事	機械器具設置工事	解体工事

一式工事とは？

　大規模な工事や施工が複雑な工事は、複数の建設業者が関わる場合が多く、総合的なマネージメント（企画、指導、調整など）が必要です。マネージメントが必要な工事を**一式工事**といいます。

　一式工事はその工事全体のマネージメントを行うことから、原則として元請として工事を請け負う場合に必要な許可業種です。下請業者が、元請業者から一式工事を請け負うということは、一括下請負の禁止に反する可能性があるため、原則としてあり得ません。

　一式工事には、トンネルの建設工事のように土木工作物を建設する**土木一式工事**と、ショッピングモール新築工事のように建築物を建設する**建築一式工事**があります。

一式工事の考え方

　土木一式工事と建築一式工事の考え方について、長崎県の「建設業許可申請の手引き（令和7年2月改訂版）」((https://www.pref.nagasaki.jp/shared/uploads/2025/03/1740984605.pdf) P106)にわかりやすくまとめられています。

　この資料をまとめると、一式工事は「元請の立場で総合的にマネージメントする建設業者が請け負う、大規模かつ複雑で、専門工事では施工困難な建設工事」もしくは、「元請の立場で総合的にマネージメントする建設業者が請け負う、複数の専門工事を組み合わせて施工する建設工事」であるといえます。一式工事の考え方は、許可行政庁により判断が異なる場合がありますので、悩んだ場合には許可行政庁にご確認ください。

▼一式工事の考え方

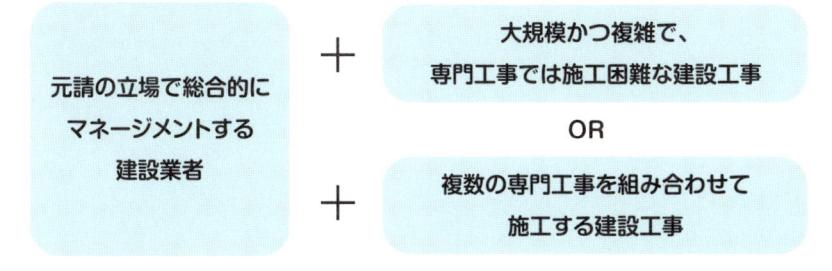

「一式工事の許可があれば何でもできる！」と勘違いしていらっしゃる建設業者の方は意外と多いです。専門工事を単独で請け負う場合も、一式工事の許可さえあれば大丈夫などと考えてはいけません。一式工事はオールマイティな許可業種ではありません。

　土木一式工事・建築一式工事と、27業種の専門工事は、まったく別の許可業種です。500万円以上の専門工事を単独で請け負う場合は、その専門工事の許可が必要です。例えば、住宅の壁紙を貼る工事のみを単独で請け負った場合、確かに建築系の工事であることは間違いないのですが、これは建築一式工事の許可ではなく、内装仕上工事の許可が必要になります。

8 営業所にオリジナリティ溢れる円形の許可票を掲示したいんだけど、問題ない？

せっかく建設業許可を取得したんだから、営業所にオシャレな建設業の許可票を掲げたいな

建設業の許可票にもルールがあるんだよ

建設業の許可票とは？

　建設業の許可票とは、建設業許可を受けた者が一定事項を記載し、営業所や建設工事の工事現場に掲示しなければならない標識のことをいいます。

　許可票を掲示することにより、建設業の営業、建設工事の施工において、建設業法による許可を受けた適正な業者によってなされていることを対外的に証明することができます。そのため、掲示は公衆の見やすい場所に掲げることが義務付けられています。

　許可票に記載すべき事項は、次のとおりです。

①一般建設業又は特定建設業の別
②許可年月日、許可番号及び許可を受けた建設業
③商号又は名称
④代表者の氏名
⑤主任技術者又は監理技術者の氏名

許可票の材質や規格

　許可票は一般的に「金看板」と呼ばれることもあり、金属でできたものをイメージしますが、実は許可票の材質については、建設業法には何の規定もありません。つまり、許可票が紙でできていようとプラスチックでできていようと問題無いということです。

　しかし、許可票のサイズについては建設業法施行規則の中で明確に定められています。営業所に掲げる許可票は、縦35cm以上×横40cm以上でなければなりません。記載すべき事項がすべて書かれていても、この大きさを満たしていない許可票は建設業法違反となります。

許可票の形（様式）

　許可票の形（様式）は、建設業法施行規則第25条で「建設業者の掲げる標識は店舗にあつては別記様式第二十八号」によると規定されています。

▼建設業法施行規則

（標識の記載事項及び様式）
第二十五条　法第四十条の規定により建設業者が掲げる標識の記載事項は、店舗にあつては第一号から第四号までに掲げる事項、建設工事の現場にあつては第一号から第五号までに掲げる事項とする。
一　一般建設業又は特定建設業の別
二　許可年月日、許可番号及び許可を受けた建設業
三　商号又は名称
四　代表者の氏名
五　主任技術者又は監理技術者の氏名
2　法第四十条の規定により建設業者の掲げる標識は店舗にあつては別記様式第二十八号、建設工事の現場にあつては別記様式第二十九号による。

　別記様式第二十八号とは、以下のものです。許可票はこの様式によるものでなければなりません。残念ながら、オシャレな許可票を作ろうと思って、○や☆などの形にしたり、絵や写真を入れるということはできません。

▼許可票の様式

建設業の許可を受けた建設業者が標識を店舗に掲げる場合

建　設　業　の　許　可　票					
商 号 又 は 名 称					
代 表 者 の 氏 名					
一般建設業又は特定建設業の別	許可を受けた建設業	許　可　番　号			許可年月日
		国土交通大臣 　　　　知事　　許可（　）第　　号			
この店舗で営業している建設業					

35cm以上

◀──────── 40cm以上 ────────▶

記載要領
　　「国土交通大臣　　　知事」については、不要のものを消すこと。

出典：国土交通省中部地方整備局「建設業法に基づく適正な施工の確保に向けて」（https://www.
cbr.mlit.go.jp/kensei/info/qa/pdf/R0702/R0702_tekiseinasekounokakuho.pdf）P41 をも
とに作成

1

9 経営業務の管理責任者の要件とは？

情報を更新

1人で経営業務の管理責任の要件を満たさないといけないのは大変だね

1人で要件を満たさなくても、組織として要件を満たしていれば経営業務の管理責任者になることができるよ

経営業務の管理責任者（適正な経営体制）とは

　建設業の経営業務について一定期間の経験を有した者が最低でも1人は必要との観点から、建設業許可を取得するための要件として、経営業務の管理責任者の選任が設けられています。

　本書では、わかりやすく従前からの呼称である「経営業務の管理責任者」を用いていますが、令和2年の改正建設業法の施行により、個人としてだけではなく組織として経営業務の管理責任者要件を満たすことができるようになったことと、適切な社会保険に加入していることが要件となったことから「適正な経営体制」などと呼ばれたりもします。

▼適正な経営体制

常勤役員 （個人である場合はその者又はその支配人）のうち1人が、次のいずれかに該当するであること。

○建設業に関し5年以上の経営業務の管理責任者としての経験を有する者であること。

○建設業に関し経営業務の管理責任者に準ずる地位にある者（経営業務を執行する権限の委任を受けた者に限る。）としての5年以上経営業務を管理した経験を有する者であること。

○建設業に関し経営業務の管理責任者に準ずる地位にある者としての6年以上経営業務の管理責任者を補助する業務に従事した経験を有する者であること。

※建設業の種類ごとの区別は廃止し、建設業の経験として統一

常勤役員 **常勤役員を直接に補佐する者**

（個人である場合はその者又はその支配人）のうち1人が、次のいずれかに該当するであること。

A 建設業に関し、二年以上役員等としての経験を有し、かつ、五年以上役員等又は役員等に次ぐ職制上の地位にある者（財務管理、労務管理又は業務運営の業務を担当するものに限る。）としての経験を有する者

B 五年以上役員等としての経験を有し、かつ、建設業に関し、二年以上役員等としての経験を有する者

として下記をそれぞれ置くものであること。

| 財務管理の経験 |
| 労務管理の経験 |
| 運営業務の経験 |

について、直接に補佐する者になろうとする建設業者又は建設業を営む者において5年以上の経験を有する者

※上記は一人が複数の経験を兼ねることが可能

出典：国土交通省「新・担い手三法について〜建設業法、入契法、品確法の一体的改正について〜」（https://www.mlit.go.jp/totikensangyo/const/content/001367723.pdf）をもとに作成

　経営業務の管理責任者の要件は、建設業法施行規則第7条第1号イ、ロ、ハに規定されています。個人を経営業務の管理責任者とするための要件がイで、組織を経営業務の管理責任者とするための要件がロです。ハは、国土交通大臣がイ又はロに掲げるものと同等以上の経営体制を有するものと認定したもので、具体的には、海外の建設業者での役員経験を使用するケースなどが挙げられます。

▼建設業法

（許可の基準）
第七条　国土交通大臣又は都道府県知事は、許可を受けようとする者が次に掲げる基準に適合していると認めるときでなければ、許可をしてはならない。
一　建設業に係る経営業務の管理を適正に行うに足りる能力を有するものとして国土交通省令で定める基準に適合する者であること。
　〜以下省略〜

（法第七条第一号の基準）

第七条　法第七条第一号の国土交通省令で定める基準は、次のとおりとする。

一　次のいずれかに該当するものであること。

イ　常勤役員等のうち一人が次のいずれかに該当する者であること。

（1）　建設業に関し五年以上経営業務の管理責任者としての経験を有する者

（2）　建設業に関し五年以上経営業務の管理責任者に準ずる地位にある者（経営業務を執行する権限の委任を受けた者に限る。）として経営業務を管理した経験を有する者

（3）　建設業に関し六年以上経営業務の管理責任者に準ずる地位にある者として経営業務の管理責任者を補助する業務に従事した経験を有する者

ロ　常勤役員等のうち一人が次のいずれかに該当する者であつて、かつ、財務管理の業務経験（許可を受けている建設業者にあつては当該建設業者、許可を受けようとする建設業を営む者にあつては当該建設業を営む者における五年以上の建設業の業務経験に限る。以下この口において同じ。）を有する者、労務管理の業務経験を有する者及び業務運営の業務経験を有する者を当該常勤役員等を直接に補佐する者としてそれぞれ置くものであること。

（1）　建設業に関し、二年以上役員等としての経験を有し、かつ、五年以上役員等又は役員等に次ぐ職制上の地位にある者（財務管理、労務管理又は業務運営の業務を担当するものに限る。）としての経験を有する者

（2）　五年以上役員等としての経験を有し、かつ、建設業に関し、二年以上役員等としての経験を有する者

ハ　国土交通大臣がイ又はロに掲げるものと同等以上の経営体制を有すると認定したもの。

二　次のいずれにも該当する者であること。

イ　健康保険法（大正十一年法律第七十号）第三条第三項に規定する適用事業所に該当する全ての営業所に関し、健康保険法施行規則（大正十五年内務省令第三十六号）第十九条第一項の規定による届書を提出した者であること。

ロ　厚生年金保険法（昭和二十九年法律第百十五号）第六条第一項に規定する適用事業所に該当する全ての営業所に関し、厚生年金保険法施行規則（昭和二十九年厚生省令第三十七号）第十三条第一項の規定による届書を提出した者であること。

ハ　雇用保険法（昭和四十九年法律第百十六号）第五条第一項に規定する適用事業の事業所に該当する全ての営業所に関し、雇用保険法施行規則（昭和五十年労働省令第三号）第百四十一条第一項の規定による届書を提出した者であること。

建設業法施行規則第7条第1号イ

　まずは、個人を経営業務の管理責任者とするための要件であるイの要件を見ていきたいと思います。改正前の経営業務の管理責任者の要件をご存知の方であれば馴染みがあると思いますが、イは改正前の要件が少し修正された内容となっています。

常勤役員等（法人の場合は常勤の役員、個人の場合は事業主又は支配人）のうち1人が次のいずれかに該当する者であれば、要件を満たします。

▼建設業法施行規則第7条第1号イの個人の経営経験

区分	個人の経営経験の内容
(1)	建設業に関し5年以上経営業務の管理責任者としての経験を有する者
(2)	建設業に関し5年以上経営業務の管理責任者に準ずる地位にある者（経営業務を執行する権限の委任を受けた者に限る。）として経営業務を管理した経験を有する者
(3)	建設業に関し6年以上経営業務の管理責任者に準ずる地位にある者として経営業務の管理責任者を補助する業務に従事した経験を有する者

「経営業務の管理責任者としての経験」とは、営業取引上対外的に責任ある地位にあって、建設業の経営業務について総合的に管理した経験をいいます。「営業取引上対外的に責任ある地位」とは、法人の常勤の役員等、個人の事業主又は支配人、その他建設業を営業する支店又は営業所等の長（建設業法施行令第3条に規定する使用人）などが該当します。

区分 (1) 〜 (3) の具体例としては次のとおりです。
(1) の例：建設業の取締役や令3条使用人として5年以上の経験がある方
(2) の例：取締役会設置会社の建設業担当執行役員として5年以上の経験がある方
(3) の例：個人事業主である父の経営業務全般について6年以上補助していた子

建設業法施行規則第7条第1号ロ

次に、組織を経営業務の管理責任者とするための要件であるロの要件を見ていきたいと思います。ロは改正により創設された要件です。イで求められている個人の経営経験が不足する場合に活用するイメージを持っていただければ良いと思います。

常勤役員等のうち1人が次のいずれか (1) または (2) に該当する者であって、かつ、当該常勤役員等を直接に補佐する者として、次のABCに該当する者をそれぞれ置くことができれば要件を満たします。

▼建設業法施行規則第7条第1号ロの組織の経営経験

区分	常勤役員等の経営経験の内容	直接に補佐する者の業務経験の内容
(1)	建設業に関し、2年以上役員等としての経験を有し、かつ、5年以上役員等又は役員等に次ぐ職制上の地位にある者（財務管理、労務管理又は業務運営の業務を担当するものに限る。）としての経験を有する者	A申請を行う建設業者又は建設業を営む者において、5年以上財務管理の業務経験を有する者
		B申請を行う建設業者又は建設業を営む者において、5年以上労務管理の業務経験を有する者
		C申請を行う建設業者又は建設業を営む者において、5年以上業務運営の業務経験を有する者
(2)	5年以上役員等としての経験を有し、かつ、建設業に関し、2年以上役員等としての経験を有する者	A申請を行う建設業者又は建設業を営む者において、5年以上財務管理の業務経験を有する者
		B申請を行う建設業者又は建設業を営む者において、5年以上労務管理の業務経験を有する者
		C申請を行う建設業者又は建設業を営む者において、5年以上業務運営の業務経験を有する者

　「直接に補佐する」とは、組織体系上及び実態上常勤役員等との間に他の者を介在させることなく、当該常勤役員等から直接指揮命令を受け業務を常勤で行うことをいいます。また、「財務管理の業務経験」「労務管理の業務経験」「業務運営の業務経験」の内容に関しては、次の表のとおりです。

▼財務管理・労務管理・業務運営の業務経験

財務管理の業務経験	建設工事を施工するにあたって必要な資金の調達や施工中の資金繰りの管理、下請業者への代金の支払いなどに関する業務経験（役員としての経験を含む。以下同じ。）のこと。
労務管理の業務経験	社内や工事現場における勤怠の管理や社会保険関係の手続きに関する業務経験のこと。
業務運営の業務経験	会社の経営方針や運営方針の策定、実施に関する業務経験のこと。

　直接に補佐する者のABCに関しては、1人で3つの役割を兼ねることも可能です。つまり、ロで要件を満たす場合、常勤役員等と直接に補佐する者を合わせて、最低でも2人、最高で4人が必要となります。

区分(1)(2)の常勤役員等の経営経験の具体例としては次のとおりです。

> (1)の例：建設業者で財務部門担当の執行役員を2年経験したのちに、取締役を3年経験した方
> (2)の例：商社で取締役を3年経験したのちに、建設業者で取締役を2年経験した方

ロの活用にあたっては、組織図、業務分掌規定、過去の稟議書、人事発令書等の資料が必要になりますので、許可行政庁に事前にご相談いただくことをおすすめします。

ここまで説明した建設業法施行規則第7条第1号イとロをまとめた図が東京都「建設業許可申請変更の手引」に示されています。

▼常勤役員等の過去の経営経験について

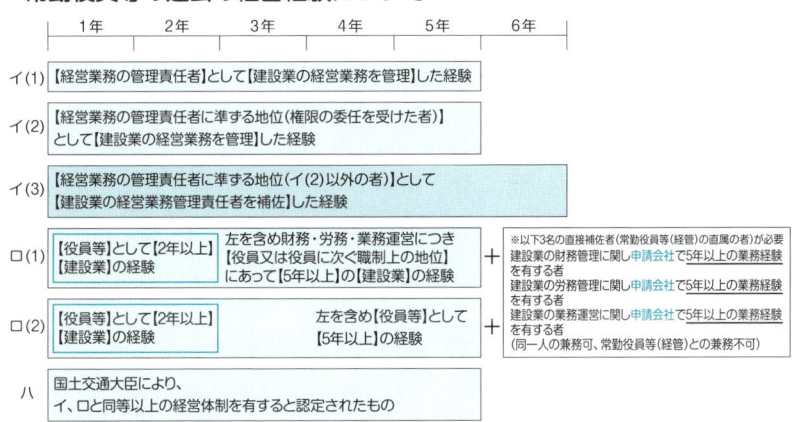

出典：東京都「建設業許可申請変更の手引」(https://www.toshiseibi.metro.tokyo.lg.jp/kenchiku/kensetsu/pdf/2024/R06_kensetu_tebiki_all.pdf) P58をもとに作成

10 サラリーマンを辞めて、1人で建設会社を設立して1年目だけど、許可を取れるの？

僕も起業して建設業許可を取りたいな！

要件を満たせば建設業許可を取れるよ（カエルでも大丈夫かな？）

建設業許可の要件

　建設業許可を取得するためには、次の4つの要件をすべて満たさなければなりません。

①適正な経営体制を有し（経営業務の管理責任者がいること）、かつ、適切な社会保険に加入していること
②技術力があること（営業所ごとに専任の技術者がいること）
③誠実であること（請負契約に関して不正又は不誠実な行為をするおそれがないこと）
④財産的基礎又は金銭的信用があること（請負契約を履行するに足りる財産的基礎等のあること）

　また、建設業法には**欠格要件**という、許可を受けられない者の要件が規定されています。建設業許可を取得するためには、この欠格要件に該当しないことも必要です。

　なお、これらの要件は許可を取得するときだけでなく、許可を維持するための要件でもあります。これらの要件のいずれかが欠けてしまうと、建設業許可が取り消されることとなりますので注意が必要です。

建設業の経営経験がなければ、要件を満たせない？

建設業許可の要件のうち「適正な経営体制を有し」つまり、経営業務の管理責任者がいること、という要件は、常勤の役員や個人事業主等が個人として、もしくは、組織として、建設業の経営に関する一定の経験を有していることという要件です。サラリーマンを辞めて起業してすぐに建設業許可を取得しようと考えている方には、かなりハードルの高い要件となっています。

建設業の経営に関する一定の経験とは、次の表のとおりです。

▼建設業の経営に関する一定の経験

根拠法令	規則第7条第1号イ（1）	規則第7条第1号イ（2）	規則第7条第1号イ（3）	規則第7条第1号ロ（1）	規則第7条第1号ロ（2）
経験期間の地位	建設業に関する経営業務の管理責任者	建設業に関する経営業務の管理責任者に準ずる地位		建設業の役員又は役員等に次ぐ職制上の地位	役員等（建設業以外を含む）
経験の内容	経営業務の管理責任者としての経験（例：常勤取締役、令3条使用人）	執行役員等としての経営管理経験	経営業務の管理責任者を補佐する業務に従事した経験	役員等に次ぐ職制上の地位の場合は財務管理・労務管理・業務運営のいずれかの業務	役員等又は役員等に次ぐ職制上の地位にある者としての経験
必要経験年数	5年以上		6年以上	5年以上（建設業の役員等の経験2年以上を含む）	
常勤役員等を直接補佐する者				建設業の財務管理・労務管理・業務運営についてそれぞれ業務経験5年以上の者（1人が複数の経験を兼ねることが可能）	

出典：関東地方整備局「建設業許可申請・変更の手引き」(https://www.ktr.mlit.go.jp/ktr_content/content/000827696.pdf) P8をもとに作成

行政書士法人名南経営の経験上、建設業許可を新規で取得される方は、建設業法施行規則第7条第1号イ（1）の要件で申請するケースが多いです。

「経営業務の管理責任者としての経験」とは、営業取引上対外的に責任ある地位にあって、建設業の経営業務について総合的に管理した経験をいいます。「営業取引上対外的に責任ある地位」とは、法人の常勤の役員等、個人の事業主又は支配人、その他建設業を営業する支店又は営業所等の長（建設業法施行令第3条に規定す

る使用人）などが該当します。

　サラリーマンを辞めて、1人で建設会社を設立して1年目となると、起業前も起業後も経営業務の管理責任者としての経験がない状態ですので、建設業許可を取得することができません。

起業直後では、どうしたら建設業許可が取得できる？

　前述のとおり、サラリーマンを辞めて独立し、1人で建設会社を設立して1年目の方は、残念ながら1人では建設業許可を取得することができません。ただし、建設業の経営に関する一定の経験を有する方を取締役等として迎え入れることで、経営業務の管理責任者がいること、という要件を満たし、建設業許可を取得することが可能です。

　以下に、具体的なエピソードをご紹介します。

　独立して1人で建設会社X社を設立した甲さん（40歳）。

　長年ゼネコンに勤務しており、現場監督などを経験しているため、営業所技術者等となるための必要な国家資格は保有しています。しかしながら、一従業員であったため、建設業の経営に関する一定の経験はなく、経営業務の管理責任者になることができません。起業して数か月、自分の経営者としての未熟さを感じており、身近に経営参謀のような立場で支えてくれる人が欲しいと思っていました。

　甲さんには、師と仰ぐ起業の大先輩である乙さん（55歳）がいます。乙さんは、建設会社Y社の社長で、甲さんはY社からよくお仕事をいただく間柄です。乙さんは独立して20年以上建設業を営んできた方ですが、Y社の現取締役副社長である子（32歳）が経営者として立派に育ってきたので、早めにY社を譲った方が良いのではないかと考えています。

　乙さんから早期リタイアを考えているという話を聞いた甲さんは、乙さんをX社の常勤取締役として招き入れ、X社を軌道に乗せる支援をしてほしいと考えました。また、X社を軌道に乗せるためには建設業許可の早期取得も必要と考えており、乙さんには経営業務の管理責任者にもなってもらいたいとも考えています。これを乙さんに提案してみたところ、新しいことにチャレンジすることが好きな乙さんは快諾。乙さんはY社の社長の座を子に譲

り、Ｘ社の常勤取締役として新たなチャレンジをスタートさせました。

　Ｘ社は営業所技術者等を甲さん、経営業務の管理責任者を乙さんとして、晴れて建設業許可を取得。乙さんの支援のおかげで、甲さんは無事に事業を軌道に乗せることができました。

用語の解説

支配人：営業主に代わって、その営業に関する一切の裁判上又は裁判外の行為をなす権限を有する使用人をいい、これに該当するか否かは、商業登記の有無を基準として判断する。

1

11 部長は経営業務の管理責任者になれるの？

部長は役員ではないから、経営業務の管理責任者にはなれないと思うな

経営業務の管理責任者はどんな人がなれるのか確認してみよう

経営業務の管理責任者として認められる地位

　経営業務の管理責任者とは、常勤の役員や個人事業主等が個人として、もしくは、組織として、建設業の経営に関する一定の経験を有していることという要件です。常勤の役員や個人事業主等の個人の経営経験に基づいて、個人を経営業務の管理責任者とするパターン（建設業法施行規則第7条第1号イ）と、組織としての経営経験に基づいて、組織を経営業務の管理責任者とするパターン（建設業法施行規則第7条第1号ロ）があります。ここでは前者で説明をします。

　個人を経営業務の管理責任者とするパターンの要件は、要素を分解すると、次のような方程式で表現することができます。すべての要素が揃わなければ要件を満たすことはできません。

▼経営業務の管理責任者要件の方程式

> **経営業務の管理責任者（個人）＝**
> **「現在の地位」＋（「過去の地位」×「経験」）**
>
> ・「現在の地位」：常勤の取締役、個人事業主、支配人等
> ・「過去の地位」：取締役、令3条使用人、個人事業主、支配人等
> ・「経験」：建設業に関する5年以上経営業務の管理責任者としての経験等

　例えば、この方程式に当てはめて、要件に適合するか否かを検討します。

▼方程式に当てはめて判断した例

経管の要件	現在の地位		過去の地位		経験	
不適合	常勤の取締役	○	個人事業主	○	3年の経験	×
適合	常勤の取締役	○	常勤の取締役	○	5年の経験	○
適合	常勤の取締役	○	令3条使用人	○	5年の経験	○
不適合	令3条使用人	×	令3条使用人	○	5年の経験	○

現在の地位については、建設業法施行規則の中で、「常勤役員等」であることが求められています。部長が「常勤役員等」に含まれるかどうかがポイントです。

▼建設業法施行規則

> （法第七条第一号の基準）
> 第七条　法第七条第一号の国土交通省令で定める基準は、次のとおりとする。
> 一　次のいずれかに該当するものであること。
> イ　常勤役員等のうち一人が次のいずれかに該当する者であること。
> (1)　建設業に関し五年以上経営業務の管理責任者としての経験を有する者
> (2)　建設業に関し五年以上経営業務の管理責任者に準ずる地位にある者（経営業務を執行する権限の委任を受けた者に限る。）として経営業務を管理した経験を有する者
> (3)　建設業に関し六年以上経営業務の管理責任者に準ずる地位にある者として経営業務の管理責任者を補助する業務に従事した経験を有する者
> 　～以下省略～

部長は経営業務の管理責任者として認められる？

経営業務の管理責任者となれる「常勤役員等」の定義を確認しましょう。

「常勤役員等」の定義は、国土交通省の「建設業許可事務ガイドライン」（https://www.mlit.go.jp/totikensangyo/const/content/001860019.pdf）に記載されていますが、まとめると具体的には次の者が、「常勤役員等」に該当します。

▼「常勤役員等」の定義

- ・「業務を執行する社員」：持分会社の業務を執行する社員。
- ・「取締役」：株式会社の取締役。
- ・「執行役」：指名委員会等設置会社の執行役。
- ・「これらに準ずる者」：法人格のある各種組合等の理事をいい、執行役員、監査役、会計参与、監事及び事務局長等は原則として含まないが、業務を執行する社員、取締役又は執行役に準ずる地位にあって、建設業の経営業務

の執行に関し、取締役会の決議を経て取締役会又は代表取締役から具体的な権限委譲を受けた執行役員等は含む（建設業に関する事業の一部のみ分掌する事業部門の業務執行に係る権限委譲を受けた執行役員等は除く）。

出典：国土交通省「建設業許可事務ガイドライン」（https://www.mlit.go.jp/totikensangyo/const/content/001860019.pdf）をもとに作成

　部長は「業務を執行する社員」「取締役」「執行役」には該当しません。しかしながら、「これらに準ずる者」に関しては、業務を執行する社員、取締役又は執行役に準ずる地位にあって、建設業の経営業務の執行に関し、取締役会の決議を経て取締役会又は代表取締役から具体的な権限委譲を受けている執行役員等を含むとしているため、部長はこれに該当する余地があります。

▼建設業許可事務ガイドライン

1．経営業務の管理を適正に行うに足りる能力を有するものとして国土交通省令で定める基準に適合する者であることについて（第1号）
(1) 適正な経営体制について（規則第7条第1号）
①「常勤役員等」とは、法人である場合においてはその役員のうち常勤であるもの、個人である場合にはその者又はその支配人をいい、「役員」とは、業務を執行する社員、取締役、執行役又はこれらに準ずる者をいう。「業務を執行する社員」とは、持分会社の業務を執行する社員をいい、「取締役」とは、株式会社の取締役をいい、「執行役」とは、指名委員会等設置会社の執行役をいう。また、「これらに準ずる者」とは、法人格のある各種組合等の理事等をいい、執行役員、監査役、会計参与、監事及び事務局長等は原則として含まないが、業務を執行する社員、取締役又は執行役に準ずる地位にあって、建設業の経営業務の執行に関し、取締役会の決議を経て取締役会又は代表取締役から具体的な権限委譲を受けた執行役員等（建設業に関する事業の一部のみ分掌する事業部門（一部の営業分野のみを分掌する場合や資金・資材調達のみを分掌する場合等）の業務執行に係る権限委譲を受けた執行役員等を除く。以下同じ。）については、含まれるものとする。
　〜以下省略〜

出典：国土交通省「建設業許可事務ガイドライン」（https://www.mlit.go.jp/totikensangyo/const/content/001860019.pdf）より

部長を経管として認めてもらうためには？

　部長を経営業務の管理責任者として認めてもらうためには、先述した「これらに準ずる者」に該当することを証明しなければなりません。
　また「これらに準ずる者」に該当するためには、部長の地位が「業務を執行する社員、取締役又は執行役に準ずる地位」にあることや、部長が「建設業の経営業務の

執行に関し、取締役会の決議を経て取締役会又は代表取締役から具体的な権限委譲を受けた」ことが求められます。次の表すべての要件を満たす必要があります。

▼「これらに準ずる者」の要件と確認資料

要件	確認資料
①業務を執行する社員、取締役又は執行役に次ぐ職制上の地位にあること	・組織図　等
②業務執行を行う特定の事業部門が許可を受けようとする建設業に関する事業部門であること	・業務分掌規程　等
③取締役会の決議により特定の事業部門に関して業務執行権限の委譲を受ける者として選任され、かつ、取締役会の決議により決められた業務執行の方針に従って、特定の事業部門に関して、代表取締役の指揮及び命令のもとに、具体的な業務執行に専念する者であること	・定款 ・執行役員※規程 ・執行役員※職務分掌規程 ・取締役会規則 ・取締役就業規程 ・取締役会の議事録　等 　　※証明する役職によって異なります。

出典：国土交通省「建設業許可事務ガイドライン」(https://www.mlit.go.jp/totikensangyo/const/content/001860019.pdf) をもとに作成

1

　取締役であれば、取締役として登記がされるため、会社の登記簿謄本があれば、取締役としての地位と権限があることを容易に証明することができます。しかし、「これらに準ずる者」は、登記される役員ではないため、簡単に地位と権限を証明することができません。そのため、「これらに準ずる者」に関しては、表のような資料を準備し、その地位と権限を証明することになります。

　会社によって体制が異なり、規程類の内容も様々です。また、許可行政庁により、細部で取扱いが異なる可能性がありますので、「これらに準ずる者」としての地位と権限を証明できる資料であるかどうかについて、管轄窓口で事前に確認されることをおすすめします。

用語の解説

支配人：営業主に代わって、その営業に関する一切の裁判上又は裁判外の行為をなす権限を有する使用人をいい、これに該当するか否かは、商業登記の有無を基準として判断する。

12 海外の建設業者で取締役の経験があるんだけど、経営業務の管理責任者としての経験として認められるの？

僕は海外で働いた経験があるんだけど、この経験は使えるかな？

役員経験があれば、経営業務の管理責任者として認められる可能性があるよ（井の中の蛙大海を知らず、ではなかったんだね）

経営業務の管理責任者に求められる経験

　個人を経営業務の管理責任者とするためには、その個人に「経営業務の管理責任者としての経験」が求められます。

　「経営業務の管理責任者としての経験」とは、営業取引上対外的に責任ある地位にあって、建設業の経営業務について総合的に管理した経験をいいます。具体的には、法人の役員や個人事業主、支店長などの地位にあって、建設業の経営業務を総合的に行った経験のことをいいます。

　例えば、支店長という地位にあっても、実態としては、工事の施工しか行っておらず、経営業務に携わっていないという場合は、「経営業務の管理責任者としての経験」として認められません。

国土交通大臣認定

　「経営業務の管理責任者としての経験」は、原則として日本国内での経験を前提としています。しかし、例外的に、外国での役員経験を認めてもらえる場合があります。それが「国土交通大臣認定」です。国土交通大臣から、建設業法施行規則第7条第1号イ又はロに掲げるものと同等以上の経営体制を有する旨の認定を受けるというものです。

　例えば、日本企業での役員経験だけでは要件を満たさないが、外国企業での役

員経験を加味することで要件を満たす場合や、外国企業での役員経験しかないという場合には、外国企業での役員経験を認めてもらうため、国土交通大臣に認定の申請を行います。大臣認定が下りると、経営業務の管理責任者となることができます。

　この大臣認定は、対象者は日本人、外国人を問わず、実務経験は日本企業、外国企業を問わないという汎用性の高い制度となっています。

　なお、経営業務の管理責任者だけでなく、営業所技術者等や主任技術者・監理技術者も、外国での実務経験を有する者や外国の学校を卒業した者等について、大臣認定を受けることができます。

認定申請の手続き

　大臣認定の申請をするためには、外国から資料を取り寄せ、外国語の資料を翻訳し、その翻訳した資料を公証する必要があります。日本では会社の登記簿謄本を取得すれば役員の経験年数を確認することができますが、外国の場合、登記簿謄本など日本と同じような公的な書類が準備できない場合もあります。そのため、国土交通省に確認を行うなど、申請までの準備に数ヶ月かかることもあります。

　経営業務の管理責任者について大臣認定を受ける際の提出書類は次のとおりです。なお、これらは一例であって、審査の過程で追加資料が求められることもあります。

＜建設業法施行規則第7条第1号イの場合＞

①認定申請書
②認定を受けようとする者の履歴書
③常勤役員等（経営業務の管理責任者等）証明書
④役員就任・退任議事録又は会社登記簿謄本
⑤会社組織図
⑥建設工事を施工した契約書の写し
⑦会社概要資料（パンフレット、建設業許可証の写し、会社登記簿謄本等）

＜建設業法施行規則第7条第1号ロの場合＞

① 認定申請書

② 認定を受けようとする者、補佐人の履歴書

③ 常勤役員等及び当該常勤役員等を直接に補佐する者の証明書

④ 役員就任・退任議事録又は会社登記簿謄本

⑤ 補佐人に対する確認資料

⑥ 会社組織図

⑦ 建設工事を施工した契約書の写し（国内経験で許可業者であれば許可通知書）

⑧ 会社概要資料（パンフレット、建設業許可証の写し、会社登記簿謄本等）

　申請には時間に余裕をもって早めの準備が必要です。準備ができた申請書は、国土交通省（不動産・建設経済局国際市場課）に直接提出します。

▼認定申請書の記載例

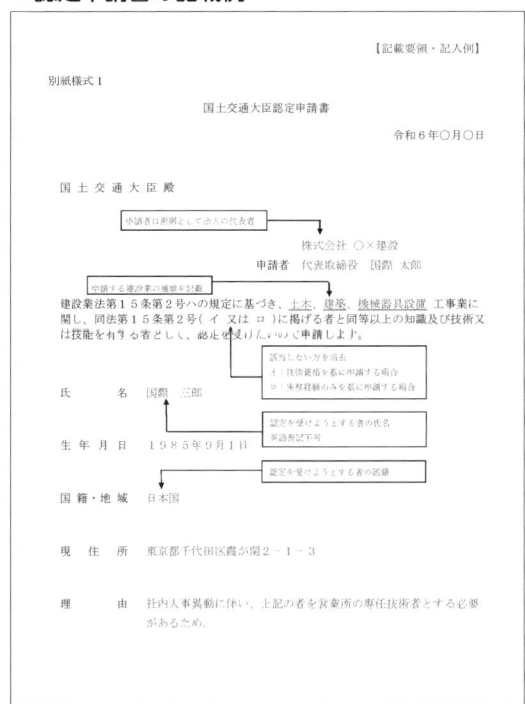

出典：国土交通省「別紙様式1国土交通大臣認定申請書記載例」（https://www.mlit.go.jp/common/001382050.pdf）より

▼申請の流れ

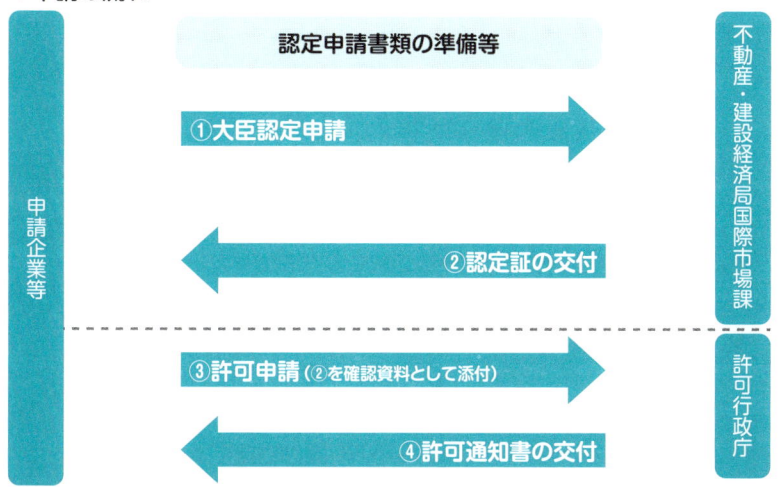

出典：国土交通省「大臣認定申請の方法について」（https://www.mlit.go.jp/common/001423623.pdf）をもとに作成

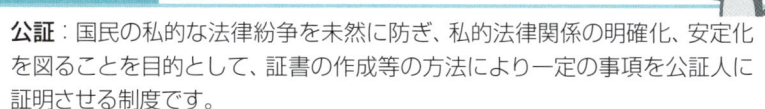

公証：国民の私的な法律紛争を未然に防ぎ、私的法律関係の明確化、安定化を図ることを目的として、証書の作成等の方法により一定の事項を公証人に証明させる制度です。

13 営業所技術者等は何をする人なの？

会社から営業所技術者等になってくれって言われたんだけど、何すればいいの？

営業所技術者等は建設業許可における重要な役割だよ

営業所技術者等とは？

　建設業許可の要件の一つとして、営業所ごとに営業所技術者等を置くことが求められています。建設業法の改正前は「専任技術者」と呼ばれていましたが、令和6年の建設業法改正により、一般建設業許可の営業所技術者等は「営業所技術者」、特定建設業許可の営業所技術者等は「特定営業所技術者」と呼ばれることになりました。本著では、営業所技術者・特定営業所技術者をまとめて「営業所技術者等」と呼びます。

　営業所技術者等が建設工事に関する請負契約を適正に締結しその履行を確保するためには、建設工事についての専門知識が必要になります。そのため、一定の資格や経験を有する技術者を専任で営業所ごとに配置することが求められています。

　営業所技術者等に求められる資格は、一般建設業許可と特定建設業許可で異なり、また業種ごとに必要な資格等の要件が異なります。

▼営業所技術者等の資格要件

	一般建設業許可	特定建設業許可
イ	**所定学科卒業＋実務経験** 高校所定学科卒業の場合は5年以上 大学所定学科卒業の場合は3年以上	**一定の国家資格等（一級）** 一級建築施工管理技士 一級土木施工管理技士 一級電気工事施工管理技士 一級管工事施工管理技士　　　等
ロ	**10年以上の実務経験**	**一般建設業要件＋指導監督的実務経験** 左記主任技術者のイ、ロ、ハのいずれかに該当し、元請として4,500万円以上の工事について2年以上の指導監督的な実務経験を有する ※指定建設業（土、建、電、管、鋼、舗、園）は除く
	一定の国家資格等（一級、二級） 一級、二級建築施工管理技士 一級、二級土木施工管理技士 一級、二級電気工事施工管理技士 一級、二級管工事施工管理技士　　　等	**大臣認定**
ハ	**検定合格（技士補・技士）＋実務経験** 二級一次・二次技術検定合格の場合は5年以上 一級一次・二次技術検定合格の場合は3年以上 ※技術検定合格者を指定学科卒業と同等とみなす（技術検定種目に対応する指定学科に限る） ※指定建設業（土、建、電、管、鋼、舗、園）と通は除く	

「専任」とは？

　専任とは、その営業所に常勤（テレワークを行う場合を含む。）してもっぱらその職務に従事することをいいます。通常の勤務時間中は、その営業所において職務に従事することが必要ということです。営業所技術者等の住所又はテレワークを行う場所とその営業所の所在地とが著しく離れていて通勤不可能な距離にある場合や、他の法令により専任が必要とされている者（例えば、専任の宅地建物取引士や管理建築士である者）が営業所技術者等と兼ねる場合は、原則として専任とは認められません。

　また、営業所技術者等と工事現場の主任技術者又は監理技術者とは原則兼務す

ることができません。営業所技術者等は営業所で職務を行わなければならず、営業所を離れ工事現場に出ることはできないため、兼務が禁止されています。例外的に、営業所技術者等は、主任技術者・監理技術者を専任で配置する必要のない工事や、請負代金の額が１億円未満（建築一式工事については２億円未満）の工事では、一定の要件を満たしたうえで主任技者・監理技術者の兼務が可能です（232ページを参照）。

営業所技術者等の役割

　建設工事についての専門知識がある営業所技術者等は、営業所ごとに設置が義務付けられています。その目的は、営業所の許可業種ごとの技術力を確保することです。

　営業所においては、工法の検討や注文者への技術的な説明、建設工事の見積、入札、請負契約の締結等が適正に行われるよう技術的なサポートをし、工事現場に出る技術者に対しては、建設工事の施工が適正に行われるよう指導監督をするということが営業所技術者等の役割です。

14 技術検定に合格していれば、営業所技術者等に必要な実務経験が短縮されるの？

令和5年7月改正

技術検定に合格したら、営業所技術者等になるために必要な実務経験が短縮されるの？

技術検定合格者は、指定学科卒業者と同等と見なされるよ

1

技士補とは

　令和3年3月31日までは、技術検定試験の学科試験と実地試験の合格者にのみ「技士」の称号が付与されていました。令和3年4月1日の改正建設業法の施行により、学科試験は第一次検定へ、実地試験は第二次検定へと変更されました。それに伴い第一次検定の合格者には、新たに新設された「技士補」の資格が付与され、第一次検定と第二次検定の合格者には「技士」の資格が付与されることになりました。「技士補」の資格が付与されるのは、令和3年度以降に実施された技術検定試験を受験し、第一次検定に合格した方のみで、令和2年度以前に技術検定試験を受験し、学科試験を合格した方には「技士補」の資格が付与されることはありませんので注意が必要です。

▼施工管理技士と技士補の関係性

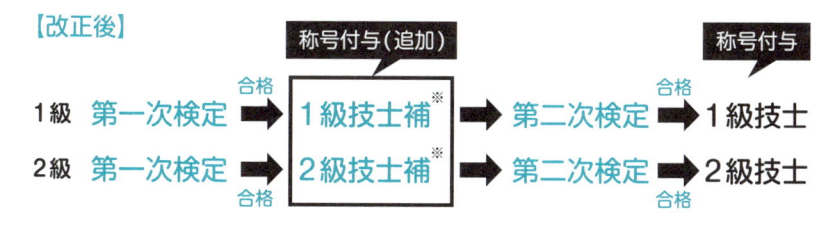

出典：国土交通省「技術検定制度の見直し」（https://www.mlit.go.jp/tochi_fudousan_kensetsugyo/const/content/001378852.pdf）をもとに作成

69

技士補の資格でも営業所技術者等の資格要件を満たす

　令和5年6月30日までは、一般建設業の営業所技術者になるためには、大学・高校の指定学科卒業者や国家資格者等ではない場合は、必ず10年の実務経験が必要でした。令和5年と令和6年の2度、建設業法令の改正が行われ、現在は技術検定の第一次検定に合格し「技士補」、若しくは第二次検定に合格し「技士」の資格を取得することで、その技術検定種目に対応する指定学科卒業と同等と見なされることになりました。一級の技士・技士補は大学の指定学科卒業者、二級の技士・技士補は高校の指定学科卒業者と同等と見なされます。

　技術検定に対応する指定学科は、以下のとおりとなっています。

▼技術検定種目と対応する指定学科の一覧

技術検定科目	同等とみなす指定学科
土木施工管理技士・造園施工管理技士	土木工学
建築施工管理技士	建築学
電気工事施工管理技士	電気工学
管工事施工管理技士	機械工学

※指定学科とは、建設業法施行規則（昭和24年建設省令第14号）第1条に掲げる学科をいい、建築学や土木工学に関する学科等がこれに該当する。
※建設機械施工管理技士・電気通信工事施工管理技士は対象外。

▼必要な実務経験年数の一覧

		実務経験年数
大学・短大等の指定学科		卒業後3年
高等学校の指定学科		卒業後5年
技士・技士補	一級技術検定 第一次検定／第二次検定合格	合格後3年
	二級施工管理技士 第一次検定／第二次検定合格	合格後5年
上記以外		10年

　なお、指定建設業である土木工事業・建築工事業・舗装工事業・鋼構造物工事業・管工事業・電気工事業・造園工事業の7業種と電気通信工事業は除かれており、この制度を使用して営業所技術者等となることが出来ないので注意が必要です。

機械器具設置工事業の実務経験を短縮できる

　技士の資格だけでは営業所技術者等になることのできない業種であっても、3年や5年の実務経験を積むことで営業所技術者になることが出来る業種があります。特に、実務経験による営業所技術者の占める割合の高い業種では有効です。一般的に影響の大きい業種は機械器具設置工事業ではないかと考えますので、機械器具設置工事業の例を見ていきましょう。

▼ 機械器具設置工事業の例

> 機械器具設置工事業における例
> （改正前）
> 以下のいずれかを満たすものを営業所技術者等として選任する
> ・大学の建築学、機械工学、電気工学に関する学科の卒業者＋3年以上の実務経験
> ・高校の建築学、機械工学、電気工学に関する学科の卒業者＋5年以上の実務経験
> ・10年の実務経験
>
> （改正後）
> 以下のいずれかを満たすものを営業所技術者等として選任する
> ・大学の建築学、機械工学、電気工学に関する学科の卒業者＋3年以上の実務経験
> ・高校の建築学、機械工学、電気工学に関する学科の卒業者＋5年以上の実務経験
> ・一級の建築・電気工事・管工事施工管理技士／技士補＋3年以上の実務経験
> ・二級の建築・電気工事・管工事施工管理技士／技士補＋5年以上の実務経験
> ・10年の実務経験

　改正前は建築学、機械工学、電気工学に関する学科（指定学科）を卒業していない場合は、必ず10年以上の実務経験が必要でしたが、建設業法令の改正により、指定学科を卒業していない場合であっても、建築・電気工事・管工事施工管理技士・技士補の資格を取得している場合には、必要な実務経験年数を3年又は5年に短縮することが出来るようになりました。

　一般財団法人建設業技術者センターの公表データ（https://www.cezaidan.or.jp/managing/about/graph.html）によれば、令和6年11月末における監理技術者資格者証保有者のうち、一級建築施工管理技士は168,447人、一級電気工事施工管理技士は126,170人、一級管工事施工管理技士は108,500人です。これは監理技術者資格者証の保有者数の人数です。施工管理技士試験に合格をしていても監理技術者資格者証の発行手続きを行わない人もいるため、資格者証の未保有者の人数も含めれば建築・電気工事・管工事施工管理技士・技士補の資格により、

機械器具設置工事業の実務経験年数を短縮できる資格者の人数はかなりの数となります。改正まで10年以上の実務経験により営業所技術者等になるケースが多かった業種だと考えられますが、営業所技術者等を確保しやすくなり、建設業許可を取得・維持しやすくなりました。

15 経営業務の管理責任者と営業所技術者等は同じ人が兼務できるの？

経営業務の管理責任者と営業所技術者等は役割が違うから、兼務できなさそうな気がするけど

一人親方の場合は、建設業許可が取れないということになっちゃうね

どちらも「常勤」であることが必要

　建設業許可の要件である経営業務の管理責任者も営業所技術者等のどちらも、営業所に**常勤**することが求められています。「常勤」とは、原則として勤務しない日を除き、一定の計画の下に毎日所定の時間中、その職務に従事していることをいいます。そのため、複数の会社に所属し、いずれも常勤であるという状態は認められません。

　常勤であることの証明や確認の方法はいくつかあります。健康保険が建設業許可を申請する建設業を営む者で適用されているか、役員報酬が常勤に相応した金額であるか、住所と営業所の所在が毎日通勤できる距離であるかなど、許可行政庁によって確認方法は異なりますが、いずれの場合も「常勤」であれば証明することが難しいものではありません。

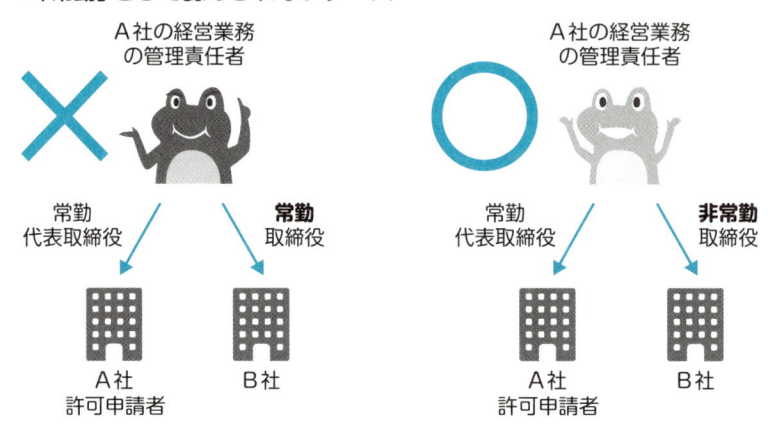

▼「常勤」として認められないケース

A社の経営業務
の管理責任者

✕

常勤
代表取締役　　　　常勤
取締役

A社
許可申請者　　　　B社

A社の経営業務
の管理責任者

◯

常勤
代表取締役　　　非常勤
取締役

A社
許可申請者　　　　B社

営業所技術者等は営業所ごとに専任が必要

　営業所技術者等は、建設業を営む営業所ごとに配置しなければなりません。そのため本店（主たる営業所）以外にも複数の支店（従たる営業所）等がある建設業者の場合、営業所技術者等が、営業所ごと許可業種ごとに、何名も必要となります。

　また、営業所技術者等は配置された営業所において専任でなければなりません。例えば、本店の営業所技術者等となった場合、支店の営業所技術者等を兼ねることはできません。営業所技術者等はどの営業所に配置されているのか許可行政庁のデータベースで管理されています。配置された営業所が変更になる場合には、建設業法で定められた変更の手続きが必要となります。

経営業務の管理責任者と営業所技術者等になれる人は？

　経営業務の管理責任者と営業所技術者等は常勤が求められ、営業所技術者等は営業所ごとに専任が求められるということがわかりました。では、経営業務の管理責任者と営業所技術者等になれる人とはどのような人でしょうか。

　まず、経営業務の管理責任者になる人は役員（個人の場合は本人または支配人）であることが求められています。一方、営業所技術者等は、その営業所に常勤で一定の資格や実務経験があれば、役員でも従業員でも営業所技術者等になることができます。営業所技術者等は経営業務の管理責任者のように地位（役職）が求められていません。

役員という地位は、経営業務の管理責任者としても、営業所技術者等としても認められます。つまり、本店（主たる営業所）に常勤する役員が経営業務の管理責任者の要件も満たし、一定の国家資格を有していて営業所技術者等の要件も満たしている場合は経営業務の管理責任者にも営業所技術者等にもなれるということです。そして、兼務が可能であるということは国土交通省の「建設業許可事務ガイドライン」にも記載されています。

　ただし、兼務ができるのは、営業所が同一の場合です。本店で経営業務の管理責任者となっていれば、本店の営業所技術者等を兼務することはできますが、常勤性の問題から他の営業所の営業所技術者等を兼ねることはできません。

▼建設業許可事務ガイドライン

【第5条及び第6条関係】
2．許可申請書類の審査要領について
(5) 常勤役員等（経営業務の管理責任者等）証明書（様式第七号）について
①規則第7条第1号イに該当する常勤役員等（以下「常勤役員等」という。）が同時に営業所技術者等の要件を備えている場合には、同一営業所（原則として本社又は本店等）内に限って当該営業所技術者等を兼ねることができる。
　〜以下省略〜

出典：国土交通省「建設業許可事務ガイドライン」(https://www.mlit.go.jp/totikensangyo/const/content/001860019.pdf) より

用語の解説

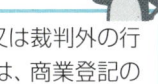

支配人：営業主に代わって、その営業に関する一切の裁判上又は裁判外の行為をなす権限を有する使用人をいい、これに該当するか否かは、商業登記の有無を基準として判断する。

16 経営業務の管理責任者と営業所技術者等は出向社員でもなれるの？

営業所技術者等になれる人がいないから、親会社から出向で来てもらおうかと思っているんだけど

それも1つの方法だね

出向とは？

　労働者が雇用先の会社（出向元）との雇用契約を維持したまま、別の会社（出向先）に異動し、出向先の指揮命令下において勤務するという雇用形態を**出向**といいます。

　出向には2種類あり、労働者が出向元の会社に籍を置いたまま（雇用契約を維持したまま）出向先の会社で勤務する**在籍出向**と、労働者が出向元の会社と雇用契約を終了して、出向先の会社に籍を移して（新に雇用契約を結んで）勤務する**移籍出向（転籍）**があります。

▼在籍出向と移籍出向の違い

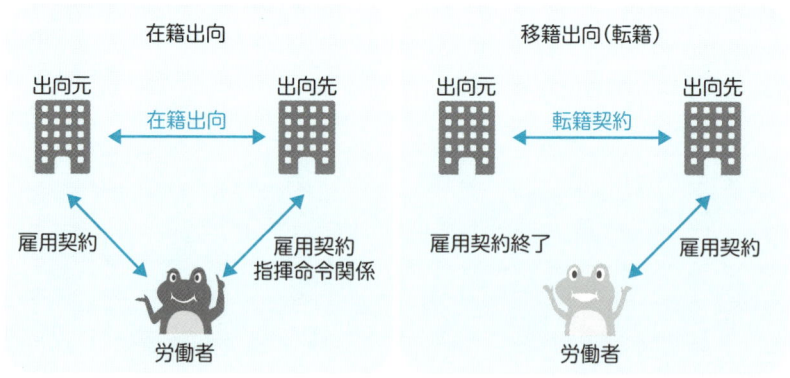

経管と営業所技術者等に求められる雇用関係は？

　建設業法上、経営業務の管理責任者と営業所技術者等に求められているのは**常勤**や**専任**です。経営業務の管理責任者と営業所技術者等は、それぞれ所属建設業者との間で直接の雇用になければならないなどの規定はありません。そもそも、役員の場合は会社との関係は委任関係にあたりますので、雇用関係は求められていません。

　建設業許可を保有しているもしくは取得しようとしている建設業者との間で直接の雇用関係がある場合はもちろんのこと、他社からの出向により常勤や専任ができる場合でも、常勤性や専任性が認められれば経営業務の管理責任者又は営業所技術者等になることが可能です。

出向で経管や営業所技術者等になる場合の注意点

　経営業務の管理責任者も営業所技術者等も、他社からの出向者がなることは可能ですが、出向先において「常勤」でなければなりません。先述した「移籍出向（転籍）」の場合は、出向先に籍を移動させてしまうので、転職と同じことになります。健康保険が出向先で適用されているか、役員報酬が常勤に相応した金額であるか、住所と営業所の所在が毎日通勤できる距離であるかなど、通常の方法で常勤性を判断することができます。

　しかし「在籍出向」の場合は出向元に籍を置いたままになるため、出向先での常勤性の確認には、出向契約の内容も加味されます。出向者の出向期間、給与支払い、社会保険の適用に関してなど、複数の点から常勤性の確認を行います。常勤性の確認資料については、許可行政庁によって異なりますが、例えば、大阪府では出向者の健康保険被保険者標準報酬決定通知書（出向元の社名が記載されているもの）と出向協定書及び出向辞令で確認を行っています。

▼建設業許可事務ガイドライン

> 【第7条関係】
> 2. 営業所技術者等について（第2号）
> (1)「専任」の者とは、その営業所に常勤（テレワークを行う場合を含む。）して専らその職務に従事することを要する者をいう。会社の社員の場合には、その者の勤務状況、給与の支払状況、その者に対する人事権の状況等により「専任」か否かの判断を行い、これらの判断基準により専任性が認められる場合には、いわゆる出向社員であっても営業所技術者等として取り扱う。
> 　〜以下省略〜

出典：国土交通省「建設業許可事務ガイドライン」(https://www.mlit.go.jp/totikensangyo/const/content/001860019.pdf) より

17 「設計業務」は営業所技術者の実務経験として認められるの？

現場での実務経験はないんだけど、設計の経験ならあるんだよね

それなら営業所技術者になれる可能性があるかも

営業所技術者として認められる実務経験とは？

　営業所技術者については、国家資格が無くても、一定期間の実務経験があれば、営業所技術者としての資格要件を満たすことができます。許可を受けようとする建設業に係る建設工事に関して、次のいずれかの実務経験を有する者は営業所技術者になることができます。

①大学卒業＋3年以上の実務経験

②高等専門学校卒業＋3年以上の実務経験

③専門学校卒業（高度専門士、専門士）＋3年以上の実務経験

④専門学校卒業（上記以外）＋5年以上の実務経験

⑤高等学校等卒業＋5年以上の実務経験

⑥一級の1次技術検定合格＋3年以上の実務経験

⑦二級の1次技術検定合格＋5年以上の実務経験

⑧①～⑦以外の学歴の場合は10年以上の実務経験

⑧複数業種について一定期間以上の実務経験

※①～⑤はいずれも次の表の指定学科を卒業していることが必要です。

※⑥⑦は技術検定種目と対応する業種に限ります（指定建設業（土、建、電、管、鋼、舗、園）と通を除く）

▼ 指定学科一覧

許可を受けようとする建設業	指定学科
土木工事業、舗装工事業	土木工学 (農業土木、鉱山土木、森林土木、砂防、治山、緑地又は造園に関する学科を含む。以下同じ。) 都市工学、衛生工学又は交通工学に関する学科
建築工事業、大工工事業、ガラス工事業、内装仕上工事業	建築学又は都市工学に関する学科
左官工事業、とび・土工工事業、石工事業、屋根工事業、タイル・れんが・ブロック工事業、塗装工事業、解体工事業	土木工学又は建築学に関する学科
電気工事業、電気通信工事業	電気工学又は電気通信工学に関する学科
管工事業、水道施設工事業、清掃施設工事業	土木工学、建築学、機械工学、都市工学又は衛生工学に関する学科
鋼構造物工事業、鉄筋工事業	土木工学、建築学又は機械工学に関する学科
しゆんせつ工事業	土木工学又は機械工学に関する学科
板金工事業	建築学又は機械工学に関する学科
防水工事業	土木工学又は建築学に関する学科
機械器具設置工事業、消防施設工事業	建築学、機械工学又は電気工学に関する学科
熱絶縁工事業	土木工学、建築学又は機械工学に関する学科
造園工事業	土木工学、建築学、都市工学又は林学に関する学科
さく井工事業	土木工学、鉱山学、機械工学又は衛生工学に関する学科
建具工事業	建築学又は機械工学に関する学科

出典：国土交通省中部地方整備局「建設業許可の手引き（令和7年2月）」(https://www.cbr.mlit.go.jp/kensei/info/license/pdf/tebiki2502.pdf) P32 をもとに作成

　学科名は高校や大学によって異なるため、指定学科に該当するか判断が難しい場合には申請先の許可行政庁にご確認ください。

　経験期間において認められる経験業種は原則として1業種で、複数業種を経験している場合、経験期間が重複して計算はされることはありません。ただし、平成28年5月31日までにとび・土工工事業許可で請け負った解体工事業に係る実務経験の期間については、平成28年6月1日以降、とび・土工工事業及び解体工事業の両方の実務経験の期間として二重の計算が認められており、重複して計算することができます。また、経験期間は連続である必要は無く、積み上げて合計した期間でよいとされています。

1

実務経験として認められるもの

　営業所技術者に認められる実務経験とは、建設工事の施工に関する技術上の全ての職務経験であって、工事施工のための指揮・監督や建設機械の操作等、建設工事の施工に直接携わった経験は当然実務経験として認められます。他にも、見習中の者が技術の習得のために行う技術的な経験も認められます。

　また、この実務経験は、建設工事の請負人としての立場で行った経験だけでなく、建設工事の注文者として、建設工事の発注に当たって設計技術者として設計業務に従事した経験も認められます。

実務経験として認められないもの

　一方で、実務経験と認められないものがあります。建設工事の現場に出入りをしていても、現場の単なる雑務を行っていた経験や事務作業の経験は、技術上の実務経験にはなりません。

　また、一定の資格が無いと実務経験として認められないものがあります。電気工事及び消防施設工事は、それぞれ電気工事士免状や消防設備士免状等の交付を受けた者でなければ直接工事に従事することができないため、免状等が無い者の経験期間は実務経験として認められません。他にも、解体工事は、建設リサイクル法施行後の経験に関しては、とび・土工工事業の許可がある業者での経験又は建設リサイクル法に基づく解体工事業登録を行っている業者での経験でなければ、実務経験として認められませんので注意が必要です。

18 次の決算で財産的基礎要件を満たせない場合、決算後すぐに許可が無くなるの？

前期に特定建設業許可を取得したんだけど、今期の業績が悪そうで…。特定建設業許可は無くなっちゃうのかな？

すぐに無くなることはないよ

財産的基礎又は金銭的信用があること

　建設業許可の要件の一つに「財産的基礎又は金銭的信用があること」（財産的基礎等）という要件があります。建設業を営むためには、準備として資材や機材の購入が必要となり、それらの購入資金が必要になるため、建設業許可を取得するには、最低限の基準を定めその資金を有することを要件としています。

　財産的基礎の要件は一般建設業許可と特定建設業許可とでは異なり、特定建設業許可の方が厳しい要件となっています。これは、特定建設業者は多くの下請業者を使用して工事を施工するための許可であることから、特に健全な経営が求められることが理由です。また、建設業法の規定で、発注者から請負代金の支払いを受けていない場合であっても、下請負人から工事の目的物の引渡しの申し出がなされてから50日以内に下請代金を支払う義務があること等も理由です。

▼財産的基礎又は金銭的信用

一般建設業の許可を受ける場合	特定建設業の許可を受ける場合
次の**いずれか**に該当すること ①自己資本の額が５００万円以上であること ②５００万円以上の資金を調達する能力を有すること ③許可申請直前の過去５年間許可を受けて継続して営業した実績を有すること	次の**すべて**に該当すること ①欠損の額が資本金の額の２０％を超えていないこと ②流動比率が７５％以上であること ③資本金の額が２,０００万円以上であり、かつ、自己資本の額が４,０００万円以上であること

●「自己資本」とは

・法人にあっては、貸借対照表における純資産合計の額をいいます。

・個人にあっては、期首資本金、事業主借勘定及び事業主利益の合計額から事業主貸勘定の額を控除した額に負債の部に計上されている利益保留性の引当金及び準備金の額を加えた額をいいます。

●「500万円以上の資金を調達する能力」とは

・担保とすべき不動産等を有していること等により、金融機関等から500万円以上の資金について融資を受けられる能力をいいます。具体的には、取引金融機関の預金残高証明書又は融資証明書等により確認します。

●「欠損の額」とは

・法人にあっては、貸借対照表の繰越利益剰余金が負である場合に、その額が資本剰余金、利益準備金及びその他の利益剰余金の合計額を上回る額をいいます。

・個人にあっては、事業主損失が事業主借勘定の額から事業主貸勘定の額を控除した額に負債の部に、計上されている利益保留性の引当金及び準備金を加えた額を上回る額をいいます。

●「流動比率」とは

・流動資産を流動負債で除して得た数値に100を乗じた数をいいます。

●「資本金」とは

・法人にあっては株式会社の払込資本金、持分会社等の出資金額をいいます。

・個人にあっては期首資本金をいいます。

出典：国土交通省中部地方整備局「建設業許可の手引き（令和７年２月）」(https://www.cbr.mlit.go.jp/kensei/info/license/pdf/tebiki2502.pdf) P7をもとに作成

財産的基礎等の確認のタイミング

　一般建設業許可及び特定建設業許可いずれも財産的基礎等の要件がありますが、この要件は常時満たしている必要はありません。財産的基礎等の要件は「許可申請」のタイミングで行われることとなります。「許可申請」とは、建設業許可の新規申請、更新申請、業種追加申請等のことをいいます。

　例えば、特定建設業者が今期の業績が落ち込んでいて今期の決算内容では特定建設業許可の要件を満たせそうにない場合で考えます。建設業者は毎年、事業報告（決算変更届）を提出しますので、決算の内容は許可行政庁が確認できる状態にあります。しかし、財産的基礎等の要件確認は、決算ごとに行われるものではなく、「許可申請」直前の決算内容で行われるため、決算後1年以内に「許可申請」が無い場合、事業報告（決算変更届）を持って財産的基礎等の要件が確認されるということはありません。そのため、財産的基礎等の要件を満たさないからといって直ちに特定建設業許可が無くなるというわけではありません。

　ただし、翌事業年度内に「許可申請」を行う場合は注意が必要です。上記のケースでいえば、翌事業年度内に建設業許可の期限を迎えて更新申請を行わなくてはいけない場合、更新申請直前の決算内容によって財産的基礎の要件を確認されることになりますので、今期の決算内容では特定建設業の要件を満たしていないことになります。その場合は、特定建設業許可の更新ができないため、手続きに関しては事前に許可行政庁にご相談ください。

▼特定建設業許可の財産的基礎等の確認のタイミング

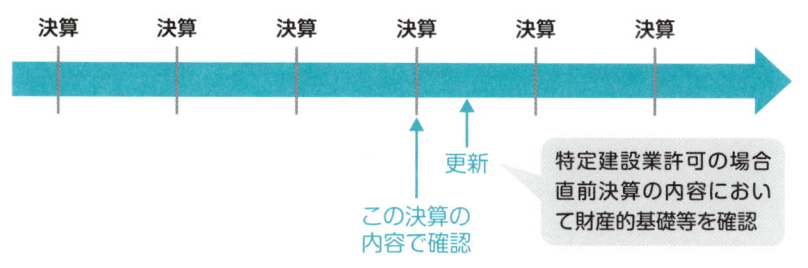

　なお、一般建設業許可の場合、先述した財産的基礎等の要件に、「許可申請の直前の過去5年間許可を受けて継続して営業した実績を有すること」という要件があるとおり、許可取得後5年経過した後は、「許可申請」の際も、財産的基礎等の要件は確認されません。

財産的基礎等の確認方法

　財産的基礎等の要件は、建設業許可の新規申請や更新申請等の際、申請直前の決算内容で確認が行われます。具体的には財務諸表で確認がされます。会社を設立したばかりでまだ決算を迎えていない建設業を営む者でも、許可申請の際には必ず財産的基礎等の要件が確認されますが、その場合は、創業時の財務諸表にて要件を満たすかどうかが判断されることになります。

　また、特定建設業許可の要件に関して、申請直前の決算における財務諸表で「資本金」の額だけ要件を満たしていない場合、許可申請までに増資をして資本金の要件を満たせば、財産的基礎等の要件を満たしていることになります。

用語の解説

般特新規申請：般特新規申請とは、建設業許可申請の区分の１つで次のいずれかに該当するものです。
①一般建設業の許可のみ受けている建設業者が新たに特定建設業の許可を申請する場合
②特定建設業の許可のみ受けている建設業者が新たに一般建設業の許可を申請する場合

19 営業所長や支店長などの令3条使用人は、常勤でなければならないの？

経営業務の管理責任者や営業所技術者等は常勤性が求められているけど、令3条使用人も同じなのかな？

令3条使用人は建設業許可の要件ではないから、完全に同じ取扱いということはなさそうだね

令3条使用人とは？

令3条使用人とは、正式には「建設業法施行令第3条に規定する使用人」といいます。支店長や営業所長などが該当しますが、役職名だけでこの令3条使用人に該当するわけではありません。

支店など建設業を営む営業所の代表者が令3条使用人に該当します。本店の代表者は経営業務の管理責任者、支店などの営業所の代表者は令3条使用人です。令3条使用人も代表者の立場になるので、その営業所における建設工事の見積、入札、請負契約の締結等をする権限が与えられていなければなりません。この権限が与えられている人が令3条使用人に該当するのであって、役職名は例えば副支店長等であっても問題ありません。また、令3条使用人は役員であることは求められていません。

実は、建設業法上、常勤性は求められていない

実は、建設業法では、令3条使用人が常勤でなければならないとは定められていません。非常勤でも良いということになります。

ただし、建設業許可事務ガイドラインでは、令3条使用人について「原則として、当該営業所において休日その他勤務を要しない日を除き一定の計画の下に毎日所定の時間中、その職務に従事している者がこれに該当する」と説明されていますので、非常勤で令3条使用人になることは難しいかもしれません。

令3条使用人のテレワークは認められるの？

　営業所以外の場所で、ICTの活用により、営業所で職務に従事している場合と同等の職務を遂行でき、かつ、所定の時間中において常時連絡を取ることが可能な環境下においてその職務に従事するのであれば、令3条使用人のテレワークが認められます。

▼建設業許可事務ガイドライン

【第5条及び第6条関係】
2. 許可申請書類の審査要領について
　〜中略〜
(12) 建設業法施行令第3条に規定する使用人の一覧表（様式第十一号）について
　「建設業法施行令第3条に規定する使用人」とは、建設工事の請負契約の締結及びその履行に当たって、一定の権限を有すると判断される者、すなわち支配人及び支店又は営業所（主たる営業所を除く。）の代表者である者が該当する。これらの者は、当該営業所において締結される請負契約について総合的に管理することや、原則として、当該営業所において休日その他勤務を要しない日を除き一定の計画のもとに毎日所定の時間中、その職務に従事（テレワーク（営業所等勤務を要する場所以外の場所で、ICTの活用により、営業所等で職務に従事している場合と同等の職務を遂行でき、かつ、当該所定の時間中において常時連絡を取ることが可能な環境下においてその職務に従事することをいう。以下同じ。）を行う場合を含む。）していることが求められる。
　なお、この表は、これらの者のうち役員を兼ねている者についても記載させるものとする。
　〜以下省略〜

出典：国土交通省「建設業許可事務ガイドライン」(https://www.mlit.go.jp/totikensangyo/const/content/001860019.pdf) より

20 社会保険の加入義務がない一人親方は許可を取得できないの？

一人親方の場合、社会保険に加入していないケースもあるよね。建設業許可が取れないのかな？

社会保険等については、法律上加入義務があるのに加入していないと建設業許可を取得することはできないよ

適切な社会保険の加入義務

建設業においては、社会保険等の法定福利費を適正に負担しない保険未加入企業が存在し、若年入職者減少の原因の一つとなっているほか、関係法令を遵守して適正に法定福利費を負担する事業者ほど競争上不利になるという矛盾した状況が生じていたため、国土交通省では、平成24年度から社会保険未加入対策が進められてきました。建設業者の社会保険加入率100%を目標に、これまで社会保険未加入対策として様々な取り組みが行われてきたおかげで、建設業における社会保険加入率は年々上がってきました。しかし残り数パーセントの社会保険未加入建設業者が無くなりません。

そこで、令和2年10月に施行された改正建設業法において「適切な社会保険の加入」が要件化されました。すべての建設業を営む者が建設業許可の申請の際に、適切な社会保険に加入しているか確認されます。建設業で求められる社会保険とは、健康保険・厚生年金保険・雇用保険の3つです。これらの保険について法律上加入義務があるのに、加入していない場合、建設業許可の申請ができません。

適切な社会保険とは？

事業所の形態（法人や個人）、常用の労働者数、就労形態によって加入すべき社会保険が異なります。適切な社会保険については、次の表を基に判断してください。

▼ 適切な保険について

所属する事業所		就労形態	雇用保険	医療保険 (いずれか加入)	年金保険		「下請指導ガイドライン」における「適切な保険」の範囲
事業所の形態	常用労働者の数						
法人	1人〜	常用労働者	雇用保険[2]	・協会けんぽ ・健康保険組合 ・適用除外承認を受けた国民健康保険組合（建設国保等）[1]	厚生年金	➡	3保険
	—	役員等	—	・協会けんぽ ・健康保険組合 ・適用除外承認を受けた国民健康保険組合（建設国保等）[1]	厚生年金	➡	医療保険及び年金保険
個人事業主	5人〜	常用労働者	雇用保険[2]	・協会けんぽ ・健康保険組合 ・適用除外承認を受けた国民健康保険組合（建設国保等）[1]	厚生年金	➡	3保険
	1人〜 4人	常用労働者	雇用保険[2]	・国民健康保険 ・国民健康保険組合（建設国保等）	国民年金	➡	雇用保険 (医療保険と年金保険については個人で加入)
	—	事業主、一人親方	—	・国民健康保険 ・国民健康保険組合（建設国保等）	国民年金	➡	(医療保険と年金保険については個人で加入)[3]

　　　：事業主に従業員を加入させる義務があるもの
　　　：個人の責任において加入するもの

※1　年金事務所において健康保険の適用除外の承認を受けることにより、国民健康保険組合に加入する。
　　（この場合は、協会けんぽに加入し直す必要は無い。）
　　適用除外承認による国民健康保険組合への加入手続については日本年金機構のホームページを参照。
　　（http://www.nenkin.go.jp/service/seidozenpan/yakuwari/20150518.files/0703.pdf）
※2　週所定労働時間が２０時間以上等の要件に該当する場合は常用であるか否かを問わない。
※3　但し、一人親方は請負としての働き方をしている場合に限る（詳しくは、一人親方「社会保険加入にあたっての判断事例集」参照）

出典：国土交通省「「社会保険の加入に関する下請指導ガイドライン」における「適切な保険」について」（https://www.mlit.go.jp/totikensangyo/const/content/001473660.pdf）をもとに作成

社会保険加入に関する下請指導ガイドライン

　　国土交通省が定めた「社会保険加入に関する下請指導ガイドライン」とは、建設業における社会保険の加入について、元請及び下請がそれぞれ負うべき役割と責任を明確にしたものです。このガイドラインに定められている元請・下請のそれ

ぞれの役割と責任の概要は次のとおりです。

▼元請の役割と責任

①総論

・元請はその請け負った建設工事におけるすべての下請企業に対して、適正な契約の締結、適正な施工体制の確立、雇用・労働条件の改善、福祉の充実等について指導・助言その他の援助を行うことが期待される。等

②協力会社組織を通じた指導等

・協力会社や災害防止協会等の協力会社組織に所属する建設企業に対しては、長期的な観点から指導を行うことが望まれる。等

③下請企業選定時の確認・指導等

・下請契約に先立って、選定の候補となる建設企業について社会保険の加入状況を確認し、適用除外でないにもかかわらず未加入である場合には、早期に加入手続を進めるよう指導を行うこと。

・選定する建設企業の社会保険を確認する場合は、登録時に社会保険の加入証明書類の確認を行うなど情報の真正性が厳正に担保されている建設キャリアアップシステムを活用して確認を行うこと。

・下請企業には、適切な保険に加入している建設企業選定すべきであり、健康保険、厚生年金保険、雇用保険の全部又は一部について、適用除外でないにもかかわらず未加入である建設企業は、下請企業として選定しないとの取扱いを徹底すべきである。等

④再下請負通知書を活用した確認・指導等

・再下請負通知書の「健康保険等の加入状況」欄により下請企業が社会保険に加入していることを確認すること。

・確認の結果、適用除外でないにもかかわらず未加入である下請企業があり、③の指導が行われていない場合には、③と同様の指導を行うこと。等

⑤作業員名簿を活用した確認・指導

・新規入場者の受け入れに際して、各作業員について作業員名簿の社会保険欄を確認すること。

・各作業員の保険加入状況の確認を行う際には、登録時に社会保険の加入証明書類等の確認を行うなど情報の真正性が厳正に担保されている建設キャリアアップシステムの登録情報を活用し、同システムの閲覧画面等において作業員名簿を確認して保険加入状況の確認を行うことを原則とする。

1

- 保険加入状況が確認できない場合は、当該作業員は適切な保険に加入していることを確認できないと判断されることから、特段の理由がない限り現場入場を認めないとの取扱いを徹底すべきである。等

⑥ 施工体制台帳の作成を要しない工事における取扱い

- 建設工事の施工に係る下請企業の社会保険の加入状況及び各作業員の保険加入状況についても、適宜の方法によって把握し、未加入である場合には指導を行うべきである。等

⑦ 建設工事の施工現場等における周知啓発

- 下請企業や建設労働者に対し、社会保険の加入に関する周知啓発を図るため、次の取組を継続して行うべきである。等

⑧ 法定福利費の適正な確保

- 見積時から法定福利費を必要経費として適正に確保する必要がある。等

⑨ 一人親方の実態の適切性の確認

- 労災保険料の適切な算出や、令和6年4月1日以降に適用される時間外労働規制の導入への対応に向けて、当該作業員が、工事を請け負う個人事業主として現場に入場するのか、実態が雇用契約を締結すべきと考えられる雇用労働者として現場に入場するのか十分確認することが必要である。等

出典：国土交通省「社会保険の加入に関する下請指導ガイドライン」(https://www.mlit.go.jp/totikensangyo/const/content/001473664.pdf) をもとに作成

▼ 下請の役割と責任

① 総論

- 社会保険加入を徹底するためには、建設労働者を雇用する者、特に下請企業自らがその責任を果たすことが必要不可欠である。等

② 雇用する労働者の適切な社会保険への加入と一人親方への対応

- 下請企業はその雇用する労働者の社会保険加入手続を適切に行うこと。労働者である社員と請負関係にある一人親方の二者を明確に区別した上で、労働者である社員については社会保険加入手続を適切に行うことが必要である。等

③ 元請企業が行う指導等への協力

- 元請企業が行う指導に協力すること。等

④ 雇用する労働者に係る法定福利費の適正な確保

- 建設労働者の社会保険への加入促進を図るためには、建設労働者を直接

雇用する下請企業が法定福利費を適切に確保する必要がある。等

⑤ 再下請負に係る適正な法定福利費の確保

・ 下請企業が請け負った建設工事を他の建設業を営むものに再下請負させた場合には、再下請負人の法定福利費を適正に確保する必要があり、標準見積書の活用等による法定福利費相当額を内訳明示した見積書を提出するよう再下請負人に働きかけるとともに、提出された見積書を尊重して再下請負契約を締結しなければならない。等

出典：国土交通省「社会保険の加入に関する下請指導ガイドライン」（https://www.mlit.go.jp/totikensangyo/const/content/001473664.pdf）をもとに作成

1

　令和2年10月の改正法施行により、建設業者は社会保険の加入が要件となりましたが、無許可業者に対しても、建設業者と同様に取り扱うべきです。元請は、選定候補となる建設業を営む者が無許可業者であったとしても、社会保険未加入で建設業を営む者は下請として選定しないという取扱いをすべきでしょう。

21 建設業を営業するにあたり、建設業許可の他に必要な許認可はあるの？

建設業を営業するにあたって建設業許可が必要ということはよくわかったけど、他に必要な許認可ってあるのかな？

場合によっては建設業許可以外に必要になる許認可があるから注意が必要だよ

建設業に関連する許認可は？

　建設業許可以外にも、建設業に関連する許認可はいろいろとあります。その代表的なものを次の表でご紹介させていただきます。

▼建設業に関連する代表的な許認可

許認可の種類	どういったときに必要となるか
電気工事業者の登録	電気工事を行う事業を営もうとするとき
解体工事業者の登録	建設業のうち建築物等を除却するための解体工事を請け負う営業をするとき ※建設業許可を受けた者を除く
（特別管理）産業廃棄物収集運搬業許可	（特別管理）産業廃棄物の収集又は運搬を業として行おうとするとき
宅地建物取引業免許	宅地若しくは建物の売買若しくは交換又は宅地若しくは建物の売買、交換若しくは貸借の代理若しくは媒介をする行為を業として行おうとするとき
建築士事務所登録	他人の求めに応じ報酬を得て、設計、工事監理、建築工事契約に関する事務、建築工事の指導監督、建築物に関する調査若しくは鑑定又は建築物の建築に関する法令若しくは条例の規定に基づく手続の代理を業として行おうとするとき

表に該当する事業を行う場合には、建設業許可だけでは足りず、それぞれの許認可を取得しなければなりませんので注意が必要です。新規事業を始めるときはもちろん、現在の事業において適正な許認可を取得しているかどうか改めて確認をしましょう。

電気工事業者の登録とは？

一般用電気工作物、一般用電気工作物、自家用電気工作物、これらに係る電気工事を自ら施工し電気工事業を営む場合には、「電気工事業の業務の適正化に関する法律」に基づき経済産業大臣又は都道府県知事の登録を受けなければなりません。この登録をすることで「登録電気工事業者」となります。その中でも、建設業許可（許可の業種は問いません）を受けた建設業者が電気工事業を営むため登録をした場合は、「みなし登録電気工事業者」となります。登録をせず電気工事業を営んだ場合には、罰則規定があるので注意が必要です。

電気工事業の登録が必要となるのは「自ら施工」する場合です。元請負人として電気工事を受注したが、下請負人に発注し施工させる場合は、自ら施工していることにはならないため、登録は必要ありません（ただし、建設業法で禁止されている一括下請負にならないよう注意してください）。

（特別管理）産業廃棄物収集運搬業許可とは？

建設工事現場では、工事に伴って建設廃棄物（ごみ）が大量に発生します。その廃棄物を処理する責任（排出事業者責任）があるのは元請業者です。排出事業者である元請業者が自身で産業廃棄物の処理をすることについて許可は不要ですが、元請業者が廃棄物の処理を他者に委託する場合、許可を持っている処理業者に委託しなければなりません。その処理業者に必要となる許可が「（特別管理）産業廃棄物収集運搬業許可」です。

元請業者が下請業者に廃棄物の処理を委託する場合、下請業者は原則として、産業廃棄物収集運搬業許可が必要です。ただし、例外的に、小規模な維持修繕工事等においては次の一定の条件のもとに下請が許可なく運搬することが可能です。

- 500万円以下の維持修繕工事（新築、増築、解体を除く）、500万円以下相当の瑕疵工事
- 1回の運搬が1立法メートル以下

- ・ 特別管理産業廃棄物を除く
- ・ 運搬途中に保管を行わない
- ・ 運搬先は同一県内または隣接する県内で、元請業者の指定する場所
- ・ 必要事項を記載した書面と、請負契約書の写しの携行

22 会社の代表者が交代したとき、建設業許可通知書は新しく発行されるの？

元請から、建設業許可通知書に記載されている代表者が前の代表者だから、新しいものを提出するように言われたけど、これしか見つからないよ…

現在有効な許可のものであれば、その許可通知書で合っているよ

建設業許可通知書とは？

　建設業許可通知書とは、建設業許可の申請を行った結果、許可が下りた場合に建設業許可の申請者へ送付される書面です。そのため、新規の許可申請だけでなく、許可の更新申請や業種追加申請等の許可申請ごとに交付されますが、交付は1度きりで再発行はされません。建設業許可の有効期間である5年間は許可通知書発行時の情報記載のままです。また、一般・特定の区分ごとかつ許可年月日ごとに許可通知書は送付されるため現在有効な許可に係る許可通知書が複数枚になることもあります。

　許可通知書には、①許可番号、②許可の有効期限、③許可を受けた建設業の種類、が記載されています。

▼建設業許可通知書の例

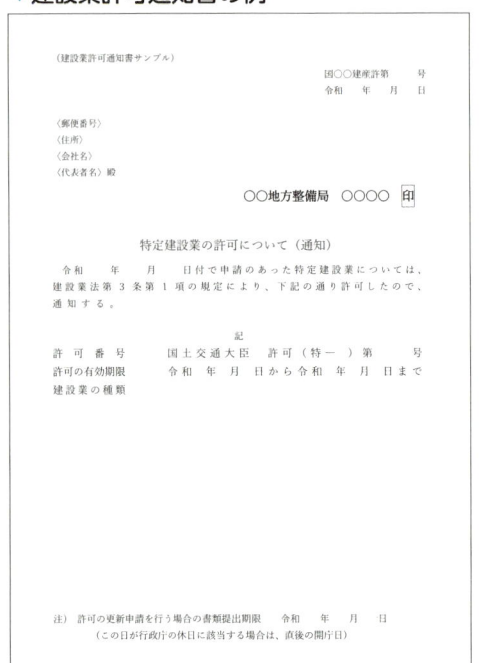

許可申請の内容に変更が生じた場合、許可行政庁に対して建設業許可の変更の届出することになります。代表者に変更が生じた場合、その旨の変更の届出を行っても許可通知書は再発行されません。元請業者等から許可通知書の写しの提出を求められた場合、許可通知書と当該変更届の写しを提出することで証明をすることになります。

▼許可通知書の内容に変更が生じた場合の許可の証明方法

許可通知書の内容に変更が生じている場合は、合わせて証明する

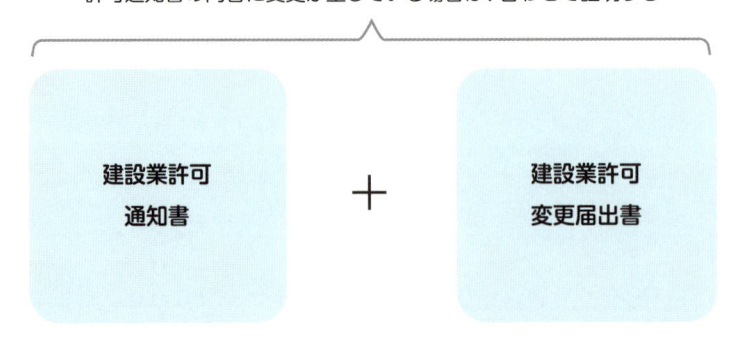

建設業許可証明書とは？

　許可通知書と似たようなもので**許可証明書**というものがあります。許可証明書とは、許可行政庁において当該建設業者の許可が有効であることを証明する書面です。許可行政庁で申請をすることで、許可証明書を発行してもらうことができます（手数料がかかるケースもあります）。

　許可通知書と同様に、許可番号、許可を受けた業種が記載されていますが、許可の有効期限の記載は無く、代わりに許可年月日が記載されています。また、許可証明書は、許可通知書から変更が生じた場合も、変更後の情報が反映されて発行されます。許可証明書は現在の許可の情報が1枚にまとめられており、発注者や契約の相手方は建設業者の許可の確認が簡単にできるため、許可証明書の提出を求めるケースが多くありました。

▼建設業許可証明書の例

（愛知県の建設業許可証明書）

No.

建 設 業 許 可 証 明 書

主 た る 営 業 所 の 所 在 地	
商 号 ま た は 名 称	
代表者または個人の氏名	

許 可 番 号 お よ び 許 可 年 月 日	建 設 業 の 種 類
許可（般－　）第　　　号 令和　　年　　月　　日	
許可（般－　）第　　　号 令和　　年　　月　　日	
許可（般－　）第　　　号 令和　　年　　月　　日	
許可（般－　）第　　　号 令和　　年　　月　　日	

上記のとおり建設業法第3条第1項の許可を受けていることを証明します。

令和　　年　　月　　日

愛知県知事　○○○○　　㊞

（建設業種一覧表）

1　土　木　工　事　業（土）	11　鋼　構　造　物　工　事　業（鋼）	21　熱　絶　縁　工　事　業（絶）
2　建　築　工　事　業（建）	12　鉄　筋　工　事　業（筋）	22　電　気　通　信　工　事　業（通）
3　大　工　工　事　業（大）	13　舗　装　工　事　業（舗）	23　造　園　工　事　業（園）
4　左　官　工　事　業（左）	14　しゅんせつ工事業（しゅ）	24　さ　く　井　工　事　業（井）
5　とび・土工工事業（と）	15　板　金　工　事　業（板）	25　建　具　工　事　業（具）
6　石　工　事　業（石）	16　ガ　ラ　ス　工　事　業（ガ）	26　水　道　施　設　工　事　業（水）
7　屋　根　工　事　業（屋）	17　塗　装　工　事　業（塗）	27　消　防　施　設　工　事　業（消）
8　電　気　工　事　業（電）	18　防　水　工　事　業（防）	28　清　掃　施　設　工　事　業（清）
9　管　工　事　業（管）	19　内　装　仕　上　げ　工　事　業（内）	29　解　体　工　事　業（解）
10　タイル・れんが・ブロック工事業（タ）	20　機　械　器　具　設　置　工　事　業（機）	

国土交通大臣許可に係る許可証明書の取扱いの変更

　許可証明書は、許可行政庁に申請をすることで発行してもらうことができる書面で、変更を反映した許可情報が記載されるため、公共工事の発注者や元請業者が、請負人の建設業許可の状況を確認するためのツールとして重宝していました。しかしながら、令和2年4月から、国土交通大臣許可に係る許可証明書の発行に関して取扱いが変更となりました。

　許可証明書の本来の目的は、建設業者が建設業許可の更新の申請をした場合に、従前の許可の有効期限までに更新申請に対する許可・不許可の通知が行われないときに、従前の許可がなおその効力を有することを証明することです。国土交通省の各地方整備局等では、令和2年4月以降、この目的のために限り許可証明書が発行されることとなりました。許可証明書の請求は、更新申請につき1回、発行部数1枚限り、更新申請の受付日から当該申請に対する許可・不許可の通知がされるまでの間のみ、という取扱いです。

　なお、建設業者の許可情報は国土交通省のホームページ「建設業者・宅建業者等企業情報検索システム」(https://www.mlit.go.jp/totikensangyo/const/sosei_const_tk3_000037.html) で確認ができる環境があることも、取扱いの変更の理由となっています。

建設業許可を廃業した場合、すでに契約している工事はできなくなるの？

建設業許可の要件を満たさなくなったから、建設業許可を廃業する予定なんだけど、既に契約している工事はどうなるのかな？

工事が出来なくなると発注者が困っちゃうよね

建設業許可の廃業

建設業許可を取得しても、以下のいずれかに該当した場合は、建設業許可の廃業となります。廃業の場合は廃業の届出を必ず許可行政庁に提出しなければなりません。廃業届を提出した場合、許可行政庁より許可の取消しの通知がされることとなります。この届出の手続きを怠ると、罰則の対象になります。

①建設業者である個人事業主が死亡したとき
②会社合併により建設業者である会社が消滅したとき
③建設業者である会社が破産手続き開始の決定により解散したとき
④②③以外の理由により建設業者である会社が解散したとき
⑤建設業許可の要件を満たさなくなったとき
⑥建設業許可の更新手続きを行わなかったとき
⑦許可を受けた建設業を廃止したとき

なお、許可を受けている全ての建設業を廃止した場合だけでなく、許可を受けている一部の建設業を廃止した場合も廃業届の対象となっています。

建設工事の施工中に廃業となった場合

　建設業許可を廃業したとしても、請け負った建設工事が施工中というケースもあるかと思います。この場合、廃業により建設業許可は取消しとなっているため、当該建設業者は無許可業者となりますが、すでに施工している工事に限って引き続き施工することができます。理由は建設業法の目的の一つにある「発注者保護」です。廃業により建設業許可が取り消され、即工事を行えなくなると、未完成のままとなり発注者が損害を被ることとなります。そのようなことが生じないよう、施工中のものは建設業者が許可を廃業したとしても、工事完成まで施工できることとされています。また施行中の工事だけでなく、建設工事の請負契約を締結した後に廃業となった場合も同様に、その工事に限って施工することが可能です。ただし、無許可業者に工事をしてもらうことを避けたいということであれば、発注者の側から締結済みの請負契約の解除をすることは可能です。

▼**建設業法**

（許可の取消し等の場合における建設工事の措置）
第二十九条の三　第三条第三項の規定により建設業の許可がその効力を失つた場合にあつては当該許可に係る建設業者であつた者又はその一般承継人は、第二十八条第三項若しくは第五項の規定により営業の停止を命ぜられた場合又は前二条の規定により建設業の許可を取り消された場合にあつては当該処分を受けた者又はその一般承継人は、許可がその効力を失う前又は当該処分を受ける前に締結された請負契約に係る建設工事に限り施工することができる。この場合において、これらの者は、許可がその効力を失つた後又は当該処分を受けた後、二週間以内に、その旨を当該建設工事の注文者に通知しなければならない。
2　特定建設業者であつた者又はその一般承継人若しくは特定建設業者の一般承継人が前項の規定により建設工事を施工する場合においては、第十六条の規定は、適用しない。
3　国土交通大臣又は都道府県知事は、第一項の規定にかかわらず、公益上必要があると認めるときは、当該建設工事の施工の差止めを命ずることができる。
4　第一項の規定により建設工事を施工する者で建設業者であつたもの又はその一般承継人は、当該建設工事を完成する目的の範囲内においては、建設業者とみなす。
5　建設工事の注文者は、第一項の規定により通知を受けた日又は同項に規定する許可がその効力を失つたこと、若しくは処分があつたことを知つた日から三十日以内に限り、その建設工事の請負契約を解除することができる。

廃業による取消処分と行政処分による取消処分

　許可行政庁が行う建設業許可の**取消処分**には、廃業によるものと行政処分によるものとの2種類あります。いずれの処分においても、処分がされた日から建設業許可が無くなることは同じです。

　しかし、取消処分の理由で処分後の処遇が大きく異なります。廃業による許可の取消処分の場合は、許可要件を満たせば処分後であってもすぐに建設業許可を再度取得することができます。しかし、行政処分による許可の取消処分の場合は、処分後5年を経過するまで建設業許可を取得することはできません。

▼建設業法

第八条　国土交通大臣又は都道府県知事は、許可を受けようとする者が次の各号のいずれか（許可の更新を受けようとする者にあつては、第一号又は第七号から第十四号までのいずれか）に該当するとき、又は許可申請書若しくはその添付書類中に重要な事項について虚偽の記載があり、若しくは重要な事実の記載が欠けているときは、許可をしてはならない。

　〜中略〜

二　第二十九条第一項第七号又は第八号に該当することにより一般建設業の許可又は特定建設業の許可を取り消され、その取消しの日から五年を経過しない者

　〜以下省略〜

24 経営業務の管理責任者や営業所技術者等にはテレワークは認められるの？

新型コロナウイルスの流行で、テレワークが一般的になってきたね

経営業務の管理責任者や営業所技術者等もテレワークが認められるようになったよ

テレワークでも常勤性が認められる

　建設業許可の要件である経営業務の管理責任者や営業所技術者等には、常勤性が求められていますが、令和3年12月9日の建設業許可事務ガイドラインの改正により、テレワークによっても常勤性が認められることが明確となりました。令3条使用人についても同様です。

　テレワークとは、「営業所等勤務を要する場所以外の場所で、例えば、メールを送受信・確認できることや、契約書、設計図書等の書面が確認できること、電話が常時つながること等のICTの活用により、営業所等で職務に従事している場合と同等の職務を遂行でき、かつ、当該所定の時間中において常時連絡を取ることが可能な環境下においてその職務に従事することをいう」とされています。

▼建設業許可事務ガイドライン

【第5条及び第6条関係】
2．許可申請書類の審査要領について
建設業法施行令第3条に規定する使用人の一覧表（様式第十一号）について
「建設業法施行令第3条に規定する使用人」とは、建設工事の請負契約の締結及びその履行
に当たって、一定の権限を有すると判断される者、すなわち支配人及び支店又は営業所（主たる営業所を除く。）の代表者である者が該当する。これらの者は、当該営業所において締結される請負契約について総合的に管理することや、原則として、当該営業所において休日その他勤務を要しない日を除き一定の計画のもとに毎日所定の時間中、その職務に従事（テレワーク（営業所等の勤務を要する場所以外の場所で、ICTの活用により、営業所等で職務に従事している場合と同等の職務を遂行でき、かつ、当該所定

の時間中において常時連絡を取ることが可能な環境下においてその職務に従事することをいう。以下同じ。）を行う場合を含む。）していることが求められる。
　〜中略〜
【第7条関係】
1. 経営業務の管理を適正に行うに足りる能力を有するものとして国土交通省令で定める基準に適合する者であることについて（第1号）
(1) 適正な経営体制について（規則第7条第1号）
　〜中略〜
② 「役員のうち常勤であるもの」とは、原則として本社、本店等において休日その他勤務を要しない日を除き一定の計画のもとに毎日所定の時間中、その職務に従事（テレワークを行う場合を含む。）している者がこれに該当する。
　〜中略〜
2. 営業所技術者等について（第2号）
(1) 「専任」の者とは、その営業所に常勤（テレワークを行う場合を含む。）して専らその職務に従事することを要する者をいう。
　〜以下省略〜

出典：国土交通省「建設業許可事務ガイドライン」(https://www.mlit.go.jp/totikensangyo/const/content/001860019.pdf) より

実態のない営業所も設置できる？

　営業所技術者等も令3条使用人もテレワークが可能であるとなると、実態のない営業所の設置が可能であるように思えます。しかしながら、営業所技術者等に関しては、常識上通勤不可能な場所でのテレワークは「専任」要件を満たさないものとされています。また、1人の営業所技術者等が複数の営業所の営業所技術者等を兼務することもできません。

▼建設業許可事務ガイドライン

【第7条関係】
2. 営業所技術者等について（第2号）
　〜中略〜
ただし、次に掲げるような者は、原則として、「専任」の者とはいえないものとして取り扱うものとする。
① 住所又はテレワークを行う場所の所在地が勤務を要する営業所の所在地から著しく遠距離にあり、常識上通勤不可能な者
② 他の営業所（他の建設業者の営業所を含む。）において専任を要する者
③ 建築士事務所を管理する建築士や専任の宅地建物取引士等、他の法令により特定の事務所等において専任を要することとされている者（建設業において専任を要する営業所が他の法令により専任を要する事務所等と兼ねている場合において、その事務所等において専任を要する者を除く。）
④ 他に個人営業を行っている者や他の法人の常勤役員である者等、他の営業等について専任に近い状態にあると認められる者

出典：国土交通省「建設業許可事務ガイドライン」(https://www.mlit.go.jp/totikensangyo/const/content/001860019.pdf) より

テレワークに関する Q&A

　国土交通省は「営業所専任技術者等のテレワークに関する Q&A」を公開しており、参考になりますので、ご紹介いたします。

▼営業所専任技術者等のテレワークに関する Q&A

No	質問	回答
1	「ICTの活用により、営業所等で職務に従事している場合と同等の職務を遂行でき、かつ、所定の時間中において常時連絡を取ることが可能な環境」とは、具体的にどのような環境ですか。	ICT機器の使用状況等を含め総合的に判断する必要がありますが、例えば、メールを送受信・確認できることや、契約書、設計図書等の書面が確認できること、電話が常時つながること等が必要と考えられます。
2	営業所専任技術者に求められる「専任」の要件について、変更はありませんか。	営業所専任技術者の「専任」要件自体に変更はございません。「専任」の者とは、「建設業許可事務ガイドラインについて」【第7条関係】2.（1）に記載のとおり、「営業所に常勤して専らその職務に従事することを要する者」のことを指します。
3	営業所専任技術者を含む営業所の従業員全員がテレワークを実施し、営業所が無人になっても問題ありませんか。	営業所専任技術者がテレワークを実施する場合は、「ICTの活用により、営業所等で職務に従事している場合と同等の職務を遂行でき、かつ、当該所定の時間中において常時連絡を取ることが可能な環境下」においてその職務に従事する必要があり、営業所が無人となる場合には、テレワーク中の連絡先等を発注者等が把握できるようにしておく必要があります。また、発注者等から対面での対応を求められることも想定されるため、営業所においては、対面での打ち合わせ等が可能な環境を整えておくことが必要と考えます。
4	営業所と著しく距離が離れた場所でテレワークを実施しても問題ありませんか。例えば、沖縄県在住の者が、北海道の営業所の専任技術者に就任することは可能ですか。	営業所専任技術者は、緊急時等には対面での説明・現場確認が求められるケースも考えられます。また、従来、営業所に常識上通勤不可能な遠距離に居住する者については「専任」要件を満たさないものと扱っていたことも踏まえ、営業所に常識上通勤不可能な場所でのテレワークについては、「専任」要件を満たさないものとします（「建設業許可事務ガイドラインについて」【第7条関係】2.（1））。

出典：国土交通省「営業所専任技術者等のテレワークに関する Q&A」（https://www.mlit.go.jp/totikensangyo/const/content/001445019.pdf）より

25 建設業の事業承継を考えているんだけど、何か注意することはあるの？

建設業者が事業承継の際に注意すべき点はどんな点だろう？

切れ目なく事業を継続させるということかな

改正建設業法の施行により建設業許可の承継が可能に

　建設業の事業承継において、承継後も切れ目なく事業を継続させるためには、建設業許可の承継に注意する必要があります。

　事業承継には、社内における承継（親族に会社を引き継ぐ親族承継、役員や社員に会社を引き継ぐ従業員承継）と、社外の第三者に承継する第三者承継（M&A）があります。社内における承継では、株主や役員に変更があるだけで、建設業許可の要件さえ満たされていれば、建設業許可は問題なく承継することができます。一方、第三者承継の場合、事業譲渡・合併・分割が発生するケースでは特に注意が必要です。

　令和2年10月1日に施行された改正建設業法により、事業承継の際に、事前に許可行政庁による認可を受けることで、空白期間なく承継者（譲受人、合併存続法人、分割承継法人）が、被承継者（譲渡人、合併消滅法人、分割被承継法人）の建設業許可を承継することができるようになりました。従前は、承継者が新たに建設業許可を取り直すことが必要で、許可が下りるまでの間、建設業を営むことができないという不都合が生じていました。

　なお、現行の建設業法においても、事業承継の際に、事前の認可を受けない場合は、承継者が新たに建設業許可を取り直すことが必要となり、空白期間が生じてしまいますので注意が必要です。

▼ A社からB社への事業譲渡の場合

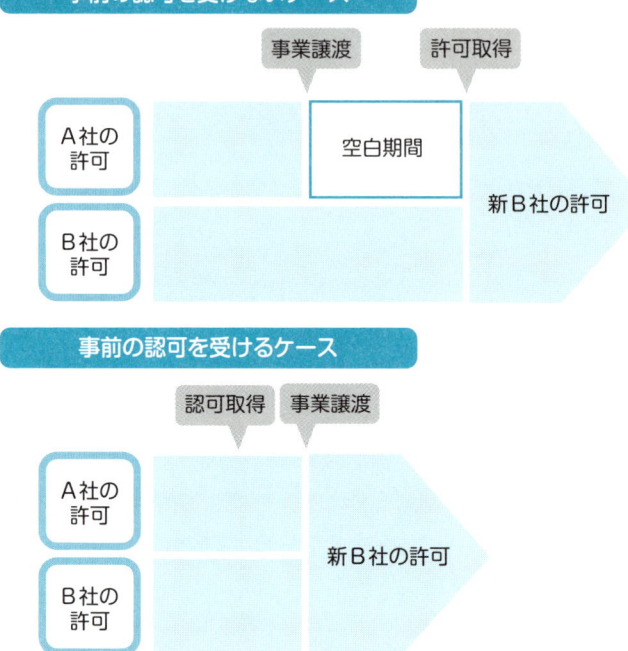

事前の認可を受けないケース

事業譲渡　許可取得

| A社の許可 | | 空白期間 | |
| B社の許可 | | | 新B社の許可 |

事前の認可を受けるケース

認可取得　事業譲渡

| A社の許可 | | |
| B社の許可 | 新B社の許可 | |

▼ 建設業法

（譲渡及び譲受け並びに合併及び分割）
第十七条の二　建設業者が許可に係る建設業の全部（以下単に「建設業の全部」という。）の譲渡を行う場合（当該建設業者（以下この条において「譲渡人」という。）が一般建設業の許可を受けている場合にあつては譲受人（建設業の全部を譲り受ける者をいう。以下この条において同じ。）が当該一般建設業の許可に係る建設業と同一の種類の建設業に係る特定建設業の許可を、譲渡人が特定建設業の許可を受けている場合にあつては譲受人が当該特定建設業の許可に係る建設業と同一の種類の建設業に係る一般建設業の許可を受けている場合を除く。）において、譲渡人及び譲受人が、あらかじめ当該譲渡及び譲受けについて、国土交通省令で定めるところにより次の各号に掲げる場合の区分に応じ当該各号に定める者の認可を受けたときは、譲受人は、当該譲渡及び譲受けの日に、譲渡人のこの法律の規定による建設業者としての地位を承継する。
一　譲渡人が国土交通大臣の許可を受けているとき　国土交通大臣
二　譲渡人が都道府県知事の許可を受けているとき　当該都道府県知事。ただし、次のいずれかに該当するときは、国土交通大臣とする。
イ　譲受人が国土交通大臣の許可を受けているとき。
ロ　譲受人が当該都道府県知事以外の都道府県知事の許可を受けているとき。
2　建設業者である法人が合併により消滅することとなる場合（当該建設業者である法

人（以下この条において「合併消滅法人」という。）（合併消滅法人が二以上あるときは、そのいずれか）が一般建設業の許可を受けている場合にあつては当該一般建設業の許可を受けている合併消滅法人以外の合併消滅法人又は合併存続法人（合併後存続する法人をいう。以下この条において同じ。）が当該一般建設業の許可に係る建設業と同一の種類の建設業に係る特定建設業の許可を、合併消滅法人（合併消滅法人が二以上あるときは、そのいずれか）が特定建設業の許可を受けている場合にあつては合併存続法人が当該特定建設業の許可に係る建設業と同一の種類の建設業に係る一般建設業の許可を受けている場合を除く。）において、合併消滅法人等（合併消滅法人、合併により消滅することとなる法人であつて合併消滅法人でないもの及び合併存続法人をいう。）が、あらかじめ当該合併について、国土交通省令で定めるところにより次の各号に掲げる場合の区分に応じ当該各号に定める者の認可を受けたときは、合併存続法人又は合併により設立される法人は、当該合併の日に、合併消滅法人のこの法律の規定による建設業者としての地位を承継する。

一　合併消滅法人（合併消滅法人が二以上あるときは、そのいずれか）が国土交通大臣の許可を受けているとき　国土交通大臣

二　合併消滅法人が二以上ある場合において、当該合併消滅法人の全てが都道府県知事の許可を受けており、かつ、当該許可をした都道府県知事が同一でないとき　国土交通大臣

三　合併消滅法人が二以上ある場合において当該合併消滅法人の全てが同一の都道府県知事の許可を受けているとき、又は合併消滅法人が一である場合において当該合併消滅法人が都道府県知事の許可を受けているとき　当該都道府県知事。ただし、次のいずれかに該当するときは、国土交通大臣とする。

イ　合併存続法人が国土交通大臣の許可を受けているとき。

ロ　合併存続法人が当該都道府県知事以外の都道府県知事の許可を受けているとき。

3　建設業者である法人が分割により建設業の全部を承継させる場合（当該建設業者である法人（以下この条において「分割被承継法人」という。）（分割被承継法人が二以上あるときは、そのいずれか）が一般建設業の許可を受けている場合にあつては当該一般建設業の許可を受けている分割被承継法人以外の分割被承継法人又は分割承継法人（分割により建設業の全部を承継する法人をいう。以下この条において同じ。）が当該一般建設業の許可に係る建設業と同一の種類の建設業に係る特定建設業の許可を、分割被承継法人（分割被承継法人が二以上あるときは、そのいずれか）が特定建設業の許可を受けている場合にあつては分割承継法人が当該特定建設業の許可に係る建設業と同一の種類の建設業に係る一般建設業の許可を受けている場合を除く。）において、分割被承継法人等（分割被承継法人、分割によりその事業に関して有する権利義務の全部又は一部を承継させる法人であつて分割被承継法人でないもの及び分割承継法人をいう。）が、あらかじめ当該分割について、国土交通省令で定めるところにより次の各号に掲げる場合の区分に応じ当該各号に定める者の認可を受けたときは、分割承継法人は、当該分割の日に、分割被承継法人のこの法律の規定による建設業者としての地位を承継する。

一　分割被承継法人（分割被承継法人が二以上あるときは、そのいずれか）が国土交通大臣の許可を受けているとき　国土交通大臣

二　分割被承継法人が二以上ある場合において、当該分割被承継法人の全てが都道府県知事の許可を受けており、かつ、当該許可をした都道府県知事が同一でないとき　国土交通大臣

●承継の手順

　例として、Ａ社の地位をＢ社が承継する場合、次のような手順で建設業許可の承継を行うこととなります。

＜Ａ社、Ｂ社の許可＞
　Ａ社：建築（特）
　Ｂ社：土木（特）、とび（般）

＜手順＞
　①Ｂ社が許可行政庁に対し、事前に事業承継について認可を申請
　②許可行政庁において、申請の内容について審査
　③許可行政庁からＢ社に対し、認可（または不認可）について通知
　　※もともとの許可に付されていた条件の変更や新たな条件の付与が可能
　④事業譲渡等の日に建設業の許可についても承継
　　Ｂ社がＡ社の許可（建築（特））についても営業可能

●承継規定の対象外となるケース

　事業承継におけるあらゆるケースで建設業許可の承継ができるわけではなく、対象外となるケースがありますので注意が必要です。

　具体的には、一般建設業の許可を受けている建設業者が、同一業種の特定建設業の許可を受けている者の地位を受け継ぐようなケースや、特定建設業の許可を受けている建設業者が、同一業種の一般建設業の許可を受けている建設業者の地位を受け継ぐようなケースは、この制度による承継の対象外となります。なお、これらのケースに該当する場合であっても、前者であれば、承継先が当該同一業種

について事前に廃業することで承継可能ですし、後者であれば、承継元が当該同一業種について事前に廃業することで承継可能となります。

▼承継規定の対象外となるケース

	承継前		承継後	
	承継元	承継先		
1	土木 (特定) 鉄筋 (一般) 舗装 (一般) 造園 (一般)	建築 (特定) 鉄筋 (一般) 大工 (一般) 左官 (一般)	土木 (特定) 鉄筋 (一般) 舗装 (一般) 造園 (一般)	建築 (特定) 大工 (一般) 左官 (一般)
2	土木 (特定) 鉄筋 (特定) 舗装 (一般) 造園 (一般)	建築 (特定) 鉄筋 (一般) 大工 (一般) 左官 (一般)	承継不可 ※承継先が、鉄筋 (一般) を事前に廃業することで承継可能。	
3	土木 (特定) 鉄筋 (一般) 舗装 (一般) 造園 (一般)	建築 (特定) 鉄筋 (特定) 大工 (一般) 左官 (一般)	承継不可 ※承継元が、鉄筋 (一般) を事前に廃業することで承継可能。	

出典：国土交通省「新・担い手三法について～建設業法、入契法、品確法の一体的改正について～」
(https://www.mlit.go.jp/totikensangyo/const/content/001367723.pdf) P40 をもとに作成

<ポイント>

①異業種間の承継は可能。

②同一業種でも、一般・特定の区分が同じなら承継は可能。

③承継元となる建設業者の許可の一部のみを承継することは不可能。

許可の有効期間について

事前の認可を受け事業承継を行った場合、承継する許可と、もともと持っている許可の両方の有効期間が更新されることとなります。つまり、承継後の全ての許可の有効期間は、事業譲渡等の日から5年間となります。

▼承継後の許可の有効期間

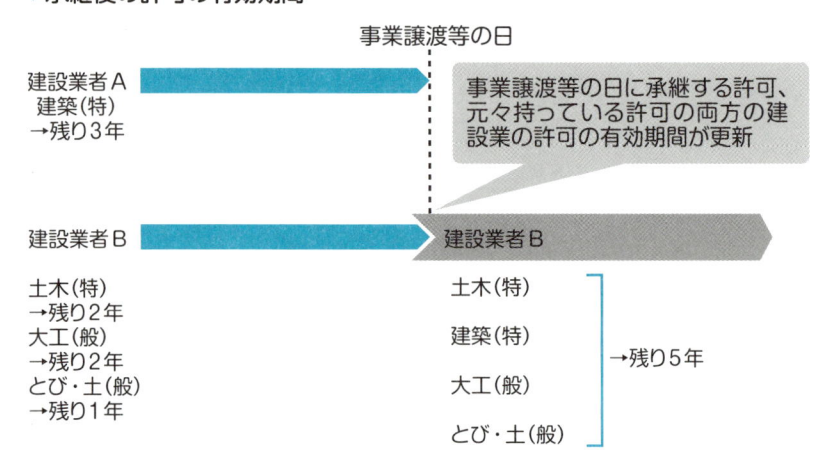

出典：国土交通省「新・担い手三法について～建設業法、入契法、品確法の一体的改正について～」
(https://www.mlit.go.jp/totikensangyo/const/content/001367723.pdf) P41をもとに作成

個人事業主の相続について

　個人事業主の相続による事業承継の場合も認可を受けることにより、被相続人の受けていた建設業許可を承継することが可能です。例として、被相続人である個人事業主Xの地位を相続人である個人事業主Yが承継する場合、次のような手順で建設業許可の承継を行うこととなります。

＜手順＞

> ①個人事業主Xの死亡後30日以内に、相続人である個人事業主Yが、許可行政庁に対して相続の認可を申請
> 　※建設業許可を承継しない場合は廃業届を提出
> ②許可行政庁において、申請の内容について審査
> ③許可行政庁から個人事業主Yに対し、認可（または不認可）について通知
> 　※もともとの許可に付されていた条件の変更や新たな条件の付与が可能

　認可の申請をした場合、認可・不認可の通知があるまでは、相続人は建設業許可を受けたものとして取り扱われるため、空白期間なく建設業許可を承継することができます。

▼建設業法

(相続)

第十七条の三　建設業者が死亡した場合において、当該建設業者(以下この条において「被相続人」という。)の相続人(相続人が二人以上ある場合において、その全員の同意により被相続人の営んでいた建設業の全部を承継すべき相続人を選定したときは、その者。以下この条において単に「相続人」という。)が被相続人の営んでいた建設業の全部を引き続き営もうとするとき(被相続人が一般建設業の許可を受けていた場合にあつては相続人が当該一般建設業の許可に係る建設業と同一の種類の建設業に係る特定建設業の許可を、被相続人が特定建設業の許可を受けていた場合にあつては相続人が当該特定建設業の許可に係る建設業と同一の種類の建設業に係る一般建設業の許可を受けている場合を除く。)は、その相続人は、国土交通省令で定めるところにより、被相続人の死亡後三十日以内に次の各号に掲げる場合の区分に応じ当該各号に定める者に申請して、その認可を受けなければならない。

一　被相続人が国土交通大臣の許可を受けていたとき　国土交通大臣

二　被相続人が都道府県知事の許可を受けていたとき　当該都道府県知事。ただし、次のいずれかに該当するときは、国土交通大臣とする。

イ　相続人が国土交通大臣の許可を受けているとき。

ロ　相続人が当該都道府県知事以外の都道府県知事の許可を受けているとき。

2　相続人が前項の認可の申請をしたときは、被相続人の死亡の日からその認可を受ける日又はその認可をしない旨の通知を受ける日までは、被相続人に対してした建設業の許可は、その相続人に対してしたものとみなす。

　〜以下省略〜

1

第2章
建設工事について

請け負う建設工事がどの業種に該当するか、どうやって判断したらいいの？

建設業許可を取得したはいいんだけど、請け負った建設工事が許可業種に該当するものでないと無許可で請け負ったことになっちゃうよね？

そのとおり。請け負おうとする建設工事の業種が何か、しっかり判断する必要があるよ

業種判断の必要性

　建設業許可には29種類の業種があり、その業種ごとに許可を取得することになっています。

　例えば、とび・土工工事業の許可しか持っていない建設業者は、とび・土工・コンクリート工事であれば500万円以上の工事を請け負えますが、500万円以上の舗装工事を請け負うことはできません。許可業種以外の業種の工事については軽微な建設工事しか請け負うことができず、仮に500万円以上の工事を請け負ってしまうと、無許可での請負で建設業法違反となります。

　業種判断は、自ら工事を請け負う場合だけでなく、下請業者へ発注する際にも必要となります。発注金額が500万円以上の工事であれば、元請業者は下請業者がその工事を請け負うことができる業種の許可を持っているのか確認をしなければなりません。確認を怠り無許可業者へ発注してしまった場合、建設業法違反で監督処分の対象となる可能性があるため、下請業者への注文者の立場になったとしても業種判断は必要です。

　業種判断は、元請・下請関係なく、すべての建設業者、すべての建設工事の請負契約の際に必要となる手順であると認識しておいていただいた方がよいでしょう。

【名南経営式】業種判断の方法

　ここでは、行政書士法人名南経営で実際に使用している業種判断の方法をご紹介させていただきます。

● ステップ1

　業種判断のステップ1は、国土交通省のホームページに掲載されている「業種区分、建設工事の内容、例示、区分の考え方(H29.11.10改正)」(https://www.mlit.go.jp/common/001209751.pdf) を参考にする方法です。請け負おうとする工事が、この資料においてどの業種に該当するか判断ができれば、業種判断終了です。

　請け負おうとする1件の工事について、複数の業種が含まれていて判断ができない場合は次のステップ2へ、「業種区分、建設工事の内容、例示、区分の考え方(H29.11.10改正)」に一致するものが無く業種の判断ができない場合はステップ3に進みます。

▼業種区分、建設工事の内容、例示、区分の考え方

建設工事の種類（建設業法別表）昭和46年制定	建設工事の内容（告示）	建設工事の例示（建設業許可事務ガイドライン）
	建設工事の区分の考え方（建設業許可事務ガイドライン）	
土木一式工事	総合的な企画、指導、調整のもとに土木工作物を建設する工事（補修、改造又は解体する工事を含む。以下同じ。） ●「プレストレストコンクリート工事」のうち橋梁等の土木工作物を総合的に建設するプレストレストコンクリート構造物工事は『土木一式工事』に該当する。●上下水道に関する施設の建設工事における『土木一式工事』、『管工事』及び『水道施設工事』間の区分の考え方は、公道下等の下水道の配管工事及び下水処理場自体の敷地造成工事が『土木一式工事』であり、家屋その他の施設の敷地内の配管工事及び上水道等の配水小管を設置する工事が『管工事』であり、上水道等の取水、浄水、配水等の施設及び下水処理場内の処理設備を築造、設置する工事が『水道施設工事』である。なお、農業用水道、かんがい用配水施設等の建設工事は『水道施設工事』ではなく『土木一式工事』に該当する。	
建築一式工事	総合的な企画、指導、調整のもとに建築物を建設する工事 ●ビルの外壁に固定された避難階段を設置する工事は『消防施設工事』ではなく、建築物の躯体の一部の工事として『建築一式工事』又は『鋼構造物工事』に該当する。	
大工工事	木材の加工又は取付けにより工作物を築造し、又は工作物に木製設備を取付ける工事 ―	大工工事、型枠工事、造作工事
左官工事	工作物に壁土、モルタル、漆くい、プラスター、繊維等をこて塗り、吹付け、又は貼り付ける工事 ●防水モルタルを用いた防水工事は左官工事業、防水工事業どちらの業種の許可でも施工可能である。●ガラス張り工事及び乾式壁工事については、通常、左官工事を行う際の準備作業として当然に含まれているものである。●『左官工事』における「吹付け工事」とは、建築物に対するモルタル等を吹付ける工事をいい、『とび・土工・コンクリート工事』における「吹付け工事」とは、「モルタル吹付け工事」及び「種子吹付け工事」を総称したものであり、法面処理等のためにモルタル又は種子を吹付ける工事をいう。	左官工事、モルタル工事、モルタル防水工事、吹付け工事、とぎ出し工事、洗い出し工事

とび・土工・コンクリート工事

イ　足場の組立て、機械器具・建設資材等の重量物のクレーン等による運搬配置、鉄骨等の組立て等を行う工事	イ　とび工事、ひき工事、足場等仮設工事、重量物のクレーン等による揚重運搬配置工事、鉄骨組立て工事、コンクリートブロック据付け工事

●『とび・土工・コンクリート工事』における「コンクリートブロック据付け工事」並びに『石工事』及び『タイル・れんが・ブロツク工事』における「コンクリートブロック積み（張り）工事」間の区分の考え方は以下のとおりである。根固めブロック、消波ブロックの据付け等土木工事において規模の大きいコンクリートブロックの据付けを行う工事、プレキャストコンクリートの柱、梁等の部材の設置工事等が『とび・土工・コンクリート工事』における「コンクリートブロック据付け工事」である。建築物の内外装として擬石等をはり付ける工事や法面処理、又は擁壁としてコンクリートブロックを積み、又ははり付ける工事等が『石工事』における「コンクリートブロック積み（張り）工事」である。コンクリートブロックにより建築物を建設する工事等が『タイル・れんが・ブロツク工事』における「コンクリートブロック積み（張り）工事」であり、エクステリア工事としてこれを行う場合を含む。●『とび・土工・コンクリート工事』における「鉄骨組立工事」と『鋼構造物工事』における「鉄骨工事」との区分の考え方は、鉄骨の製作、加工から組立てまでを一貫して請け負うのが『鋼構造物工事』における「鉄骨工事」であり、既に加工された鉄骨を現場で組立てることのみを請け負うのが『とび・土工・コンクリート工事』における「鉄骨組立工事」である。

ロ　くい打ち、くい抜き及び場所打ぐいを行う工事	ロ　くい工事、くい打ち工事、くい抜き工事、場所打ぐい工事
―	
ハ　土砂等の掘削、盛上げ、締固め等を行う工事	ハ　土工事、掘削工事、根切り工事、発破工事、盛土工事
―	
ニ　コンクリートにより工作物を築造する工事	ニ　コンクリート工事、コンクリート打設工事、コンクリート圧送工事、プレストレストコンクリート工事

●「プレストレストコンクリート工事」のうち橋梁等の土木工作物を総合的に建設するプレストレストコンクリート構造物工事は『土木一式工事』に該当する。

ホ　その他基礎的ないしは準備的工事	ホ　地すべり防止工事、地盤改良工事、ボーリンググラウト工事、土留め工事、仮締切り工事、吹付け工事、法面保護工事、道路付属物設置工事、屋外広告物設置工事、捨石工事、外構工事、はつり工事、切断穿孔工事、アンカー工事、あと施工アンカー工事、潜水工事

●「地盤改良工事」とは、薬液注入工事、ウエルポイント工事等各種の地盤の改良を行う工事を総称したものである。●『とび・土工・コンクリート工事』における「吹付け工事」とは、「モルタル吹付け工事」及び「種子吹付け工事」を総称したものであり、法面処理等のためにモルタル又は種子を吹付ける工事をいい、建築物に対するモルタル等の吹付けは『左官工事』における「吹付け工事」に該当する。●「法面保護工事」とは、法枠の設置等により法面の崩壊を防止する工事である。●「道路付属物設置工事」には、道路標識やガードレールの設置工事が含まれる。●『とび・土工・コンクリート工事』における「屋外広告物設置工事」と『鋼構造物工事』における「屋外広告工事」との区分の考え方は、現場で屋外広告物の製作、加工から設置までを一貫して請け負うのが『鋼構造物工事』における「屋外広告工事」であり、それ以外の工事が『とび・土工・コンクリート工事』における「屋外広告物設置工事」である。●トンネル防水工事等の土木系の防水工事は『防水工事』ではなく『とび・土工・コンクリート工事』に該当し、いわゆる建築系の防水工事は『防水工事』に該当する。

116

	石材（石材に類似のコンクリートブロック及び擬石を含む。）の加工又は積方により工作物を築造し、又は工作物に石材を取付ける工事	石積み（張り）工事、コンクリートブロック積み（張り）工事
石工事	●『とび・土工・コンクリート工事』における「コンクリートブロック据付け工事」並びに『石工事』及び『タイル・れんが・ブロツク工事』における「コンクリートブロック積み（張り）工事」間の区分の考え方は以下のとおりである。根固めブロック、消波ブロックの据付け等土木工事において規模の大きいコンクリートブロックの据付けを行う工事、プレキャストコンクリートの柱、梁等の部材の設置工事等が『とび・土工・コンクリート工事』における「コンクリートブロック据付け工事」である。建築物の内外装として擬石等をはり付ける工事や法面処理、又は擁壁としてコンクリートブロックを積み、又ははり付ける工事等が『石工事』における「コンクリートブロック積み（張り）工事」である。コンクリートブロックにより建築物を建設する工事等が『タイル・れんが・ブロツク工事』における「コンクリートブロック積み（張り）工事」であり、エクステリア工事としてこれを行う場合を含む。	

出典：国土交通省「業種区分、建設工事の内容、例示、区分の考え方（H29.11.10改正）」（https://www.mlit.go.jp/common/001209751.pdf）をもとに作成

▼業種区分、建設工事の内容、例示、区分の考え方

建設工事の種類（建設業法別表）昭和46年制定	建設工事の内容（告示）	建設工事の例示（建設業許可事務ガイドライン）
	建設工事の区分の考え方（建設業許可事務ガイドライン）	
屋根工事	瓦、スレート、金属薄板等により屋根をふく工事	屋根ふき工事
	●「瓦」、「スレート」及び「金属薄板」については、屋根をふく材料の別を示したものにすぎず、また、これら以外の材料による屋根ふき工事も多いことから、これらを包括して「屋根ふき工事」とする。したがって板金屋根工事も『板金工事』ではなく『屋根工事』に該当する。 ●屋根断熱工事は、断熱処理を施した材料により屋根をふく工事であり「屋根ふき工事」の一類型である。 ●屋根一体型の太陽光パネル設置工事は『屋根工事』に該当する。太陽光発電設備の設置工事は『電気工事』に該当し、太陽光発電パネルを屋根に設置する場合は、屋根等の止水処理を行う工事が含まれる。	
電気工事	発電設備、変電設備、送配電設備、構内電気設備等を設置する工事	発電設備工事、送配電線工事、引込線工事、変電設備工事、構内電気設備（非常用電気設備を含む。）工事、照明設備工事、電車線工事、信号設備工事、ネオン装置工事
	●屋根一体型の太陽光パネル設置工事は『屋根工事』に該当する。太陽光発電設備の設置工事は『電気工事』に該当し、太陽光発電パネルを屋根に設置する場合は、屋根等の止水処理を行う工事が含まれる。 ●『機械器具設置工事』には広くすべての機械器具類の設置に関する工事が含まれるため、機械器具の種類によっては『電気工事』、『管工事』、『電気通信工事』、『消防施設工事』等と重複するものもあるが、これらについては原則として『電気工事』等それぞれの専門の工事の方に区分するものとし、これらいずれにも該当しない機械器具あるいは複合的な機械器具の設置が『機械器具設置工事』に該当する。	

管工事	冷暖房、冷凍冷蔵、空気調和、給排水、衛生等のための設備を設置し、又は金属製等の管を使用して水、油、ガス、水蒸気等を送配するための設備を設置する工事	冷暖房設備工事、冷凍冷蔵設備工事、空気調和設備工事、給排水・給湯設備工事、厨房設備工事、衛生設備工事、浄化槽工事、水洗便所設備工事、ガス管配管工事、ダクト工事、管内更生工事

- ●「冷暖房設備工事」、「冷凍冷蔵設備工事」、「空気調和設備工事」には、冷媒の配管工事などフロン類の漏洩を防止する工事が含まれる。
- ●し尿処理に関する施設の建設工事における『管工事』、『水道施設工事』及び『清掃施設工事』間の区分の考え方は、規模の大小を問わず浄化槽(合併処理槽を含む。)によりし尿を処理する施設の建設工事が『管工事』に該当し、公共団体が設置するもので下水道により収集された汚水を処理する施設の建設工事が『水道施設工事』に該当し、公共団体が設置するもので汲取方式により収集されたし尿を処理する施設の建設工事が『清掃施設工事』に該当する。
- ●『機械器具設置工事』には広くすべての機械器具類の設置に関する工事が含まれるため、機械器具の種類によっては『電気工事』、『管工事』、『電気通信工事』、『消防施設工事』等と重複するものもあるが、これらについては原則として『電気工事』等それぞれの専門の工事の方に区分するものとし、これらいずれにも該当しない機械器具あるいは複合的な機械器具の設置が『機械器具設置工事』に該当する。
- ●建築物の中に設置される通常の空調機器の設置工事は『管工事』に該当し、トンネル、地下道等の給排気用に設置される機械器具に関する工事は『機械器具設置工事』に該当する。
- ●上下水道に関する施設の建設工事における『土木一式工事』、『管工事』及び『水道施設工事』間の区分の考え方は、公道下等の下水道の配管工事及び下水処理場自体の敷地造成工事が『土木一式工事』であり、家屋その他の施設の敷地内の配管工事及び上水道等の配水小管を設置する工事が『管工事』であり、上水道等の取水、浄水、配水等の施設及び下水処理場内の処理設備を築造、設置する工事が『水道施設工事』である。なお、農業用水道、かんがい用配水施設等の建設工事は『水道施設工事』ではなく『土木一式工事』に該当する。
- ●公害防止施設を単体で設置する工事については、『清掃施設工事』ではなく、それぞれの公害防止施設ごとに、例えば排水処理設備であれば『管工事』、集塵設備であれば『機械器具設置工事』等に区分すべきものである。

タイル・れんが・ブロック工事	れんが、コンクリートブロック等により工作物を築造し、又は工作物にれんが、コンクリートブロック、タイル等を取付け、又ははり付ける工事	コンクリートブロック積み(張り)工事、レンガ積み(張り)工事、タイル張り工事、築炉工事、スレート張り工事、サイディング工事

- ●「スレート張り工事」とは、スレートを外壁等にはる工事を内容としており、スレートにより屋根をふく工事は「屋根ふき工事」として『屋根工事』に該当する。
- ●「コンクリートブロック」には、プレキャストコンクリートパネル及びオートクレイブ養生をした軽量気ほうコンクリートパネルも含まれる。
- ●『とび・土工・コンクリート工事』における「コンクリートブロック据付け工事」並びに『石工事』及び『タイル・れんが・ブロック工事』における「コンクリートブロック積み(張り)工事」間の区分の考え方は以下のとおりである。根固めブロック、消波ブロックの据付け等土木工事において規模の大きいコンクリートブロックの据付けを行う工事、プレキャストコンクリートの柱、梁等の部材の設置工事等が『とび・土工・コンクリート工事』における「コンクリートブロック据付け工事」である。建築物の内外装として擬石等をはり付ける工事や法面処理、又は擁壁としてコンクリートブロックを積み、又ははり付ける工事等が『石工事』における「コンクリートブロック積み(張り)工事」である。コンクリートブロックにより建築物を建設する工事等が『タイル・れんが・ブロック工事』における「コンクリートブロック積み(張り)工事」であり、エクステリア工事としてこれを行う場合を含む。

出典：国土交通省「業種区分、建設工事の内容、例示、区分の考え方(H29.11.10改正)」(https://www.mlit.go.jp/common/001209751.pdf)をもとに作成

▼業種区分、建設工事の内容、例示、区分の考え方

建設工事の種類（建設業法別表）昭和46年制定	建設工事の内容（告示）	建設工事の例示（建設業許可事務ガイドライン）
	建設工事の区分の考え方（建設業許可事務ガイドライン）	
鋼構造物工事	形鋼、鋼板等の鋼材の加工又は組立てにより工作物を築造する工事	鉄骨工事、橋梁工事、鉄塔工事、石油、ガス等の貯蔵用タンク設置工事、屋外広告工事、閘門、水門等の門扉設置工事
鋼構造物工事	●『とび・土工・コンクリート工事』における「鉄骨組立工事」と『鋼構造物工事』における「鉄骨工事」との区分の考え方は、鉄骨の製作、加工から組立てまでを一貫して請け負うのが『鋼構造物工事』における「鉄骨工事」であり、既に加工された鉄骨を現場で組立てることのみを請け負うのが『とび・土工・コンクリート工事』における「鉄骨組立工事」である。 ●ビルの外壁に固定された避難階段を設置する工事は『消防施設工事』ではなく、建築物の躯体の一部の工事として『建築一式工事』又は『鋼構造物工事』に該当する。 ●『とび・土工・コンクリート工事』における「屋外広告物設置工事」と『鋼構造物工事』における「屋外広告工事」との区分の考え方は、現場で屋外広告の製作、加工から設置までを一貫して請け負うのが『鋼構造物工事』における「屋外広告工事」であり、それ以外の工事が『とび・土工・コンクリート工事』における「屋外広告物設置工事」である。	
鉄筋工事	棒鋼等の鋼材を加工し、接合し、又は組立てる工事	鉄筋加工組立て工事、鉄筋継手工事
鉄筋工事	●『鉄筋工事』は「鉄筋加工組立て工事」と「鉄筋継手工事」からなっており、「鉄筋加工組立て工事」は鉄筋の配筋と組立て、「鉄筋継手工事」は配筋された鉄筋を接合する工事である。鉄筋継手にはガス圧接継手、溶接継手、機械式継手等がある。	
舗装工事	道路等の地盤面をアスファルト、コンクリート、砂、砂利、砕石等により舗装する工事	アスファルト舗装工事、コンクリート舗装工事、ブロック舗装工事、路盤築造工事
舗装工事	●舗装工事と併せて施工されることが多いガードレール設置工事については、工事の種類としては『舗装工事』ではなく『とび・土工・コンクリート工事』に該当する。 ●人工芝張付け工事については、地盤面をコンクリート等で舗装した上にはり付けるものは『舗装工事』に該当する。	
しゅんせつ工事	河川、港湾等の水底をしゅんせつする工事	しゅんせつ工事
しゅんせつ工事	－	
板金工事	金属薄板等を加工して工作物に取付け、又は工作物に金属製等の付属物を取付ける工事	板金加工取付け工事、建築板金工事
板金工事	●「建築板金工事」とは、建築物の内外装として板金をはり付ける工事をいい、具体的には建築物の外壁へのカラー鉄板張付け工事や厨房の天井へのステンレス板張付け工事等である。 ●「瓦」、「スレート」及び「金属薄板」については、屋根をふく材料の別を示したものにすぎず、また、これら以外の材料による屋根ふき工事も多いことから、これらを包括して「屋根ふき工事」とする。したがって板金屋根工事も『板金工事』ではなく『屋根工事』に該当する。	
ガラス工事	工作物にガラスを加工して取付ける工事	ガラス加工取付け工事、ガラスフィルム工事
ガラス工事	－	
塗装工事	塗料、塗材等を工作物に吹付け、塗付け、又ははり付ける工事	塗装工事、溶射工事、ライニング工事、布張り仕上工事、鋼構造物塗装工事、路面標示工事
塗装工事	●下地調整工事及びブラスト工事については、通常、塗装工事を行う際の準備作業として当然に含まれているものである。	

2

防水工事	アスファルト、モルタル、シーリング材等によつて防水を行う工事	アスファルト防水工事、モルタル防水工事、シーリング工事、塗膜防水工事、シート防水工事、注入防水工事
	●『防水工事』に含まれるものは、いわゆる建築系の防水工事のみであり、トンネル防水工事等の土木系の防水工事は『防水工事』ではなく『とび・土工・コンクリート工事』に該当する。 ●防水モルタルを用いた防水工事は左官工事業、防水工事業どちらの業種の許可でも施工可能である。	
内装仕上工事	木材、石膏ボード、吸音板、壁紙、たたみ、ビニール床タイル、カーペット、ふすま等を用いて建築物の内装仕上げを行う工事	インテリア工事、天井仕上工事、壁張り工事、内装間仕切り工事、床仕上工事、たたみ工事、ふすま工事、家具工事、防音工事
	●「家具工事」とは、建築物に家具を据付け又は家具の材料を現場にて加工若しくは組み立てて据付ける工事をいう。 ●「防音工事」とは、建築物における通常の防音工事であり、ホール等の構造的に音響効果を目的とするような工事は含まれない。 ●「たたみ工事」とは、採寸、割付け、たたみの製造・加工から敷きこみまでを一貫して請け負う工事をいう。	
機械器具設置工事	機械器具の組立て等により工作物を建設し、又は工作物に機械器具を取付ける工事	プラント設備工事、運搬機器設置工事、内燃力発電設備工事、集塵機器設置工事、給排気機器設置工事、揚排水機器設置工事、ダム用仮設備工事、遊技施設設置工事、舞台装置設置工事、サイロ設置工事、立体駐車設備工事
	●『機械器具設置工事』には広くすべての機械器具類の設置に関する工事が含まれるため、機械器具の種類によっては『電気工事』、『管工事』、『電気通信工事』、『消防施設工事』等と重複するものもあるが、これらについては原則として『電気工事』等それぞれの専門の工事の方に区分するものとし、これらいずれにも該当しない機械器具あるいは複合的な機器具の設置が『機械器具設置工事』に該当する。 ●『運搬機器設置工事』には「昇降機設置工事」も含まれる。 ●「給排気機器設置工事」とはトンネル、地下道等の給排気用に設置される機械器具に関する工事であり、建築物の中に設置される通常の空調機器の設置工事は『機械器具設置工事』ではなく『管工事』に該当する。 ●公害防止施設を単体で設置する工事については、『清掃施設工事』ではなく、それぞれの公害防止施設ごとに、例えば排水処理設備であれば『管工事』、集塵設備であれば『機械器具設置工事』等に区分すべきものである。	
熱絶縁工事	工作物又は工作物の設備を熱絶縁する工事	冷暖房設備、冷凍冷蔵設備、動力設備又は燃料工業、化学工業等の設備の熱絶縁工事、ウレタン吹付け断熱工事
	―	
電気通信工事	有線電気通信設備、無線電気通信設備、ネットワーク設備、情報設備、放送機械設備等の電気通信設備を設置する工事	有線電気通信設備工事、無線電気通信設備工事、データ通信設備工事、情報処理設備工事、情報収集設備工事、情報表示設備工事、放送機械設備工事、ＴＶ電波障害防除設備工事
	●既に設置された電気通信設備の改修、修繕又は補修は『電気通信工事』に該当する。なお、保守（電気通信施設の機能性能及び耐久性の確保を図るために実施する点検、整備及び修理をいう。）に関する役務の提供等の業務は、『電気通信工事』に該当しない。 ●『機械器具設置工事』には広くすべての機械器具類の設置に関する工事が含まれるため、機械器具の種類によっては『電気工事』、『管工事』、『電気通信工事』、『消防施設工事』等と重複するものもあるが、これらについては原則として『電気工事』等それぞれの専門の工事の方に区分するものとし、これらいずれにも該当しない機械器具あるいは複合的な機器具の設置が『機械器具設置工事』に該当する。	

出典：国土交通省「業種区分、建設工事の内容、例示、区分の考え方 (H29.11.10 改正)」(https://www.mlit.go.jp/common/001209751.pdf) をもとに作成

▼業種区分、建設工事の内容、例示、区分の考え方

建設工事の種類（建設業法別表）昭和46年制定	建設工事の内容（告示）	建設工事の例示（建設業許可事務ガイドライン）
	建設工事の区分の考え方（建設業許可事務ガイドライン）	
造園工事	整地、樹木の植栽、景石のすえ付け等により庭園、公園、緑地等の苑地を築造し、道路、建築物の屋上等を緑化し、又は植生を復元する工事	植栽工事、地被工事、景石工事、地ごしらえ工事、公園設備工事、広場工事、園路工事、水景工事、屋上等緑化工事、緑地育成工事
	●「植栽工事」には、植生を復元する建設工事が含まれる。 ●「広場工事」とは、修景広場、芝生広場、運動広場その他の広場を築造する工事であり、「園路工事」とは、公園内の遊歩道、緑道等を建設する工事である。 ●「公園設備工事」には、花壇、噴水その他の修景施設、休憩所その他の休養施設、遊戯施設、便益施設等の建設工事が含まれる。 ●「屋上等緑化工事」とは、建築物の屋上、壁面等を緑化する建設工事である。 ●「緑地育成工事」とは、樹木、芝生、草花等の植物を育成する建設工事であり、土壌改良や支柱の設置等を伴って行う工事である。	
さく井工事	さく井機械等を用いてさく孔、さく井を行う工事又はこれらの工事に伴う揚水設備設置等を行う工事	さく井工事、観測井工事、還元井工事、温泉掘削工事、井戸築造工事、さく孔工事、石油掘削工事、天然ガス掘削工事、揚水設備工事
	－	
建具工事	工作物に木製又は金属製の建具等を取付ける工事	金属製建具取付け工事、サッシ取付け工事、金属製カーテンウォール取付け工事、シャッター取付け工事、自動ドアー取付け工事、木製建具取付け工事、ふすま工事
	－	
水道施設工事	上水道、工業用水道等のための取水、浄水、配水等の施設を築造する工事又は公共下水道若しくは流域下水道の処理設備を設置する工事	取水施設工事、浄水施設工事、配水施設工事、下水処理設備工事
	●上下水道に関する施設の建設工事における『土木一式工事』、『管工事』及び『水道施設工事』間の区分の考え方は、公道下等の下水道の配管工事及び下水処理場自体の敷地造成工事が『土木一式工事』であり、家屋その他の施設の敷地内の配管工事及び上水道等の配水小管を設置する工事が『管工事』であり、上水道等の取水、浄水、配水等の施設及び下水処理場内の処理設備を築造、設置する工事が『水道施設工事』である。なお、農業用水道、かんがい用配水施設等の建設工事は『水道施設工事』ではなく『土木一式工事』に該当する。 ●し尿処理に関する施設の建設工事における『管工事』、『水道施設工事』及び『清掃施設工事』間の区分の考え方は、規模の大小を問わず浄化槽（合併処理槽を含む。）によりし尿を処理する施設の建設工事が『管工事』に該当し、公共団体が設置するもので下水道により収集された汚水を処理する施設の建設工事が『水道施設工事』に該当し、公共団体が設置するもので汲取方式により収集されたし尿を処理する施設の建設工事が『清掃施設工事』に該当する。	

消防施設工事	火災警報設備、消火設備、避難設備若しくは消火活動に必要な設備を設置し、又は工作物に取付ける工事	屋内消火栓設置工事、スプリンクラー設置工事、水噴霧、泡、不燃性ガス、蒸発性液体又は粉末による消火設備工事、屋外消火栓設置工事、動力消防ポンプ設置工事、火災報知設備工事、漏電火災警報器設置工事、非常警報設備工事、金属製避難はしご、救助袋、緩降機、避難橋又は排煙設備の設置工事

●「金属製避難はしご」とは、火災時等にのみ使用する組立式のはしごであり、ビルの外壁に固定された避難階段等はこれに該当しない。したがって、このような固定された避難階段を設置する工事は『消防施設工事』ではなく、建築物の躯体の一部の工事として『建築一式工事』又は『鋼構造物工事』に該当する。
●『機械器具設置工事』には広くすべての機械器具類の設置に関する工事が含まれるため、機械器具の種類によっては『電気工事』、『管工事』、『電気通信工事』、『消防施設工事』等と重複するものもあるが、これらについては原則として『電気工事』等それぞれの専門の工事の方に区分するものとし、これらいずれにも該当しない機械器具あるいは複合的な機械器具の設置が『機械器具設置工事』に該当する。

清掃施設工事	し尿処理施設又はごみ処理施設を設置する工事	ごみ処理施設工事、し尿処理施設工事

●公害防止施設を単体で設置する工事については、『清掃施設工事』ではなく、それぞれの公害防止施設ごとに、例えば排水処理設備であれば『管工事』、集塵設備であれば『機械器具設置工事』等に区分すべきものである。
●し尿処理に関する施設の建設工事における『管工事』、『水道施設工事』及び『清掃施設工事』間の区分の考え方は、規模の大小を問わず浄化槽（合併処理槽を含む。）によりし尿を処理する施設の建設工事が『管工事』に該当し、公共団体が設置するもので下水道により収集された汚水を処理する施設の建設工事が『水道施設工事』に該当し、公共団体が設置するもので汲取方式により収集されたし尿を処理する施設の建設工事が『清掃施設工事』に該当する。

解体工事	工作物の解体を行う工事	工作物解体工事

●それぞれの専門工事において建設される目的物について、それのみを解体する工事は各専門工事に該当する。総合的な企画、指導、調整のもとに土木工作物や建築物を解体する工事は、それぞれ『土木一式工事』や『建築一式工事』に該当する。

出典：国土交通省「業種区分、建設工事の内容、例示、区分の考え方（H29.11.10改正）」（https://www.mlit.go.jp/common/001209751.pdf）をもとに作成

●ステップ2

　ステップ2は、1件の工事に、複数の業種が含まれている場合の業種判断です。複数の業種が含まれている場合は次の2つのケースに分かれます。

①主従が明らかな複数の業種（専門工事）の組み合わせ

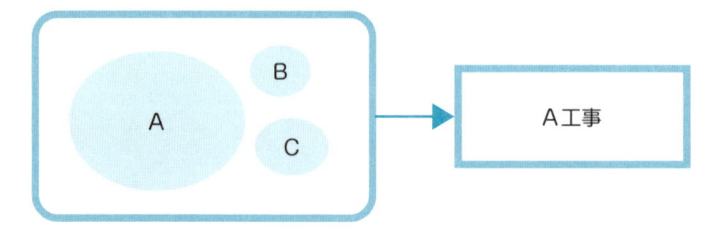

②主従が明らかでない複数の業種 (専門工事) の組み合わせ

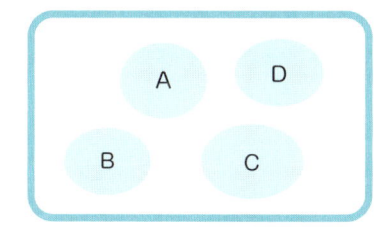

　このステップでは、まず複数の業種が、主従の関係にあるかどうかを判断します。主従の関係にある場合は、複数の工事にすべての業種の許可が必要ではなく、主となる業種の許可があれば請け負うことが可能です。上記①のケースでは、「A」の許可があれば請け負うことができるということです。

　②のケースのように、主従の関係が明らかでない場合は、ステップ3に進むことになります。

　工事の内容・例示・考え方に一致するものが無い場合、一式工事に該当しないかを考えます。ただし、一式工事は原則元請業者しか請け負えない工事になるため、下請業者の立場となる場合は、一式工事以外の専門工事27業種のいずれかの工事となります。

●ステップ3

　ステップ3では、「一式工事」に該当するか否かを判断することになります。

　ステップ1において「業種区分、建設工事の内容、例示、区分の考え方 (H29.11.10改正)」に一致するものが無く業種の判断ができなかった場合や、ステップ2において主従が明らかでない複数の業種 (専門工事) の組み合わせで業種の判断ができなかった場合にこのステップを踏むことになります。

　ステップ3まで来ても、請け負おうとする工事の業種の判断ができない場合は、許可行政庁にご確認ください。

業種判断に不安がある場合

　業種判断のステップをご紹介しましたが、これはあくまでも一例であり、法令や国土交通省のガイドライン等で示された方法というわけではありません。業種判断に不安がある場合には、個別に、許可行政庁に業種判断の確認をしていただくことをおすすめします。

建設工事は様々で、従業員一人一人に業種判断を任せてしまうと判断の間違いが起き、無許可での受注もしくは無許可業への発注に繋がります。そのようなことが起こらないよう、社内の事例を集める等、業種判断のルールを作っていただき、一律の判断ができるようにしておくことが1つの防止策として挙げられます。

リフォーム工事は、建築一式工事でいいの？

リフォーム工事は、複数の専門工事の組み合わせになることが多いから、一式工事でよさそうだね

安易にそう考えるのはやめておいた方がよいかも

リフォーム工事とは？

　リフォーム工事は、既設物の改築や改装を行うことですが、工事の規模や工事の内容は様々です。

　例えば、賃貸マンションの壁紙張替えを行う工事をリフォーム工事としている場合や、既設住宅の床面積を広げる拡張工事をリフォーム工事としている場合があります。ひと口に「リフォーム工事」といっても、その内容は多種多様であるため、一概にこの業種に該当する、と言えるようなものではなく、業種判断は難しいといえます。

工事名ではなく工事の内容を確認する

　業種判断で大事なことは、請負契約書等に記載される「○○邸リフォーム工事」のような「工事名」で判断するのではなく、「屋根葺き替え工事」や「外壁塗装工事」といった「工事の内容」で判断することです。

　建設工事の請負契約書や、注文書・請書に記載される工事名は、注文者と請負人との間で慣例的に使われている工事名が使われることがあります。また、元請業者から一次下請業者へ発注する場合に、発注者・元請業者間の契約と同様の工事名で発注するということもあり、名が体を表していないケースが多々あります。

　工事の見積りの際には、工事の内容をしっかりと確認することになりますし、建設業法では請負契約書に工事の内容は明記することが義務付けられています。請負契約締結の際には、「工事名」ではなく、「工事の内容」で業種判断をするということを徹底してください。

また、リフォーム工事は複数の専門工事が含まれていることが多いことから「リフォーム工事＝一式工事」と判断している建設業者の方が多いように感じます。一式工事は「元請の立場で総合的にマネージメントする建設業者が請け負う、大規模かつ複雑で、専門工事では施工困難な建設工事」もしくは、「元請の立場で総合的にマネージメントする建設業者が請け負う、複数の専門工事を組み合わせて施工する建設工事」です。複数の専門工事が含まれるようなケースでは、それらの専門工事を有機的に組み合わせて、社会通念上独立の使用目的がある土木工作物や建築物を造る工事が該当します。「リフォーム工事＝一式工事」と軽率に判断することはやめましょう。

リフォーム工事の事例

　リフォーム工事の事例を紹介します。

①賃貸マンション○○号室リフォーム工事

　壁紙の張替工事であれば内装仕上工事になります。キッチンや浴室などの水周り設備の取替工事であれば管工事になります。一室の内部のみの工事の場合、建築一式工事に該当することはありません。

②住宅のエクステリアリフォーム工事

　エクステリア工事とは外構工事のことで、建物の外側に施す工事です。例えば外壁の設置や門扉の設置などがあります。それらの工事はとび・土工工事に該当するため、それらを改装する工事もとび・土工工事に該当します。

③大型ショッピングモールのリフォーム（増築）工事

　建物の床面積を広げる場合には建築確認が必要になることがあります。また、増築工事の場合は、いくつかの専門工事を行うことで建物が完成します。建物を増築するため工事の規模も大きく複雑な工事になります。そうすると総合的な企画・指導・判断・調整が必要になるため、この場合は建築一式工事に該当します。ただし、原則として建築一式工事は元請業者の立場で請け負う工事になりますので、下請業者の場合はいずれかの専門工事で行うことになります。

　これらの事例を見ると良くおわかりいただけると思いますが、リフォーム工事は本当に多種多様です。「リフォーム工事」という言葉だけで判断せず、その工事の内容まで確認した上で業種判断することが必要です。

3 看板設置工事は、とび・土工・コンクリート工事と鋼構造物工事のどちらなの？

看板設置工事を受注したんだけど、これは鋼構造物工事でいいよね？

とび・土工・コンクリート工事にも該当する可能性があるよ

とび・土工・コンクリート工事とは？

とび・土工・コンクリート工事は、建築系の工事と土木系の工事いずれもあり、とても守備範囲の広い業種で、判断に悩むことが多々あります。

国土交通省の「業種区分、建設工事の内容、例示、区分の考え方（H29.11.10改正）」（2-1節参照）によると、とび・土工・コンクリート工事の内容は次のとおりです。

> イ　足場の組立て、機械器具・建設資材等の重量物のクレーン等による運搬配置、鉄骨等の組立て等を行う工事
> ロ　くい打ち、くい抜き及び場所打ちぐいを行う工事
> ハ　土砂等の掘削、盛上げ、締固め等を行う工事
> ニ　コンクリートにより工作物を築造する工事
> ホ　その他基礎的ないしは準備的工事

「ホ　その他基礎的ないしは準備的工事」の例示として挙げられているものとして「地すべり防止工事、地盤改良工事、ボーリンググラウト工事、土留め工事、仮締切り工事、吹付け工事、法面保護工事、道路付属物設置工事、屋外広告物設置工事、捨石工事、外構工事、はつり工事、切断穿孔工事、アンカー工事、あと施工アンカー工事、潜水工事」があります。看板設置工事は、この中の「屋外広告物設置工事」に該当します。

鋼構造物工事とは？

　国土交通省の「業種区分、建設工事の内容、例示、区分の考え方(H29.11.10改正)」によると、鋼構造物工事とは次のとおりです。

> 形鋼、鋼板等の鋼材の加工又は組立てにより工作物を築造する工事

　例示として挙げられているものとして「鉄骨工事、橋梁工事、鉄塔工事、石油、ガス等の貯蔵用タンク設置工事、屋外広告工事、閘門、水門等の門扉設置工事」があります。この中に「屋外広告工事」とあり、こちらも看板設置工事が該当します。

看板設置工事の業種判断の方法

　とび・土工・コンクリート工事の例示に「屋外広告物設置工事」、鋼構造物工事の例示に「屋外広告工事」が挙がっています。看板設置工事は、どちらの工事にも該当し、どちらの許可でも工事が行えるのかという疑問が生じます。しかし、それぞれ全く別物の工事です。

　鋼構造物工事の「屋外広告工事」とは、看板を設置する現場で屋外広告物を製作、加工し、その後設置まで行うというものです。このように屋外広告物の設置を一貫して請け負うのが鋼構造物工事です。

　一方、とび・土工・コンクリート工事の「屋外広告物設置工事」は、鋼構造物工事の「屋外広告工事」に該当するもの以外の工事が該当します。例えば、完成している屋外広告物を設置するだけの工事はとび・土工・コンクリート工事となります。

用語の解説

業種区分、建設工事の内容、例示、区分の考え方(H29.11.10改正)：国土交通省が示している建設業許可の業種区分、建設工事の内容、建設工事の例示、建設工事の区分の考え方に関する一覧表のこと (https://www.mlit.go.jp/common/001209751.pdf)。

4 機械の設置工事は、とび・土工・コンクリート工事と機械器具設置工事のどちらなの？

 機械の設置ってどの業種に該当するか判断が難しいよね

 機械の設置は、機械器具設置工事をイメージするけど、機械の種類によっては、電気工事や管工事に該当するものもあるし、作業の内容によっては、とび・土工・コンクリート工事に該当するものもあるね

とび・土工・コンクリート工事とは？

　とび・土工・コンクリート工事は、建築系の工事と土木系の工事いずれもあり、とても守備範囲の広い業種で、判断に悩むことが多々あります。

　国土交通省の「業種区分、建設工事の内容、例示、区分の考え方（H29.11.10改正）」（2-1節参照）によると、とび・土工・コンクリート工事の内容は次のとおりです。

> イ　足場の組立て、機械器具・建設資材等の重量物のクレーン等による運搬配置、鉄骨等の組立て等を行う工事
> ロ　くい打ち、くい抜き及び場所打ちぐいを行う工事
> ハ　土砂等の掘削、盛上げ、締固め等を行う工事
> ニ　コンクリートにより工作物を築造する工事
> ホ　その他基礎的ないしは準備的工事

　「イ　足場の組立て、機械器具・建設資材等の重量物のクレーン等による運搬配置、鉄骨等の組立て等を行う工事」の例示として挙げられているものとして「イ　とび工事、ひき工事、足場等仮設工事、重量物のクレーン等による揚重運搬配置工事、鉄骨組立て工事、コンクリートブロック据付け工事」があります。また「ホ　そ

の他基礎的ないしは準備的工事」の例示として挙げられているものとして「ホ　地すべり防止工事、地盤改良工事、ボーリンググラウト工事、土留め工事、仮締切り工事、吹付け工事、法面保護工事、道路付属物設置工事、屋外広告物設置工事、捨石工事、外構工事、はつり工事、切断穿孔工事、アンカー工事、あと施工アンカー工事、潜水工事」があります。機械の設置工事は、この中の「重量物のクレーン等による揚重運搬配置工事」や「アンカー工事」に該当するケースがあります。

機械器具設置工事とは？

　機械器具設置工事という名のとおり、まさしく機械器具の設置工事のことをいいますが、判断に迷う業種です。
　国土交通省の「業種区分、建設工事の内容、例示、区分の考え方（H29.11.10改正）」によると、機械器具設置工事の内容は次のとおりです。

> 機械器具の組立て等により工作物を建設し、又は工作物に機械器具を取付ける工事

　機械器具設置工事は、①機械器具の組立て等により工作物を建設する工事、と、②工作物に機械器具を取付ける工事の2種類に分けられます。

　例示として挙げられているものとして「プラント設備工事、運搬機器設置工事、内燃力発電設備工事、集塵機器設置工事、給排気機器設置工事、揚排水機器設置工事、ダム用仮設備工事、遊技施設設置工事、舞台装置設置工事、サイロ設置工事、立体駐車設備工事」があります。「プラント設備工事」や「立体駐車設備工事」は機械器具を組み立てて工作物を建設する工事としてイメージしやすいと思いますが、そのとおり上記の①に該当します。また「運搬機器設置工事」などは上記の②に該当します。運搬機器とは、工場のホイストクレーンやビルのエレベーター設置工事が具体例として挙げられます。特に②に該当するかどうかで悩むことが多いと思います。

機械の設置工事の業種判断の方法

機械の設置工事と聞くと、すぐ思い当たる業種はやはり機械器具設置工事ではないでしょうか。しかし、すべての機械設置工事が機械器具設置工事に該当するわけではありません。機械器具設置工事の判断に迷う理由はここにあります。

機械の種類によって、電気工事や管工事等の専門工事に該当する場合があります。例えば、発電設備の設置工事は電気工事に該当し、冷暖房設備の設置工事は管工事に該当します。

また、移動式クレーン等を使用して機械の揚重運搬配置を行う作業や、機械を地面にアンカーで固定するような機械の設置工事は、とび・土工・コンクリート工事に該当します。

機械器具設置工事は、電気工事や管工事等の他の専門工事のいずれにも該当しない機械器具あるいは複合的な機械器具の設置が該当します。そして、とび・土工・コンクリート工事のように、完成した機械について移動式クレーンで揚重作業を行ったり、アンカーで固定するという工事とは違い、工事現場で組立等を必要とする機械の設置工事が機械器具設置工事に該当します。

「機械の設置工事＝機械器具設置工事」とは判断せず、どのような機械であるか、その機械の設置は他の専門工事で施工できるものではないか、現場で組立て等を必要とする機械か、といった観点から業種判断をしましょう。

用語の解説

業種区分、建設工事の内容、例示、区分の考え方（H29.11.10改正）：国土交通省が示している建設業許可の業種区分、建設工事の内容、建設工事の例示、建設工事の区分の考え方に関する一覧表のこと（https://www.mlit.go.jp/common/001209751.pdf）。

5 完成品としてカタログ販売・納入される機械の設置作業には建設業許可は不要なの？

情報を追加

カタログ販売かどうかで、建設業許可の必要性が変わるの？

カタログ販売かどうかではなく、作業の内容で判断するよ

完成品としてカタログ販売・納入される機械の設置作業

　機械の設置作業は、本書の「機械の設置工事は、とび・土工・コンクリート工事と機械器具設置工事のどちらなの？」でも解説していているとおり、どのような機械であるか、その機械の設置はほかの専門工事で施工できるものではないか、現場で組立てを必要とする機械か、といった観点から判断する必要があります。

　完成品としてカタログ販売・納入される「機械の設置作業」ということですので、まずは機械器具設置工事に該当するかを検討しましょう。機械器具設置工事は「機械器具の組立て等により工作物を建設し、又は工作物に機械器具を取付ける工事」であり、次の2種類に分けられます。

①機械器具の組立て等により工作物を建設する工事
②工作物に機械器具を取付ける工事

　まず、完成品としてカタログ販売される機械ということは、機械が完成した状態で納入されるということであり、工場等の機械を使用する現場での「組立て」は発生しないため、①には該当しません。

次に、完成品として販売された機械について、工場等の工作物への設置作業を請負う場合、②に該当しそうです。②について代表的なものは、ホイストクレーンやエレベーター・エスカレーターなどの「運搬機器設置工事」です。これらの機械は、（基本的には現場での組立てが発生するものが多いですが、）単体でその場に存在していても性能を発揮せず、工作物と一体となることでようやく性能を発揮することができるという特徴があります。完成品として納入された機械の設置作業が、機械器具設置工事に該当するか否かは、工作物と一体となることで性能を発揮するかどうかという点がポイントになります。

完成品として納入される機械は、基本的に、工作機械など単体でその場に存在して性能を発揮するものである場合が多く、設置作業をする場合、機械器具設置工事には該当しないものが多いでしょう。設置後の作業（電気工事や管工事等）が発生する場合は、それらの専門工事に該当する可能性がありますが、設置までの手順で分類すると次のようになると考えます。こちらの分類でさらに検討してみます。

▼**完成品として納入される機械の設置作業の分類**

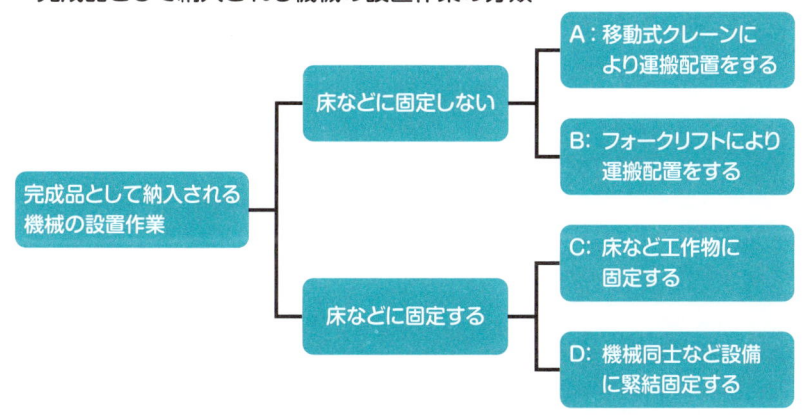

床などに固定しないケース

床などに固定しないケースでは、「建設工事に該当せず、建設業許可は不要」と考えてしまうと思いますが、現場での運搬配置の方法により、建設工事に該当し、建設業許可が必要になる場合があります。

> A：移動式クレーンにより運搬配置をするケース
> 　①完成した機械をトラックで工場へ搬入する
> 　②移動式クレーンで運搬配置する
> 　③床などに固定せず設置する
> B：フォークリフトにより運搬配置をするケース
> 　①完成した機械をトラックで工場へ搬入する
> 　②フォークリフトで運搬配置する
> 　③床などに固定せず設置する

　建設業法第2条第1項の別表第1の上覧に掲げる建設工事の内容（昭和47年建設省告示第350号。以下「告示」。）において、とび・土工・コンクリート工事欄に「イ 足場の組立て、機械器具・建設資材等の重量物のクレーン等による運搬配置、鉄骨等の組立て等を行う工事」があります。つまり、移動式クレーンにより運搬配置を行う場合は、とび・土工・コンクリート工事に該当することになるため、Aのケースではとび・土工・コンクリート工事の許可が必要です。

　フォークリフトで運搬配置する場合は、「機械器具・建設資材等の重量物のクレーン等による運搬配置」には該当せず、とび・土工・コンクリート工事に該当しないため、Bのケースでは建設業許可は不要です。

床などに固定するケース

　床などに固定するケースでは、固定の方法によっては、建設工事に該当しない場合もあります。

> C：床など工作物に固定するケース
> 　①完成した機械をトラックで工場へ搬入する
> 　②フォークリフトで運搬配置する
> 　③床など工作物に固定する
> D：機械同士など設備に緊結固定するケース
> 　①完成した機械をトラックで工場へ搬入する
> 　②フォークリフトで運搬配置する
> 　③納入した機械同士を緊結固定する

納入した機械を、あと施工アンカー等により床などに固定する場合は、建設業許可事務ガイドラインに例示されている「あと施工アンカー工事」に該当します。あと施工アンカー工事は、告示のとび・土工・コンクリート工事欄の「ホ　その他基礎的ないしは準備的工事」に該当するため、Cのケースでは、とび・土工・コンクリート工事の許可が必要です。

　機械同士を緊結固定する場合は、とび・土工・コンクリート工事と機械器具設置工事のいずれにも該当しないため、Dのケースでは建設業許可は不要です。

2

6 屋根に設置する太陽光パネルの設置工事は、屋根工事と電気工事のどちらなの？

自宅の屋根に太陽光パネルの設置をすることにしたよ。屋根工事と電気工事のどちらの許可を持っている建設業者にお願いしたら良いんだろう

設置場所が屋根でなければ明らかに電気工事なんだけど…。確かにその判断は難しいね

屋根工事とは？

国土交通省の「業種区分、建設工事の内容、例示、区分の考え方（H29.11.10改正）」（2-1節参照）によると、屋根工事の内容は次のとおりです。

瓦、スレート、金属薄板等により屋根をふく工事

瓦やスレート等は、屋根をふくための材料のことで、他の材料であっても屋根ふきを行うものはすべて屋根工事に該当します。明確なので、屋根工事の判断であまり悩むケースもないかと思います。

ちなみに、屋根断熱工事は、断熱処理を施した材料により屋根をふく工事であるため、屋根工事に該当します。

電気工事とは？

国土交通省の「業種区分、建設工事の内容、例示、区分の考え方（H29.11.10改正）」（2-1節参照）によると、電気工事の内容は次のとおりです。

発電設備、変電設備、送配電設備、構内電気設備等を設置する工事

例示として挙げられているものとして「発電設備工事、送配電線工事、引込線工事、変電設備工事、構内電気設備（非常用電気設備を含む。）工事、照明設備工事、電車線工事、信号設備工事、ネオン装置工事」があります。

屋根に設置する太陽光パネルの設置工事の業種判断

発電設備工事は電気工事に該当しますので、それが太陽光により発電されるものであろうと電気工事に該当します。判断に悩むのは、住宅等の屋根に設置する太陽光パネルの設置工事だと思います。

屋根に設置する太陽光パネルには、次の２つがあります。

①屋根置き型

②屋根一体型

2

「屋根置き型」は、屋根の上に架台を設置してその上に太陽光パネルを設置するという方法です。「屋根一体型」とは、太陽光パネル自体が屋根材になっているもので、それを設置するという方法です。

「屋根置き型」の場合は、屋根工事は行わず、太陽光パネル（太陽光発電設備）を設置する工事であるため、電気工事に該当します。一方「屋根一体型」は、太陽光パネル自体が屋根材となっているため、作業の内容は屋根ふき工事となり、屋根工事に該当することになります。屋根に設置する太陽光パネルの設置工事は「屋根置き型」か「屋根一体型」であるかで業種判断をすることになります。

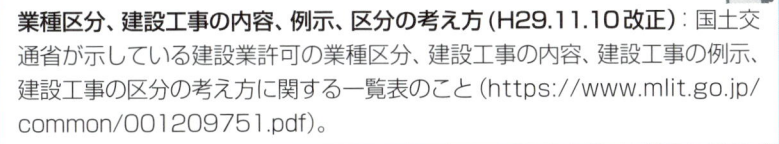

用語の解説

業種区分、建設工事の内容、例示、区分の考え方（H29.11.10改正）：国土交通省が示している建設業許可の業種区分、建設工事の内容、建設工事の例示、建設工事の区分の考え方に関する一覧表のこと（https://www.mlit.go.jp/common/001209751.pdf）。

7 設備の撤去工事は、解体工事でいいの？

例えば、建物に設置されている電気設備とかを解体して撤去する工事は、解体工事として取り扱っていいのかな？

解体をするとなると解体工事に該当しそうだけど、注意が必要だよ

解体工事とは？

　国土交通省の「業種区分、建設工事の内容、例示、区分の考え方 (H29.11.10改正)」(2-1節参照) によると、解体工事の内容は次のとおりです。

工作物の解体を行う工事

　解体工事は平成28年6月1日に施行された建設業法等の一部を改正する法律により、元々、とび・土工・コンクリート工事に該当していたものが、独立した新たな業種として創設されました。改正法施行前まではとび・土工・コンクリート工事に分類されていた解体工事は、解体工事業許可を持っていなければ500万円以上の解体工事を請け負うことができなくなりました (令和元年5月31日に経過措置も終了しています)。

　解体工事は、「工作物の解体を行う工事」ですので、家屋やプレハブ等の工作物の解体工事が該当します。ただし、総合的な企画・指導・調整が必要になるような高層ビル等の解体工事の場合、建築一式工事に該当することとなります。

撤去工事とは？

　撤去工事という建設業許可の業種はありません。

　撤去とは、建物や設備などを取り去ることをいいますので、撤去工事というと

建物の撤去工事や各種設備の撤去工事が含まれ、かなり幅広い意味合いとなります。撤去工事として思いつくものを挙げてみます。

- 建物の撤去工事
- 足場の撤去工事
- 間仕切りの撤去工事
- 照明の撤去工事
- 配管の撤去工事
- フェンスの撤去工事　等

まだまだ他にも撤去工事と呼ばれる工事はあると思いますが、これらはすべて解体工事に該当するでしょうか。

撤去工事の業種判断

解体工事は「工作物の解体を行う工事」です。言い換えれば、工作物の解体撤去工事であるということです。そのため、工作物以外の解体撤去工事については、解体工事に該当しません。

例えば、組み立てられた足場の撤去工事は、とび・土工・コンクリート工事に該当します。ビルの1室のみの内装の撤去工事は、内装仕上工事に該当します。そして、設置されている信号機のみを撤去する工事は、電気工事に該当します。

各専門工事において設置された設備等が解体・撤去されるとき、その工事は、当該設備が設置されるときに必要だった建設業許可の業種と同じ業種として判断することになります。

「撤去工事＝解体工事」とは判断せず、撤去する工作物・設備が何であるかによって業種判断をするようにしましょう。

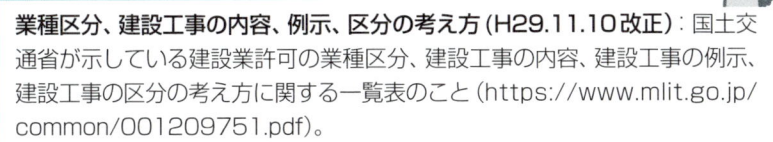

用語の解説

業種区分、建設工事の内容、例示、区分の考え方(H29.11.10改正)：国土交通省が示している建設業許可の業種区分、建設工事の内容、建設工事の例示、建設工事の区分の考え方に関する一覧表のこと (https://www.mlit.go.jp/common/001209751.pdf)。

8 上水道や下水道に関する工事は、管工事、水道施設工事のどれに該当するの？

水道管工事、下水道管工事、配水管工事、排水管工事など、業種判断が難しいんだけど、どうやって判断したらいいの？

どれも似たような作業内容だから、確かに判断が難しいね

管工事とは？

国土交通省の「業種区分、建設工事の内容、例示、区分の考え方 (H29.11.10改正)」(2-1節参照) によると、管工事の内容は次のとおりです。

冷暖房、冷凍冷蔵、空気調和、給排水、衛生等のための設備を設置し、又は金属製等の管を使用して水、油、ガス、水蒸気等を送配するための設備を設置する工事

例示として挙げられているものとして「冷暖房設備工事、冷凍冷蔵設備工事、空気調和設備工事、給排水・給湯設備工事、厨房設備工事、衛生設備工事、浄化槽工事、水洗便所設備工事、ガス管配管工事、ダクト工事、管内更生工事」があります。建築物の中の空調機器の設置工事や、家屋等の敷地内の配管工事等が該当します。

水道施設工事とは？

国土交通省の「業種区分、建設工事の内容、例示、区分の考え方 (H29.11.10改正)」(2-1節参照) によると、水道施設工事の内容は次のとおりです。

上水道、工業用水道等のための取水、浄水、配水等の施設を築造する工事又は公共下水道若しくは流域下水道の処理設備を設置する工事

例示として挙げられているものとして「取水施設工事、浄水施設工事、配水施設工事、下水処理設備工事」があります。水道施設工事と聞くと、家屋の水道工事等が該当しそうなイメージですが、家屋等の敷地外の公道下の配管工事等が水道施設工事に該当します。

上下水道施設に関する工事の業種判断の方法

　管工事と水道施設工事について、その内容を見てきましたが、実は、公道下の下水道の配管工事等は土木一式工事に該当します。

　土木一式工事、管工事、水道施設工事の判断の方法について、長崎県の「建設業許可申請の手引き（令和6年4月改定版）」において、わかりやすく解説されていますので、ご紹介させていただきます。

▼ 上下水道施設の業種区分一覧

施設区分			業種区分		
			土木一式	管	水道施設
上水道	取水施設	取水堰堤、取水弁			○
	導水私設	導水管			○
	浄水施設	沈殿池、濾過池浄水池、滅菌室			○
	送水施設	送水ポンプ、送水管			○
	配水施設	配水池配水管（公道下等）			○
	給水装置	給水引込管敷地内配管		○	
下水道	下水道管	家屋等〜公共汚水ます		○	
		下水道本管（公道下等）	○※1		
	下水処理場	沈砂池、反応タンク、沈殿池、消毒施設、汚泥処理施設			○
		（処理場敷地造成工事）	○※1		
農業用水道、かんがい用排水施設等			○※1		

※1　29の建設工事の種類のうち、「土木一式工事」及び「建築一式工事」の2つの一式工事は、工事の実施工を想定している他の27の専門工事とは異なり、大規模又は施工内容が複雑な工事を、原則として元請業者の立場で、総合的にマネージメントする事業者向けの許可です。

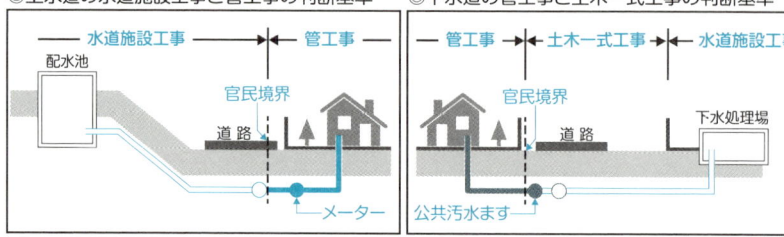

◎上水道の水道施設工事と管工事の判断基準　◎下水道の管工事と土木一式工事の判断基準

出典：長崎県「建設業許可申請の手引き（令和4年6月改訂版）」(https://www.pref.nagasaki.jp/shared/uploads/2022/08/1659588473.pdf) P103をもとに作成
出典：長崎県「建設業許可申請の手引き（令和7年2月改訂版）」(https://www.pref.nagasaki.jp/shared/uploads/2025/03/1740984605.pdf) P104をもとに作成

　この手引きによると家屋その他の施設の敷地内か敷地外か、上水道の配管工事か下水道の配管工事かによって業種判断をすることになります。

　この手引きは長崎県が示したものであり、細かい部分で許可行政庁によって取扱いが異なる可能性がありますので、これらの業種判断に悩んだ場合は、許可行政庁の判断を仰いでください。

用語の解説

業種区分、建設工事の内容、例示、区分の考え方（H29.11.10改正）：国土交通省が示している建設業許可の業種区分、建設工事の内容、建設工事の例示、建設工事の区分の考え方に関する一覧表のこと (https://www.mlit.go.jp/common/001209751.pdf)。

9 無許可で請負金額が500万円以上となるフェリーの内装工事を請け負っても大丈夫？

内装工事だから、内装仕上工事の許可が必要になるよね？

「フェリー」というのがポイントだね

建設工事の定義

建設工事の定義について確認してみましょう。

建設工事とは、建設業法の中で「土木建築に関する工事で別表第一の上欄に掲げるものをいう」と規定されています。

▼建設業法

> 第二条　この法律において「建設工事」とは、土木建築に関する工事で別表第一の上欄に掲げるものをいう。
> 　〜以下省略〜

別表第一については割愛しますが、「別表第一の上覧に掲げるもの」とは、土木一式工事から解体工事までの建設工事の29種類のことを指しています。建設業法では、この29種類に該当するものが「建設工事」であると定義されています。

ただ、正直これでは何が建設工事に該当するかわかりません。建設工事に該当するか否かは、建設業法の適用があるか否かの違いですので、「建設工事」に該当するということは非常に重要なことです。

【名南経営式】建設工事の該非判断の方法

ここでは、行政書士法人名南経営で実際に使用している建設工事の該非判断の方法をご紹介させていただきます。

行政書士法人名南経営では、建設業法における建設工事の定義が乏しいため、建築基準法等のその他の法令等を参考に、建設業法でいう「建設工事」に関して、次のように定義しています。

> 建築物、建築設備、その他土地に定着する工作物について、次のいずれかに該当する作業を行うこと。
> ①新しく造る（取り付ける）
> ②造り直す
> ③取り除く
> ④解体する

　中にはこの定義に当てはめきれないものもあると思いますが、これらに該当するものは、概ね建設業法でいう建設工事に該当すると考えていただいてよいと思います。

▼「建築物」「建築設備」の定義（建築基準法）

> （用語の定義）
> 第二条　この法律において次の各号に掲げる用語の意義は、それぞれ当該各号に定めるところによる。
> 一　建築物　土地に定着する工作物のうち、屋根及び柱若しくは壁を有するもの（これに類する構造のものを含む。）、これに附属する門若しくは塀、観覧のための工作物又は地下若しくは高架の工作物内に設ける事務所、店舗、興行場、倉庫その他これらに類する施設（鉄道及び軌道の線路敷地内の運転保安に関する施設並びに跨（こ）線橋、プラットホームの上家、貯蔵槽その他これらに類する施設を除く。）をいい、建築設備を含むものとする。
> 　　〜中略〜
> 三　建築設備　建築物に設ける電気、ガス、給水、排水、換気、暖房、冷房、消火、排煙若しくは汚物処理の設備又は煙突、昇降機若しくは避雷針をいう。
> 　　〜以下省略〜

建設工事に該当しないものの例

　次に示すように茨城県の「建設業許可の手引き」に、「建設工事」に該当しないものの例が掲載されています。

▼「建設工事」に該当しないもの

＊「建設工事」に該当しないもの
保守点検、維持管理、除草、草刈、伐採、除雪、融雪剤散布、測量、墨出し、地質調査、造林、採石、調査目的のボーリング、造船、機械器具製造・修理、機械の賃貸、宅地建物取引、建売住宅の販売、浄化槽清掃、ボイラー洗浄、側溝清掃、コンサルタント、設計、リース、資材の販売、機械・資材の運搬、保守・点検・管理業務等の委託業務、物品販売、清掃、人工出し、解体工事で生じた金属等の売却収入、JV の構成員である場合のそのJV からの下請工事、自社建物の建設

出典：茨城県「建設業許可の手引き」(https://kennsetugyou-ibaraki.jp/wp-content/uploads/2022/10/02-許可の手引き-許可について.pdf) より

　この中に「造船」とありますが、これは船を作ることです。フェリーの内装工事は、まさしくこの造船に該当しますので、建設工事には該当しないということになります。

　フェリーの内装工事はわかりやすい例ですが、造船において行う作業には、建設工事に近い作業も多くあります。では、なぜ造船は建設工事に該当しないのでしょうか。それは、船が「土地に定着する工作物」ではないからです。「土地に定着する工作物」ではないため、同じ内装工事でも建築物の内装工事は建設工事（内装仕上工事）となりますが、フェリーの内装工事は建設工事には該当しません。つまり、造船に関しては建設業法の各種規定の適用がないということになります。

2

10 委託であれば建設工事の請負契約に該当しないから、建設業許可は必要ないの？

契約書に「委託契約」って書いてあるから、建設業許可は不要だよね？

契約書のタイトルだけで判断してはダメだよ

請負契約とは？

　民法第632条では、**請負**について、当事者の一方が仕事を完成することを約束し、もう一方がその仕事の結果に対してその報酬を支払うことを約束する契約、と規定しています。

　これを建設業で考えてみると「仕事の完成」は建設工事の完成を指していると解することができます。つまり、建設工事の請負契約とは、当事者の一方が建設工事を完成することを約束し、もう一方が建設工事の完成に対してその報酬を支払うことを約束する契約ということになります。

▼民法

> （請負）
> 第六百三十二条　請負は、当事者の一方がある仕事を完成することを約し、相手方がその仕事の結果に対してその報酬を支払うことを約することによって、その効力を生ずる。

委託契約とは？

　民法には委託契約に関する規定はありません。委託契約は一般的に「請負」もしくは「委任（準委任）」のいずれかに該当するものとされています。

　「委任」は、民法第643条で、当事者の一方が法律行為をすることを契約の相手に委託し、その相手がこれを承諾する契約、と規定されています。また、法律行為

でない事務の委託は、民法第656条に規定されている「準委任」に該当します。

「請負」は仕事を完成する責任を負う契約、「委任（準委任）」は業務を行う責任を負う契約であるといえます。

▼民法

（委任）
第六百四十三条　委任は、当事者の一方が法律行為をすることを相手方に委託し、相手方がこれを承諾することによって、その効力を生ずる。

（準委任）
第六百五十六条　この節の規定は、法律行為でない事務の委託について準用する。

契約書のタイトルだけで判断しない

建設工事は一般的に「建設工事請負契約」等のタイトルで契約書が交わされていますが、中には「業務委託契約」や「売買契約」等として「請負」という言葉を使わないケースがあります。建設業許可がないために、建設工事の請負であることを意図的に隠すために行う悪質なケースや、機械の売買契約によって機械を購入したら機械の設置工事も含まれているようなケース等です。

しかしながら、建設業法第24条では、契約書のタイトルではなく、実質的に報酬を得て建設工事の完成を目的として締結した契約を建設工事の請負契約とみなすと規定されています。契約書のタイトルではなく、実態として、建設工事の請負契約だと判断されれば、当然建設業法の規定が適用されることとなります。契約書のタイトルが「委託契約」であったとしても、その内容から建設工事の請負契約に該当するかどうかを判断するようにしましょう。

▼建設業法

（請負契約とみなす場合）
第二十四条　委託その他いかなる名義をもつてするかを問わず、報酬を得て建設工事の完成を目的として締結する契約は、建設工事の請負契約とみなして、この法律の規定を適用する。

2

11 附帯工事って何？

「附帯工事」は、建設業許可がなくても請け負えると聞いたんだけど、保有している許可業種が少ない場合に結構使えるんじゃない？

なんでもかんでも附帯工事として請け負ってはいけないよ

建設業許可が無くても請け負える工事とは？

建設業法において、建設業許可がなくても請け負うことができる工事が2種類あります。一つは**軽微な建設工事**、もう一つは**附帯工事**です。建設業者は、許可を受けた建設業に係る建設工事に附帯する他の建設業に係る建設工事（附帯工事）をも請け負うことができるとされています。

附帯工事とは、次のいずれかに該当する工事であって、それ自体が独立の使用目的に供されるものではないものをいいます。

①主たる建設工事を施工するために必要な他の従たる建設工事
②主たる建設工事の施工により必要を生じた他の従たる建設工事

附帯工事は金額に関係なく、500万円以上であっても無許可で請け負うことができますが、許可を受けた建設業に係る建設工事（主たる建設工事）と主従の関係にあるため、原則として附帯工事の金額が主たる建設工事の金額を上回ることはありません。

▼建設業法

（附帯工事）
第四条　建設業者は、許可を受けた建設業に係る建設工事を請け負う場合においては、当該建設工事に附帯する他の建設業に係る建設工事を請け負うことができる。

附帯工事の判断の方法

　国土交通省の「建設業許可事務ガイドライン」(https://www.mlit.go.jp/totikensangyo/const/content/001860019.pdf) では、「附帯工事の具体的な判断に当たっては、建設工事の注文者の利便、建設工事の請負契約の慣行等を基準とし、当該建設工事の準備、実施、仕上げ等に当たり一連又は一体の工事として施工することが必要又は相当と認められるか否かを総合的に検討する。」と記載されていますが、これではどう判断して良いか余計に悩ましいです。

　附帯工事は簡単にいうと、建設業許可を受けて行う主たる建設工事を施工するために、どうしてもくっついてきてしまう切り離せない建設工事のことですので、そのような視点でご判断いただくと良いかと思います。

附帯工事の事例

　附帯工事の事例をいくつか挙げてみます。事例によって、附帯工事の判断についてイメージを掴んでみましょう。

▼附帯工事の事例

作業の内容	主たる工事 （許可業種）	附帯工事
①室内の電気配線の修繕工事をするために行う壁剥がし・壁貼り工事	電気工事	内装仕上工事
②建物の外壁塗装工事をするために行う足場工事	塗装工事	とび・土工・コンクリート工事
③ビルのエレベーター設置工事をするために行う電気配線工事	機械器具設置工事	電気工事
④駐車場の舗装工事をするために行う造成工事	舗装工事	とび・土工・コンクリート工事

　これらの附帯工事はすべて主たる工事を施工するために「どうしてもくっついてきてしまう切り離せない建設工事」です。附帯工事だけでは意味を成さず、主たる工事と附帯工事が一体となって、初めて意味を成すものです。附帯工事はあくまでも主たる工事を施工するための措置であると捉えて、なんでもかんでも附帯工事として請け負うことはやめましょう。

軽微な建設工事：軽微な建設工事とは次の①②の建設工事のことをいう。

①建築一式工事は、1件の請負代金が1,500万円（消費税及び地方消費税を含む）未満の工事または請負代金の額にかかわらず、木造住宅で延べ面積が150㎡未満の工事。

②建築一式工事以外の工事は、1件の請負代金が500万円（消費税及び地方消費税を含む）未満の工事。

第3章 建設工事の請負契約について

1 下請業者に口頭で見積り依頼をしているけど大丈夫なの？

「見積りください！」って言うだけのことだから、口頭でいいんじゃないの？

それで下請業者は、適正な見積りができるのかな？

見積りの依頼は書面で行う

　建設業法では、見積依頼を書面でしなければならないという規定はありません。しかしながら、元請負人が下請負人に見積を依頼する際には、工事について、できる限り具体的な内容を提示しなければならないと規定されています。

　また、国土交通省の「建設業法令遵守ガイドライン（第11版）－ 元請負人と下請負人の関係に係る留意点 －」（https://www.mlit.go.jp/totikensangyo/const/content/001765655.pdf）では、書面によりその内容を示すことが望ましいとされています。

　元請負人が下請負人に対して、見積りを依頼する際には、工事について具体的な内容を記載した書面で行うようにしましょう。

▼書面で具体的内容を提示する

1. 見積条件の提示等（建設業法第20条第4項、第20条の2）
　～中略～
(3) 下請契約の内容は書面で提示すること、更に作業内容を明確にすること
　　元請負人が見積りを依頼する際は、下請負人に対し工事の具体的な内容について、口頭ではなく、書面によりその内容を示すべきであり、更に、元請負人は、「施工条件・範囲リスト」（建設生産システム合理化推進協議会作成）に提示されているように、材料、機器、図面・書類、運搬、足場、養生、

片付、安全などの作業内容を明確にしておくべきである。

出典：国土交通省「建設業法令遵守ガイドライン（第11版）− 元請負人と下請負人の関係に係る留意点 −」(https://www.mlit.go.jp/totikensangyo/const/content/001765655.pdf) より

書面に記載する事項

　　見積依頼を書面でする場合、工事の具体的な内容とは何を指すのでしょうか。建設業法第20条では、「第19条第1項第1号及び第3号から第16号までに掲げる事項について、できる限り具体的な内容を提示」しなければならないとされています。

　　「第19条第1項第1号及び第3項から第16号までに掲げる事項」とは、建設工事の請負契約書に記載しなければならないとされている事項のうち、「第2号　請負代金の額」を除く事項のことをいいます。具体的には次の事項です。

3

▼ 書面に記載する事項

第1号	工事内容
第3号	工事着手の時期及び工事完成の時期
第4号	工事を施工しない日又は時間帯の定めをするときは、その内容
第5号	請負代金の全部又は一部の前金払又は出来形部分に対する支払の定めをするときは、その支払の時期及び方法
第6号	当事者の一方から設計変更又は工事着手の延期若しくは工事の全部若しくは一部の中止の申出があつた場合における工期の変更、請負代金の額の変更又は損害の負担及びそれらの額の算定方法に関する定め
第7号	天災その他不可抗力による工期の変更又は損害の負担及びその額の算定方法に関する定め
第8号	価格等（物価統制令（昭和二十一年勅令第百十八号）第二条に規定する価格等をいう。）の変動又は変更に基づく工事内容の変更又は請負代金の額の変更及びその額の算定方法に関する定め
第9号	工事の施工により第三者が損害を受けた場合における賠償金の負担に関する定め
第10号	注文者が工事に使用する資材を提供し、又は建設機械その他の機械を貸与するときは、その内容及び方法に関する定め
第11号	注文者が工事の全部又は一部の完成を確認するための検査の時期及び方法並びに引渡しの時期
第12号	工事完成後における請負代金の支払の時期及び方法

第13号	工事の目的物が種類又は品質に関して契約の内容に適合しない場合におけるその不適合を担保すべき責任又は当該責任の履行に関して講ずべき保証保険契約の締結その他の措置に関する定めをするときは、その内容
第14号	各当事者の履行の遅滞その他債務の不履行の場合における遅延利息、違約金その他の損害金
第15号	契約に関する紛争の解決方法
第16号	その他国土交通省令で定める事項

　これらの事項だけ記載しておけば良いというわけではなく、下請負人が適正な見積りができるよう、より詳しく提示することが大事です。例えば、「第1号　工事内容」に関しては、国土交通省の「建設業法令遵守ガイドライン（第11版）－ 元請負人と下請負人の関係に係る留意点 －」(https://www.mlit.go.jp/totikensangyo/const/content/001765655.pdf) において、次の事項が最低限明示すべき事項とされています。

① 工事名称
② 施工場所
③ 設計図書（数量等を含む）
④ 下請工事の責任施工範囲
⑤ 下請工事の工程及び下請工事を含む工事の全体工程
⑥ 見積条件及び他工種との関係部位、特殊部分に関する事項
⑦ 施工環境、施工制約に関する事項
⑧ 材料費、労働災害防止対策、建設副産物（建設発生土等の再生資源及び産業廃棄物）の運搬及び処理に係る元請下請間の費用負担区分に関する事項

見積依頼書の例

　国土交通省より「公共建築工事見積標準書式」が出ていますので、この様式を参考に見積依頼書を準備していただくのが良いと思います。

▼見積依頼書の例

見 積 依 頼 書

（依頼先）

_____ 御中　　　　　　　　令和　　年　　月　　日

工 事 名	

表記見積の件、添付の見積条件及び設計図書により、見積書の
提出をお願いします。

なお、質疑等がある場合には、　　　月　　日までに、
担当者宛に書面にてご提出下さい。

（部　署）	
（担　当）	
（所在地）	
（ TEL ）	―　　　―
（ FAX ）	―　　　―

工事概要及び設計図書等

提出期限	令和　　年　　月　　日　　　時まで　　［提出部数 正　　部 ，副　　部］			
見積有効期限				
提出先宛名				
提出先部署				
工 事 場 所				
建物概要	構　造	□ RC造　□ SRC造　□ S造 □　その他（　　　　　　）		
	階　数	地下　　　階 地上　　　階 塔屋　　　階		
	面　積	建築面積　　　　　　　㎡　　延べ面積　　　　　　　㎡		
予　定　工　期		令和　　　年　　月　　～　　　令和　　　年　　月		
設 計 図 書	設計図書			
		計　　枚		
	仕 様 書	工事別冊仕様書		
		現場説明事項書　　　　　　冊		
		資　料（資料名）　　　　　冊（　　　　　　　　　）		
支 給 品	有無・条件	□有　　□ 無		
施工条件等				

・法定福利費とは、雇用保険、健康保険、介護保険及び厚生年金保険の法定の事業主負担額をいう。
　見積書には、現場労働者に関する法定福利費を記載し、現場労働者以外の製品製造工場の労働者
　等に関する法定福利費は、製品価格等の見積額に含むものとする。

3

出典：国土交通省「公共建築工事見積標準書式（建築工事編）（令和5年改定）」（https://www.mlit.
go.jp/gobuild/content/001472214.pdf）P3より

元請業者から「見積りを明日までに」って言われたけど、これって問題ないの？

工事の見積りを明日までにと言われても、さすがに無理だよ…

元請が下請に対して見積りを依頼する際には、一定の見積期間を設けなければならないとされているよ

見積期間は決まっている

　下請負人が適正に見積りを行うことができるよう元請負人は見積依頼の際、建設業法で定められた見積期間を設けなければなりません。

　見積期間は、発注予定価格の額に応じて、次のとおり決められています。

▼見積期間

下請工事の予定価格	見積期間
①500万円未満	1日以上
②500万円以上5,000万円未満	10日以上※
③5,000万円以上	15日以上※

※②③の場合、やむを得ない事情があるときに限り、見積期間を5日以内に限り短縮することができます。

見積期間の考え方

　見積期間は、下請負人に対する契約内容の提示から、請負契約の締結までの間で設けなければならない期間です。上の表の「1日以上」「10日以上」「15日以上」という見積期間は、それぞれ「中○○日以上」と考えます。

例えば、4月1日に元請負人が契約内容の提示をし、下請負人に対して見積依頼をした場合、契約締結日は最短で次のとおりとなります。

① 500万円未満の場合　4月3日
② 500万円以上5,000万円未満の場合　4月12日
③ 5,000万円以上の場合　4月17日

　見積期間は、契約内容の提示から請負契約の締結までの最短期間とされていますが、下請負人保護の観点から、契約内容の提示から下請負人の見積提出までの最短期間と捉えていただく方がよりよいと言えるでしょう。

　これらの見積期間は、下請負人が見積りを行うための最短期間であるため、この期間に捉われず、十分な見積期間を設けることが望ましいとされています。

曖昧な見積期間の設定等は建設業法違反

　次のようなケースでは建設業法違反となるおそれがありますので、注意が必要です。

・元請負人が下請負人に対して、「今日中に見積書を提出してくれ」という見積依頼をした
・元請負人が下請負人に対して、「できるだけ早く見積りが欲しい」等の曖昧な見積期間の設定をした
・元請負人が下請負人に対して、予定価格が1,000万円の工事の見積依頼をする際、見積期間を5日間と設定した

　なお、見積期間は、元請負人が下請負人に対して見積依頼をする際に設定しなければならない期間のことですので、下請負人が自主的に見積りを早く行い、設定された見積期間よりも早く見積書を提出することは問題ありません。

情報を追加

3 おそれ情報の通知って何？

おそれ情報を通知しないといけないって聞いたけど、なんの ことだろう

資材高騰等の「おそれ情報」を通知する義務があるよ

おそれ情報とは？

　令和6年12月の改正建設業法の施行により、受注者は、請負契約の締結前に、注文者に対して、「おそれ情報」を通知しなければならないこととなりました。契約前に通知することで、注文者に対して請負契約の変更に関する予見可能性を持たせ、適切な請負契約の変更を円滑化しようとする目的があります。

　「おそれ情報」とは、工期又は請負代金の額に影響を及ぼす次の事象であって、天災その他自然的又は人為的な事象により生じるも、元請負人と下請負任の双方の責めに帰することができないものです。

　① 主要な資機材の供給の不足若しくは遅延又は資機材の価格の高騰
　② 特定の建設工事の種類における労務の供給の不足又は価格の高騰

　具体例としては、下表のものがあげられます。

▼おそれ情報の具体例

	①主要な資機材の供給の不足若しくは遅延または資機材の価格の高騰	②特定の建設工事の種類における労務の供給の不足又は価格の高騰
天災その他自然的な事象	・ハリケーンにより、特定原料の世界シェアの大半を持つ工場が被災したため、当該原料が出荷不能となって工期延長を求めるおそれがある ・コロナ禍で某国の市内全域がロックダウンされたため、特定資材の納入遅延が生じ工期延長を求めるおそれがある ・特定資材が慢性的に不足している中、大規模地震が発生したため、当該資材の価格が高騰し金額変更を求めるおそれがある	・震災復旧のために全国から各職種の職人が必要となっているため、労務費上昇による工期延長や金額変更を求めるおそれがある ・コロナウィルスによる行動制限により、技能者の確保が困難となっているため、工期延長を求めるおそれがある ・大規模規制の期間があらかじめ定められた道路工事について、雨天が続いた場合には工期順守のために夜間にも施工する必要が生じる上に、同時期に近隣で施工している別発注者の道路工事でも同様の事態が想定されることから、技能者確保のための追加人件費を求めるおそれがある
人為的な事象	・メーカー工場で火災発生のため、寡占製品である資材の納入遅延に伴う工期延長を求めるおそれがある ・A資材は独占状態となっているところ、メーカー製造量が集中しているため、納期遅延による工期延長を求めるおそれがある ・B国からの輸入自主規制により、貨物船の運航ができなくなっているため、資材の変更に伴う金額変更又は工期延長を求めるおそれがある ・××紛争と円安の影響により、生コン価格が高騰し金額変更を求めるおそれがある	・半導体工場の急激な増加により、専門工事を担う技能者の奪い合いが生じているため、人件費増による金額変更を求めるおそれがある ・都市再開発の需要増により解体工事が増大しているため、産業廃棄物処理業者の処理能力が超過し工期延長を求めるおそれがある

出典：国土交通省「改正建設業法について～改正建設業法による価格転嫁・ICT活用・技術者専任合理化を中心に～」(https://www.mlit.go.jp/totikensangyo/const/content/001855436.pdf)をもとに作成

おそれ情報の通知のポイント

おそれ情報の通知には次のポイントが挙げられます。

・おそれ情報を通知するか否かや通知する情報の範囲は、工事の内容や見積もった工期などに応じて受注者が自ら判断してよい。

・「主要な資機材」かどうかは、工事の施工に当たり数量的にあるいは使用頻度的に大宗を占めるために欠くことのできないこと、工事原価において大

3

きな比重を占めること又は数量若しくは比重若しくは使用頻度が少ない
にもかかわらず工事の施工に大きな影響を及ぼすこと等をもって判断す
る。

・事象の状況の把握のため必要な情報と併せて通知する。

→ 通常の事業活動において把握でき、メディア記事、資材業者の記者発表
又は公的主体や業界団体などにより作成・更新された一定の客観性を有
する統計資料あるいは下請業者や資材業者から提出された、過去の同種
工事における見積書など価格の上昇がわかる資料等に裏付けられた情報
を用いる。一の資材業者の口頭のみによる情報など、注文者が真偽を確認
することが困難である情報は、根拠情報から除かれる。

・受注者が把握している範囲で公表資料を示せば足り、おそれ情報の通知の
ために新たな調査、資料収集等をする必要はない。

・おそれ情報の通知は、書面又はメール等の電磁的方法によること。

→ 当該情報を注文者も確認したということを記録するため、見積書と共に
当該書面又はメール等を注文者及び受注者双方が保存しておくことが望
ましい。

・契約締結時点で未発生の天災その他の自然的事象については、通知が義務
づけられる情報とは想定しがたい。

資材高騰等が顕在化したときの協議

　資材高騰等が顕在化したときは、受注者は、注文者に対して、請負代金変更の協
議の申出をすることができます（おそれ情報を通知していない場合でも、協議の申
出は可能）。

　注文者は、受注者から請負代金変更の協議の申出があった場合は、誠実に協議
に応じなければなりません。請負代金の変更をしない場合でも、受注者に対して
その理由を説明する必要があります。

　注文者の立場で次の行為をする場合、建設業法違反となりますので注意が必要
です。

・下請負人から申し出られた契約の変更協議の開始自体を正当な理由なく拒絶する

・申し出後に合理的な期間以上に協議開始をあえて遅延させる

・協議の場において一方的に下請負人の主張を否定したり、十分に主張を聞き取ることなく一方的に元請負人の主張のみを伝えて協議を打ち切る

4 建設工事の請負契約は、絶対に契約書でしないといけないの？

仲の良い下請とは、契約を口頭で済ませちゃうケースが多いんだけど

それは建設業法違反となってしまうよ

請負契約は書面により行わなければならない

建設業法では、建設工事の請負契約の明確性及び正確性の担保及び建設工事の請負契約の当事者間の紛争発生の防止のため、書面で請負契約を締結することを求めています。

書面での契約締結の方法

建設業法で定められた一定の事項を記載した書面に、請負契約の当事者がそれぞれ署名又は記名押印をして、相互に書面を交付しなければなりません。書面での契約締結の方法には次のものがあります。

① 請負契約書を交わす方法
② 基本契約書を交わし、注文書・請書を交換する方法
③ 注文書・請書の交換のみによる方法

どの方法であっても、一定事項を記載された書面で、署名又は記名押印をして、相互に書面を交付するということがポイントです。署名又は記名押印がされない場合や、注文書のみ交付し請書は交付しない等相互に書面が交付されないような場合には建設業法違反となります。なお、一定の基準をクリアした電子契約による方法も認められています。

契約書に記載すべき事項

　合意内容に不明確、不正確な点がある場合、紛争の原因となってしまいますので、請負契約書等には、建設業法で定められた一定の事項を記載することとなっています。それが建設業法第19条第1項に定められている16項目です。

▼契約書に記載すべき事項

第1号	工事内容
第2号	請負代金の額
第3号	工事着手の時期及び工事完成の時期
第4号	工事を施工しない日又は時間帯の定めをするときは、その内容
第5号	請負代金の全部又は一部の前金払又は出来形部分に対する支払の定めをするときは、その支払の時期及び方法
第6号	当事者の一方から設計変更又は工事着手の延期若しくは工事の全部若しくは一部の中止の申出があつた場合における工期の変更、請負代金の額の変更又は損害の負担及びそれらの額の算定方法に関する定め
第7号	天災その他不可抗力による工期の変更又は損害の負担及びその額の算定方法に関する定め
第8号	価格等（物価統制令（昭和二十一年勅令第百十八号）第二条に規定する価格等をいう。）の変動又は変更に基づく工事内容の変更又は請負代金の額の変更及びその額の算定方法に関する定め
第9号	工事の施工により第三者が損害を受けた場合における賠償金の負担に関する定め
第10号	注文者が工事に使用する資材を提供し、又は建設機械その他の機械を貸与するときは、その内容及び方法に関する定め
第11号	注文者が工事の全部又は一部の完成を確認するための検査の時期及び方法並びに引渡しの時期
第12号	工事完成後における請負代金の支払の時期及び方法
第13号	工事の目的物が種類又は品質に関して契約の内容に適合しない場合におけるその不適合を担保すべき責任又は当該責任の履行に関して講ずべき保証保険契約の締結その他の措置に関する定めをするときは、その内容
第14号	各当事者の履行の遅滞その他債務の不履行の場合における遅延利息、違約金その他の損害金
第15号	契約に関する紛争の解決方法
第16号	その他国土交通省令で定める事項

※建設工事に係る資材の再資源化等に関する法律（建設リサイクル法）対象工事の場合は、次の4項目も追加記載が必要です。
①分別解体の方法、②解体工事に要する費用、③再資源化するための施設の名称・所在地、④再資源化等に要する費用

3

これらの項目がすべて網羅された請負契約書等で契約を締結しなければなりません。契約締結方法により、それぞれの書面に記載すべき事項が変わります。

①請負契約書を交わす方法
　請負契約書に第1号から第16号の項目を記載する。
②基本契約書を交わし、注文書・請書を交換する方法
　基本契約書に第5号から第16号の項目を記載する。
　注文書・請書のそれぞれに第1号から第4号の項目を記載する。
③注文書・請書の交換のみによる方法
　注文書・請書のそれぞれに第1号から第16号の項目を記載する。
　もしくは、第1号から第4号の項目を記載した注文書・請書のそれぞれに
　第5号から第16号の項目を記載した約款を添付する。

　一からこれらの項目が記載された請負契約書等を作成することは大変です。建設業法の基準をクリアした請負契約書が欲しいという場合には、国土交通省の中央建設業審議会が作成している「建設工事標準請負契約約款について」(https://www.mlit.go.jp/totikensangyo/const/1_6_bt_000092.html) や、民間 (七会) 連合協定工事請負契約約款委員会 (http://www.gcccc.jp/index.html) が発行している「工事請負契約約款」を活用されることをおすすめします。

▼建設工事請負契約の方式

①契約書による場合

契約書

①〜⑯の事項を記載する

②基本契約書と注文書・請書の
　交換による場合

基本契約書　　　注文書・請書

　＋

⑤〜⑯の　　　　①〜④の事項を
事項を記載する　記載する

③注文書・請書の交換による場合

注文書・請書

それぞれに①〜⑯の事項を記載する

OR

注文書・請書　　　約款

①〜④の事項を記載した注文書・請書に、
⑤〜⑯の事項を記載した約款をそれぞれ添付する

※①〜⑯は、163ページの表の各号と対応しています。

FAXやメールで注文書・請書のやり取りをしているけど大丈夫なの？

 元請からFAXで注文書が送られてくるんだけど、これは建設業法上OKなのかな？

 確かに注文書の原本を交付するとなると手間がかかるからFAXでやりたい気持ちもわかるけどね

契約書等には署名又は記名押印が必要

建設業法第19条では「契約の締結に際して次に掲げる事項を書面に記載し、署名又は記名押印をして相互に交付しなければならない」と定められています。

これはつまり、署名又は記名押印がされた書面の原本を、注文者（元請負人）と請負人（下請負人）のそれぞれに交付しなければならないということです。

原本でなければ請負契約書の内容の改変が容易にできてしまい、後で紛争の原因となってしまうことが考えられます。そのため、署名又は記名押印された書面の原本の交付が義務付けられているのです。FAXやメールで注文書・請書を送信するという方法では、契約の相手方に注文書・請書のコピーが送信されることになるため認められていません。

▼建設業法

> （建設工事の請負契約の内容）
> 第十九条　建設工事の請負契約の当事者は、前条の趣旨に従つて、契約の締結に際して次に掲げる事項を書面に記載し、署名又は記名押印をして相互に交付しなければならない。
> 　～以下省略～

署名又は記名押印がなくても電子契約ならOK

国土交通省で定められた一定の基準をクリアした電子契約は、建設業法に適合するとされています。電子契約ですので、当然署名又は記名押印が不要です。

一定の基準とは、具体的には次の3つの技術的基準のことをいいます。

① 見読性

契約の相手方がファイルへの記録を出力することによる書面を作成することができるものであること

② 非改ざん性

ファイルに記録された契約事項等について、改変が行われていないかどうかを確認することができる措置を講じていること

③ 本人性

契約の相手方が本人であることを確認するための措置を講じていること

▼建設業法施行規則

（建設工事の請負契約に係る情報通信の技術を利用する方法）
第十三条の四　法第十九条第三項の国土交通省令で定める措置は、次に掲げる措置とする。
　～中略～
2　前項に掲げる措置は、次に掲げる技術的基準に適合するものでなければならない。
一　当該契約の相手方がファイルへの記録を出力することによる書面を作成することができるものであること。
二　ファイルに記録された契約事項等について、改変が行われていないかどうかを確認することができる措置を講じていること。
三　当該契約の相手方が本人であることを確認することができる措置を講じていること。
　～以下省略～

これらの基準をクリアしている電子契約のシステムであれば、建設業法上問題なく電子契約で建設工事の請負契約の締結をすることができます。

電子契約システムの導入に当たっては、建設業法の基準を満たすかどうかについて、電子契約サービスを提供している各事業者にお問い合わせください。

印紙税を節約したい！

　印紙税とは、契約書や領収書などの文書を作成した場合に、印紙税法という法律に基づいてその文書に課税される税金です。印紙税法で課税文書が定められており、建設工事の請負契約書や注文請書は課税文書とされています。

　署名又は押印があるものが課税文書となり、署名や押印のない写しは課税文書とされていません。そのため、印紙税の節約を目的として、FAXやメールで契約をするケースのほか、書面でする場合でも次のような方法で契約が行われるケースがあります。

> ① 記名押印した請負契約書を1通作成し、下請負人にはその写しを交付する方法
> ② 元請負人から注文書のみ発行し、下請負人からは注文請書を発行しない方法

3

　これらは建設業法違反とならないのでしょうか。答えは「建設業法違反となる」です。

　建設業法第19条では「署名又は記名押印をして相互に交付しなければならない」とされていますので、署名又は記名押印した書面が相互に交付されていない限り、建設業法違反となります。

　印紙税の節約を目的とするのであれば、電子契約による方法を取られることをおすすめします。電子契約による請負契約の締結は課税文書には該当せず、印紙税は課税されません。

6 無許可だから、500万円未満になるように契約書を分けてもらうけど問題ない？

500万円以上の工事は建設業許可が必要だから、500万円未満になるように契約書を分割して発注してもらえば問題ないよね

分割してもらったとしても、実態は1件の請負契約だよね？

500万円以上の工事には建設業許可が必要

　建設業を営もうとする者は、「軽微な建設工事」のみを請け負う場合を除いて、建設業許可を受けなければなりません。「軽微な建設工事」とは工事1件の請負金額が500万円未満の工事（建築一式工事の場合は、1件の請負金額が1,500万円未満の工事又は延べ面積が150㎡未満の木造住宅工事）のことをいいます。

　建設業許可には、29種類の業種があり、業種ごとに許可を受けることになりますので、軽微な建設工事を超える500万円以上の建設工事を請け負おうとする場合には、当該建設工事の業種に該当する建設業許可を受けていなければ、請け負うことができません。

▼適切な業種の許可がなければ請け負うことはできない

500万円未満になるように分割してはいけない

　建設業許可がないからといって、500万円以上の建設工事をいくつかに分割して請け負うことはできません。

　建設業法施行令第1条の2に「工事の完成を二以上の契約に分割して請け負うときは、各契約の請負代金の額の合計額とする」と記載されているとおり、分割して請け負ったとしても、分割した各契約の請負代金の額の合計額が請負代金の額となります。つまり、分割して請け負ったとしても、結局のところ、無許可で500万円以上の建設工事を請け負ったことと同じです。

▼建設業法施行令

> （法第三条第一項ただし書の軽微な建設工事）
> 第一条の二
> 　～中略～
> 2　前項の請負代金の額は、同一の建設業を営む者が工事の完成を二以上の契約に分割して請け負うときは、各契約の請負代金の額の合計額とする。ただし、正当な理由に基いて契約を分割したときは、この限りでない。
> 　～以下省略～

3

▼分割して請け負うときは合計金額が請負代金の額となる

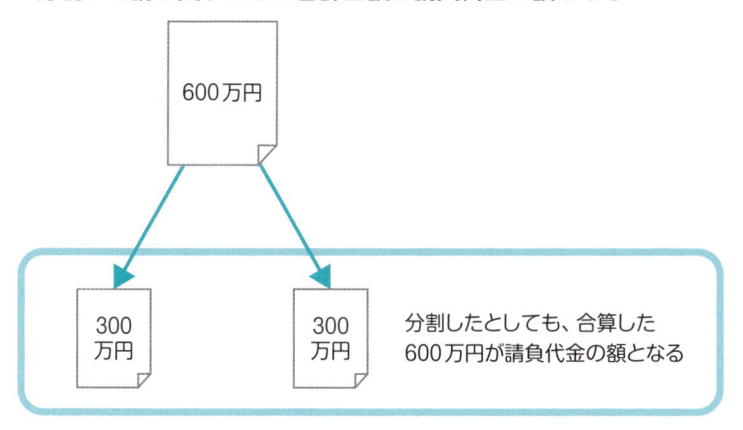

600万円

300万円　　300万円　　分割したとしても、合算した600万円が請負代金の額となる

許可のない業種について依頼があったら

お客様から、許可がない業種について500万円以上の建設工事の依頼があった場合、建設業者としてはどのように対応したらよいでしょうか。建設業法令遵守のためには、次のような対応を取るしかありません。

① お断りする
② 許可のある他の建設業者を紹介する

お客様の利便を考えると、自社で請け負って施工してあげたいという気持ちになると思いますが、無許可で請け負ってしまうと建設業法違反となります。建設業者が違反した場合は監督処分の対象となりますし、最悪のケースですと行為者に対して「3年以下の懲役又は300万円以下の罰金」、法人に対しては「1億円以下の罰金」と重い罰則が科される可能性がありますので、建設業法違反となるような行為は避けましょう。

7 水漏れ補修等の急ぎで対応が必要な工事は、請負契約書が不要なの？

自宅が水漏れしてて大変だから、直ちに、今すぐ、一刻も早く！　直してもらいたいんだけど、こんな状況でも請負契約書を交わす必要あるの？

書面の交付は必要なんじゃないかな（もともと水辺に棲んでるんだから、水漏れくらい大丈夫だよ…）

着工前に請負契約書等を交付しなければならない

　建設工事の請負契約は、建設業法で定められた一定の事項を記載した書面に、請負契約の当事者がそれぞれ署名又は記名押印をして、相互に書面を交付しなければなりませんが、請負契約締結のタイミングはいつでもよいというわけではありません。国土交通省の「建設業法令遵守ガイドライン（第11版）−　元請負人と下請負人の関係に係る留意点　−」(https://www.mlit.go.jp/totikensangyo/const/content/001765655.pdf) では、契約当事者間の紛争の発生を防止するため、災害時等でやむを得ない場合を除いて、原則として工事の着工前に行わなければならないとされています。

　「災害等でやむを得ない場合」に該当するかどうかは、個別具体的に判断されることとなりますので、判断に迷うようなケースでは、許可行政庁へご相談ください。

▼請負契約締結のタイミング

2. 書面による契約締結
2–1 当初契約（建設業法第18条、第19条第1項、第19条の3、第20条第1項及び第20条の2第4項）
(1) 契約は下請工事の着工前に書面により行うことが必要
　建設工事の請負契約の当事者である元請負人と下請負人は、対等な立場で契約すべきであり、建設業法第19条第1項により定められた下記(2)の①から⑮までの15の事項を書面に記載し、署名又は記名押印をして相互に交付しなければならないことと

なっている。
　契約書面の交付については、災害時等でやむを得ない場合を除き、原則として下請工事の着工前に行わなければならない。
建設業法第19条第1項において、建設工事の請負契約の当事者に、契約の締結に際して契約内容を書面に記載し相互に交付すべきことを求めているのは、請負契約の明確性及び正確性を担保し、紛争の発生を防止するためである。また、あらかじめ契約の内容を書面により明確にしておくことは、いわゆる請負契約の「片務性」の改善に資することともなり、極めて重要な意義がある。

出典：国土交通省「建設業法令遵守ガイドライン（第11版）− 元請負人と下請負人の関係に係る留意点 −」(https://www.mlit.go.jp/totikensangyo/const/content/001765655.pdf) より

追加・変更契約の場合も着工前に

　当初の請負契約書等の内容に変更が生じた場合、その変更内容を記載した書面に、署名又は記名押印をして相互に交付しなければなりません。つまり、追加契約書や変更契約書のことです。

　当初の請負契約が書面でされていたとしても、追加・変更契約が口頭でされることになれば、請負契約の明確性や正確性が担保されなくなってしまいます。そのようなことがないように、災害時等でやむを得ない場合を除き、工事の追加・変更等に関しても着工前に書面で契約を締結することが求められています。

　契約当事者が追加・変更契約に関する協議を円滑に行えるようにするため、当初の請負契約書等において、建設業法第19条第6号の「当事者の一方から設計変更等の申し出があった場合における工期の変更、請負代金の額の変更又は損害の負担及びそれらの額の算定方法に関する定め」について、できる限り具体的に定めておくと良いでしょう。

▼建設業法

（建設工事の請負契約の内容）
第十九条
　〜中略〜
2　請負契約の当事者は、請負契約の内容で前項に掲げる事項に該当するものを変更するときは、その変更の内容を書面に記載し、署名又は記名押印をして相互に交付しなければならない。
　〜以下省略〜

追加工事等の内容が直ちに確定できない場合の対応

　工事の状況によっては、追加工事等の内容が着工前には確定できない場合があります。そのようなケースでは、元請負人は、次の事項を記載した書面を追加工事等の着工前に下請負人と取り交わすことで、追加契約・変更契約の締結前であっても工事に着手することが可能です。

> ① 下請負人に追加工事等として施工を依頼する工事の具体的な作業内容
> ② 当該追加工事等が契約変更の対象となること及び契約変更等を行う時期
> ③ 追加工事等に係る契約単価の額

　このようなケースであっても、請負契約書等の交付について省略することはできません。追加契約・変更契約書の締結・交付については、追加工事等の全体数量等の内容が確定した時点で遅滞なく行うことになります。

▼追加工事等の内容が直ちに確定できない場合の対応

2－2 追加工事等に伴う追加・変更契約（建設業法第19条第2項、第19条の3）
　　〜中略〜
（2）追加工事等の内容が直ちに確定できない場合の対応
　工事状況により追加工事等の全体数量等の内容がその着工前の時点では確定できない等の理由により、追加工事等の依頼に際して、その都度追加・変更契約を締結することが不合理な場合は、元請負人は、以下の事項を記載した書面を追加工事等の着工前に下請負人と取り交わすこととし、契約変更等の手続については、追加工事等の全体数量等の内容が確定した時点で遅滞なく行うものとする。
　① 下請負人に追加工事等として施工を依頼する工事の具体的な作業内容
　② 当該追加工事等が契約変更の対象となること及び契約変更等を行う時期
　③ 追加工事等に係る契約単価の額

出典：国土交通省「建設業法令遵守ガイドライン（第11版）－ 元請負人と下請負人の関係に係る留意点 －」（https://www.mlit.go.jp/totikensangyo/const/content/001765655.pdf）より

3

8 工事の丸投げが禁止されているのは知っているけど、何が丸投げに当たるの？

丸投げは建設業法では「一括下請負」と言うんだよね

そのとおり。「一括下請負」は建設業法で禁止されているよ

一括下請負は原則として禁止

一括下請負が認められると次のようなことが起こると考えられるため、建設業法では原則として一括下請負を禁止しています。

- ・発注者は、施工実績、施工能力、経営管理能力、資力、社会的信用等様々な角度から建設業者を評価し、信頼して発注しているため、それを裏切ることになる
- ・中間搾取、工事の質の低下、労働条件の悪化、実際の工事施工の責任の不明確化等が発生する
- ・施工能力のない商業ブローカー的不良建設業者の輩出を招く

一括下請負とは、元請負人が下請負人の施工に「実質的に関与」することなく、次のいずれかに該当することをいいます。

①請け負った建設工事の全部又はその主たる部分について、自らは施工を行わず、一括して他の業者に請け負わせる場合
②請け負った建設工事の一部分であって、他の部分から独立してその機能を発揮する工作物の建設工事について、自らは施工を行わず、一括して他の業者に請け負わせる場合

一括して他の業者に請け負わせることも、他の業者から一括して請け負うこともどちらも禁止されています。元請業者・一次下請業者間はもちろんのこと、一次下請業者・二次下請業者間、それ以下の下請業者間でも一括下請負は禁止です。

▼全ての請負契約の当事者間で一括下請負は原則禁止

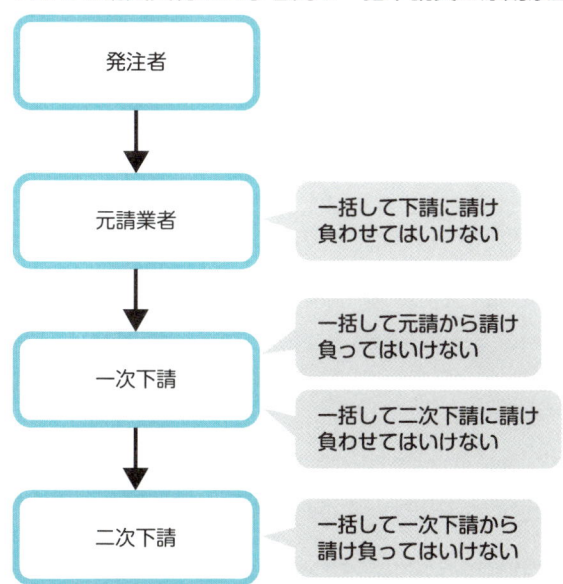

3

　一括下請負は、公共工事においては全面禁止です。民間工事においては、共同住宅を新築する建設工事については禁止で、それ以外は事前に発注者の書面による承諾を得た場合に一括下請負をすることができます。発注者の書面による承諾とは、建設工事の最初の注文者である発注者の承諾です。元請負人の承諾ではありませんので注意してください。

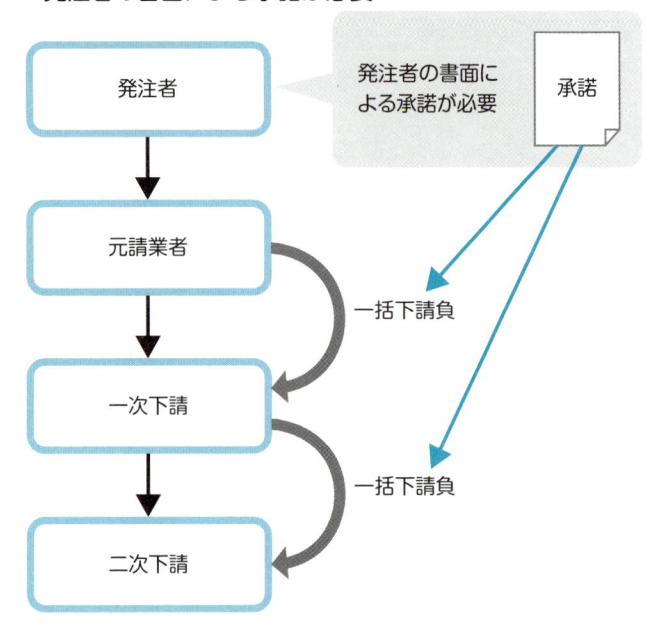

▼発注者の書面による承諾が必要

発注者

発注者の書面に
よる承諾が必要

承諾

元請業者

一括下請負

一次下請

一括下請負

二次下請

「実質的に関与」とは？

「実質的に関与」とは、元請負人が自ら施工計画の作成、工程管理、品質管理、安全管理、技術的指導等を行うことをいいます。

具体的には、次の表において元請、下請がそれぞれ果たすべき役割を果たすことが必要となります。

▼一括下請負の判断基準

①元請（発注者から直接請け負った者）が果たすべき役割

施工計画の作成	○請け負った建設工事全体の施工計画書等の作成 ○下請負人の作成した施工要領書等の確認 ○設計変更等に応じた施工計画書等の修正
工程管理	○請け負った建設工事全体の進捗確認 ○下請負人間の工程調整
品質管理	○請け負った建設工事全体に関する下請負人からの施工報告の確認、必要に応じた立会確認
安全管理	○安全確保のための協議組織の設置及び運営、作業場所の巡視等請け負った建設工事全体の労働安全衛生法に基づく措置
技術的指導	○請け負った建設工事全体における主任技術者の配置等法令遵守や職務遂行の確認 ○現場作業に係る実地の総括的技術指導
その他	○発注者等との協議・調整 ○下請負人からの協議事項への判断・対応 ○請け負った建設工事全体のコスト管理 ○近隣住民への説明

⇒ 元請は、以上の事項を全て行うことが求められる

②下請（①以外の者）が果たすべき役割

施工計画の作成	○請け負った範囲の建設工事に関する施工要領書等の作成 ○下請負人が作成した施工要領書等の確認 ○元請負人等からの指示に応じた施工要領書等の修正
工程管理	○請け負った範囲の建設工事に関する進捗確認
品質管理	○請け負った範囲の建設工事に関する立会確認（原則） ○元請負人への施工報告
安全管理	○協議組織への参加、現場巡回への協力等請け負った範囲の建設工事に関する労働安全衛生法に基づく措置
技術的指導	○請け負った範囲の建設工事に関する作業員の配置等法令遵守 ○現場作業に係る実地の技術指導※
その他	○元請負人との協議※ ○下請負人からの協議事項への判断・対応※ ○元請負人等の判断を踏まえた現場調整 ○請け負った範囲の建設工事に関するコスト管理 ○施工確保のための下請負人調整

⇒ 下請は、以上の事項を主として行うことが求められる

（注）※は、下請が、自ら請けた工事と同一の種類の工事について、単一の建設企業と更に下請契約を締結する場合に必須とする事項

出典：国土交通省「一括下請負禁止の明確化について　別紙1」(https://www.mlit.go.jp/common/001149211.pdf) をもとに作成

3

単に、工事現場に主任技術者・監理技術者を配置しているだけでは、「実質的に関与」しているとは言えません。

一括下請負の例

一括下請負に該当するか否かの判断は、元請負人が請け負った建設工事1件（請負契約単位）ごとに行われます。

請け負った建設工事をすべて丸投げするケースは、一括下請負に該当することが明確ですが、次のように丸投げではなく、部分的に請け負わせるケースでも一括下請負となりますので注意してください。

①住宅の建築工事（建築一式工事）を請け負った元請負人が、自らは内装仕上工事のみを行い、その他すべての工事を下請負人に請け負わせる場合

②外壁塗装工事を請け負った元請負人が、自らは足場工事のみを行い、塗装工事を下請負人に請け負わせる場合

③戸建分譲住宅6戸の新築工事を請け負った元請負人が、そのうちの1戸を下請負人に請け負わせる場合

①②のように附帯工事のみを元請負人が行い本体工事を下請負人に請け負わせるようなケースや、③のように元請負人が請け負った建設工事の一部であって他の部分から独立してその機能を発揮する工作物の建設工事を一括して下請負人に請け負わせるようなケースは一括下請負となりますので注意してください。

9 二次下請業者が建設業法に違反しているけど、元請として何かすべきなの？

二次下請が建設業法に違反していたとしても、指導する義務は一次下請にある気がするけど…

工事現場全体を仕切るのはやはり元請だよ

元請業者の役割とは？

　特定建設業者が発注者から直接建設工事を請け負い、元請業者となった場合には、次の3つの責務を負うことになります。

① 現場での法令遵守指導の実施
② 下請業者の法令違反については是正指導
③ 下請業者が是正しないときの許可行政庁への通報

　建設工事に携わる下請業者が建設業法、建築基準法、労働基準法などの諸法令に違反しないよう指導に努めなければなりません。

▼建設業法

（下請負人に対する特定建設業者の指導等）
第二十四条の七　発注者から直接建設工事を請け負つた特定建設業者は、当該建設工事の下請負人が、その下請負に係る建設工事の施工に関し、この法律の規定又は建設工事の施工若しくは建設工事に従事する労働者の使用に関する法令の規定で政令で定めるものに違反しないよう、当該下請負人の指導に努めるものとする。
2　前項の特定建設業者は、その請け負つた建設工事の下請負人である建設業を営む者が同項に規定する規定に違反していると認めたときは、当該建設業を営む者に対し、当該違反している事実を指摘して、その是正を求めるように努めるものとする。
3　第一項の特定建設業者が前項の規定により是正を求めた場合において、当該建設業を営む者が当該違反している事実を是正しないときは、同項の特定建設業者は、当

該建設業を営む者が建設業者であるときはその許可をした国土交通大臣若しくは都道府県知事又は営業としてその建設工事の行われる区域を管轄する都道府県知事に、その他の建設業を営む者であるときはその建設工事の現場を管轄する都道府県知事に、速やかに、その旨を通報しなければならない。

元請業者が指導等を行う下請業者の範囲

　元請業者が行う指導等の対象となる下請業者の範囲は、工事に携わった全ての下請業者となります。つまり、元請業者と直接下請契約を締結した一次下請業者だけでなく、一次下請業者と下請契約を締結した二次下請業者も、さらにそれ以下の下請業者も、工事に携わったすべての下請業者が対象となります。

▼元請業者による指導等の対象

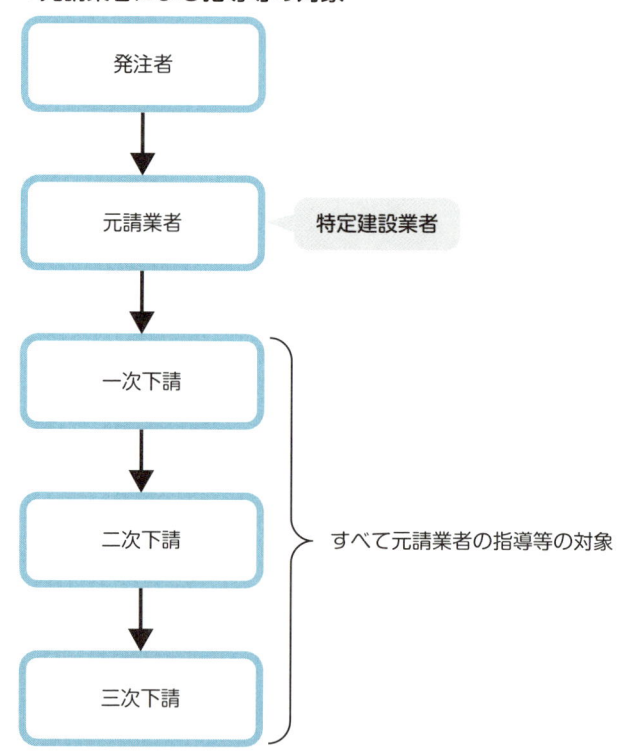

⌐遵守すべき法令

建設工事の現場で守らなければならない法令は建設業法に限りません。建物を建てる工事であれば建築基準法が関係しますし、従業員を雇用して施工するのであれば労働基準法が関係します。現場で遵守すべき法令は多岐にわたります。元請業者が下請に対して指導すべき法令としては、次の表の法令が挙げられます。

▼指導すべき法令の規定（建設業法施行令 第7条の3参照）

法律名	内容
建設業法	下請負人の保護に関する規定、技術者の設置に関する規定等本法のすべての規定が対象とされているが、特に次の項目に留意すること。 （1）建設業の許可（第3条） （2）一括下請負の禁止（第22条） （3）下請代金の支払（第24条の3、第24条の6） （4）検査及び確認（第24条の4） （5）主任技術者及び監理技術者の設置等（第26条、26条の2）
建築基準法	（1）違反建築の施工停止命令等（第9条第1項・第10項） （2）危害防止の技術基準等（第90条）
宅地造成及び特定盛土等規制法	（1）宅地造成等に関する工事の技術的基準等（第13条） （2）宅地造成等に関する工事等の監督処分（第20条第2項・第3項・第4項） （3）特定盛土等又は土石の堆積に関する工事の技術的基準等（第31条） （4）特定盛土等又は土石の堆積に関する工事等の監督処分（第39条第2項・第3項・第4項）
労働基準法	（1）強制労働等の禁止（第5条） （2）中間搾取の排除（第6条） （3）賃金の支払方法（第24条） （4）労働者の最低年齢（第56条） （5）年少者、女性の坑内労働の禁止（第63条、第64条の2） （6）安全衛生措置命令（第96条の2第2項、第96条の3第1項）
職業安定法	（1）労働者供給事業の禁止（第44条） （2）暴行等による職業紹介の禁止（第63条第1号、第65条第8号）
労働安全衛生法	（1）危険・健康障害の防止（第98条第1項）
労働者派遣法	（1）建設労働者の派遣の禁止（第4条第1項）

出典：国土交通省中部地方整備局「建設業法に基づく適正な施工の確保に向けて」（https://www.cbr.mlit.go.jp/kensei/info/qa/pdf/R0702/R0702_tekiseinasekounokakuho.pdf）P4をもとに作成

元請業者は、これらの法令の規定について下請業者へ指導する必要があります。また、下請業者が法令違反をしていた場合は是正指導を行い、是正しない場合は許可行政庁へ通報しなければなりません。

10 元請業者から建設資材の購入先を指定されたけど、これって問題ないの？

元請業者から資材の購入先を指定されたんだけど、もっと安いところがあるからそちらで購入したいなぁ…

下請負人にとって不利益となるのであれば、元請業者が建設業法違反となる可能性があるよ

不当な使用資材等の購入強制の禁止

　建設工事の下請契約とは、元請負人が下請負人に工事を注文し、下請負人は元請負人が希望するとおりの工事を行うものです。そのため、元請負人から、「工事の際にはこの資材を使ってほしい」と使用資材等について指定されることが少なくありません。このような資材の指定や資材購入先の指定そのものに違法性があるわけではありません。ただし、自己の取引上の地位を不当に利用した場合や、指定のタイミング次第では、建設業法違反となることがあります。

　仮に、下請契約を締結の前に元請負人が下請負人に対して使用する建設資材の指定を行ったとします。この場合、契約締結前なので、下請負人はその資材の価格をふまえて見積書を作成することができます。下請負人にとって適正な価格で工事を行うことができるため、下請負人の利益が害されることはなく、建設業法違反とはなりません。

　一方、下請契約締結後に使用する建設資材の指定を行ったとします。この場合、指定された建設資材が当初予定していた建設資材より高価であった場合には、資材購入のため材料費が増え下請負人の利益が害されることとなります。そのため、下請契約締結後に使用資材等を指定したり、購入先を指定することは建設業法違反となるおそれがあります。

（不当な使用資材等の購入強制の禁止）
第十九条の四　注文者は、請負契約の締結後、自己の取引上の地位を不当に利用して、その注文した建設工事に使用する資材若しくは機械器具又はこれらの購入先を指定し、これらを請負人に購入させて、その利益を害してはならない。

「自己の取引上の地位を不当に利用して」とは？

　建設業法第19条の4の「自己の取引上の地位を不当に利用して」とは、工事を多量かつ継続的に注文することにより取引上優越的な地位にある元請負人が、下請負人の指名権、選択権があること等を背景に、下請負人を経済的に不当に圧迫するような取引等を強いることをいいます。

　下請負人が元請負人による使用資材等の指定を承諾した場合でも、元請負人と下請負人の力関係から、下請負人の自由な意思決定を阻害したと判断される場合は、建設業法違反となるおそれがあります。

3

「資材等又はこれらの購入先の指定」とは？

　建設業法第19条の4の規制対象となる、「資材等又はこれらの購入先の指定」とは、商品名や販売会社を指定することです。

　「A会社が製造している△△型を使用するように」と資材等について会社名や商品名で指定する場合が、資材等の指定に当たります。また「工事で使用する資材はB会社で購入するように」と販売会社を指定する場合が、購入先の指定に当たります。

　これらの「資材等又はこれらの購入先の指定」が、元請負人の自己の取引上の地位を不当に利用した場合であったり、下請契約締結後のタイミングであったりすると建設業法違反となりますので注意が必要です。

11 下請から工事が完成したと連絡を受けたけど、検査はいつ行えばいいの？

今忙しいから、完成検査はちょっと待ってもらいたいんだよね

検査のタイミングは建設業法に規定があるから注意してね

下請負人からの完成通知と引渡し申出

　下請負人は請け負った工事が完成すると、元請負人に工事の「完成通知」を行います。この完成通知は、下請負人から工事が完成した旨を知らせるものにすぎません。そのため、元請負人は下請負人から工事完成通知を受けると「検査」を行うこととなります。元請負人の完成検査で下請負人が行った工事に問題が無いとされると、次に下請負人は完成した工事の「引渡し申出」を行うことができます。

　工事が完成した際も工事の引渡しを行う際も、いずれも下請負人から元請負人へ通知をしなければなりません。これらの通知は口頭で行っても良いこととされていますが、後日の紛争の原因とならないように、書面で行うことが望ましいとされています。

完成通知を受けてから検査を行うまでのルール

　下請負人から完成通知を受けてから元請負人の検査がなかなか行われないと、下請負人はいつまでも目的物の引渡しを行うことができず、その結果、元請負人からの支払いが遅れてしまうことにもなります。そのようなことが無いよう、建設業法では元請負人が検査を行うタイミングについて明確に規定しています。

　元請負人は下請負人から完成の通知を受けてから、20日以内で、できる限り短い期間内に検査を行わなければなりません。

（検査及び引渡し）
第二十四条の四　元請負人は、下請負人からその請け負つた建設工事が完成した旨の通知を受けたときは、当該通知を受けた日から二十日以内で、かつ、できる限り短い期間内に、その完成を確認するための検査を完了しなければならない。
　　〜以下省略〜

検査から工事の目的物引渡しまでのルール

　元請負人による検査が建設業法の規定どおりに行われたとしても、完成した工事の目的物を引き渡すことができなければ、引渡しまでの間、下請負人はその工事の目的物について保管責任や危険負担を負わされることになります。そのため、引渡しのタイミングについても建設業法で規定されています。

　元請負人は下請工事の完成を確認した後、下請負人が申し出たときは、直ちに完成した工事の目的物を引き受けなければなりません。

3

▼建設業法

（検査及び引渡し）
第二十四条の四
　　〜中略〜
2　元請負人は、前項の検査によつて建設工事の完成を確認した後、下請負人が申し出たときは、直ちに、当該建設工事の目的物の引渡しを受けなければならない。ただし、下請契約において定められた工事完成の時期から二十日を経過した日以前の一定の日に引渡しを受ける旨の特約がされている場合には、この限りでない。

▼検査フロー

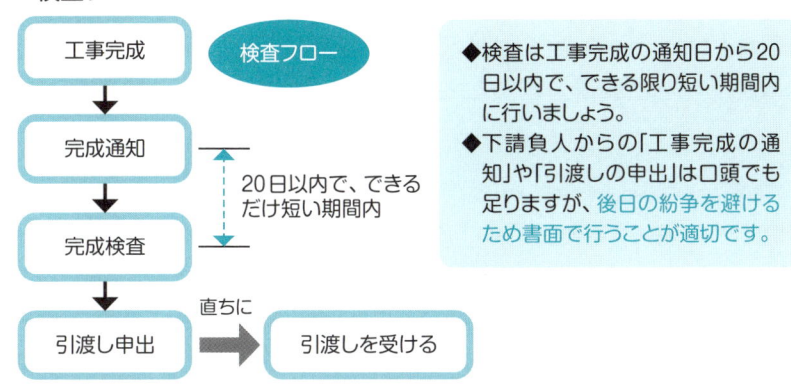

出典：国土交通省中部地方整備局「建設業法に基づく適正な施工の確保に向けて」（https://www.cbr.mlit.go.jp/kensei/info/qa/pdf/R0702/R0702_tekiseinasekounokakuho.pd）P29をもとに作成

12 元請から、工事のやり直しを指示されたけど、これって問題ないの？

予定よりかなり早く工事を終えたのに、元請からやり直しを指示されちゃったよ

それはテキトーにやったんじゃないよね…？

工事のやり直し

　元請負人は下請工事の施工にあたり下請負人と十分な協議を行ったり、明確な指示を行うなどにより、下請工事のやり直しが発生しないよう努めることはもちろんですが、下請工事の完成後に、やむを得ずその工事のやり直しを元請負人が下請負人に対して依頼すること自体、特に問題はありません。

　建設工事の請負契約は建設工事の完成を目的とした契約であるため、完成が不十分であれば、下請負人が義務を果たしたことにはなりません。元請負人が下請負人に対して、工事が完成するようにやり直しを依頼することは当然認められる行為です。

　ただし、元請負人からの一方的な下請負人へのやり直し依頼等、元請負人の強い立場を利用したやり直しが起こらないよう、下請負人に工事のやり直しをさせる場合には、その費用負担等において注意が必要です。

やり直し工事の費用負担は？

　工事のやり直しが必要となった場合、やり直し工事に必要な費用は原則として元請負人が負担しなければなりません。元請負人はその工事においては施工管理や施工監督を行う義務があり、下請負人には施工指示を行います。つまり、元請負人にはやり直し工事が必要とならないように対策することが可能であるため、やり直し工事に必要な費用は原則として元請負人の負担とされています。

例外として、下請負人にやり直し工事の費用負担をさせることができる場合もあります。それは、下請負人の責めに帰すべき理由がある場合です。

　具体的には、下請負人の施工が請負契約書等に示された内容と異なる場合や、下請負人の施工に瑕疵がある場合です。元請負人は下請負人に指導等をし、元請負人としての責務を果たしていたにもかかわらず、下請負人がその指導等を受け入れず施工したことによりやり直しが必要となった場合は、下請負人に費用負担させることができます。

やり直し工事までの流れ

　下請工事のやり直しは当然下請負人が施工をすることになりますが、やり直し工事は当初の請負契約の内容に含まれているものではありません。特に、やり直し工事に必要な費用については、どの程度になるか当初の請負契約においては想定することができません。工事のやり直しが必要となった場合には、まず元請負人と下請負人で必要な費用について協議をします。そのうえで変更契約書を交わして、工事を施工するようにします。この変更契約書を交わさず工事を行った場合、建設業法第19条第2項の規定に違反することとなります。

　また、やり直し工事に必要な費用については、建設業法第19条の3で不当に低い請負代金での施工が禁止されているので、通常必要と認められる原価を下回ることがないように注意しなければなりません。

▼建設業法（現行）

> （建設工事の請負契約の内容）
> 第十九条
> 　〜中略〜
> 2　請負契約の当事者は、請負契約の内容で前項に掲げる事項に該当するものを変更するときは、その変更の内容を書面に記載し、署名又は記名押印をして相互に交付しなければならない。
> 　〜以下省略〜
>
> （不当に低い請負代金の禁止）
> 第十九条の三　注文者は、自己の取引上の地位を不当に利用して、その注文した建設工事を施工するために通常必要と認められる原価に満たない金額を請負代金の額とする請負契約を締結してはならない。

3

▼建設業法（R7.12 月頃改正予定）

（建設工事の請負契約の内容）
第十九条
　〜中略〜
2　請負契約の当事者は、請負契約の内容で前項に掲げる事項に該当するものを変更するときは、その変更の内容を書面に記載し、署名又は記名押印をして相互に交付しなければならない。
　〜以下省略〜

（不当に低い請負代金の禁止）
第十九条の三　注文者は、自己の取引上の地位を不当に利用して、その注文した建設工事を施工するために通常必要と認められる原価に満たない金額を請負代金の額とする請負契約を締結してはならない。
2　建設業者は、自らが保有する低廉な資材を建設工事に用いることができることその他の国土交通省令で定める正当な理由がある場合を除き、その請け負う建設工事を施工するために通常必要と認められる原価に満たない金額を請負代金の額とする請負契約を締結してはならない。

13 下請業者への代金支払期日を「月末締め翌月末払い」とすることは問題ないの？

契約のたびに、支払期日を定めるのが大変だから、下請との契約では「月末締め翌月末払い」と決めておきたいんだけど

下請代金の支払いについてもルールがあるから、それを守らなくてはいけないよ

下請代金の支払い日

元請負人から下請代金が支払われなければ、下請負人の経営が不安定になります。また、手抜工事や粗雑工事、労災事故等を引き起こすことになりかねません。そのため、下請負人への代金支払いに関するルールが、建設業法で明確に定められています。

元請負人は、注文者から工事が完成した後に支払いを受けたときはもちろんのこと、請負代金の出来形部分に対する支払いを受けたときにおいても、支払対象となる工事を施工した下請負人に対して、相当分の下請代金を「1ヶ月以内」で、かつ「できる限り短い期間内」に支払わなければならないとされています。

この下請代金の支払いに関する規定は、適正に代金が支払われることにより工事の適正な施工を確保することと下請負人の利益保護を目的として設けられています。

前払金に関しても同様です。資材購入等の工事準備のための費用確保のために、元請負人が注文者から前払いを受けた場合には、下請負人に対しても工事着手に必要な費用を前払金として支払うよう努めなければなりません。

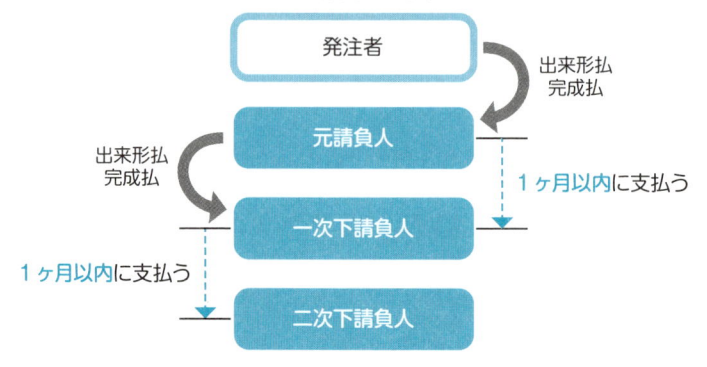

出典：国土交通省中部地方整備局「建設業法に基づく適正な施工の確保に向けて」(https://www.cbr.mlit.go.jp/kensei/info/qa/pdf/R0702/R0702_tekiseinasekounokakuho.pdf) P28をもとに作成

　特定建設業者に対しては、さらに厳しいルールがあります。

　特定建設業者である元請負人は、注文者から支払いを受けていなくても、下請負人からの引渡し申出日から50日以内に下請代金を支払わなければなりません。ただし、特定建設業者と契約をした下請負人が、「特定建設業者」又は「資本金額が4,000万円以上の法人（一般建設業者・特定建設業者の区別なし）」である場合は対象外となります。このルールを守らなかった場合、罰則があるわけではありませんが、特定建設業者は支払遅延として遅延利息の支払いをする必要があります。

　特定建設業者が注文者となる場合の、下請工事の完成から下請代金の支払いまでの流れは次のとおりです。建設業法で期限が設定されているものについては、どの工程からどの工程までの期限なのか、よく確認しておく必要があります。

▼検査・引渡・下請代金の支払フロー＜特定建設業者＞

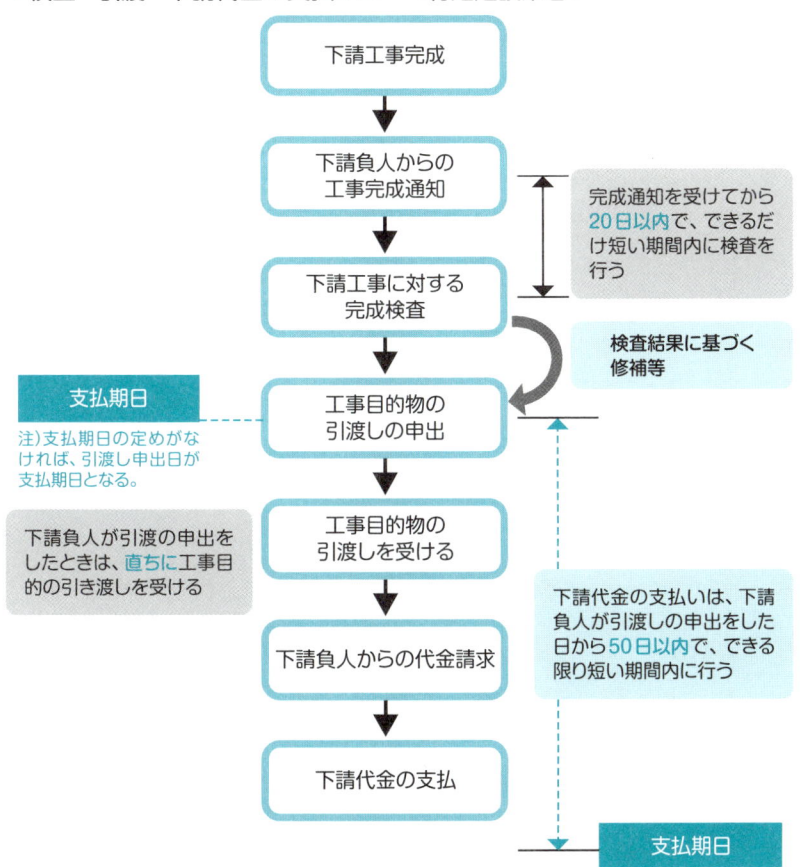

下請工事完成

↓

下請負人からの
工事完成通知

↓

下請工事に対する
完成検査

完成通知を受けてから**20日以内**で、できるだけ短い期間内に検査を行う

検査結果に基づく
修補等

工事目的物の
引渡しの申出

支払期日

注）支払期日の定めがなければ、引渡し申出日が支払期日となる。

↓

工事目的物の
引渡しを受ける

下請負人が引渡の申出をしたときは、**直ちに**工事目的引き渡しを受ける

下請代金の支払いは、下請負人が引渡しの申出をした日から**50日以内**で、できる限り短い期間内に行う

↓

下請負人からの代金請求

↓

下請代金の支払

支払期日

出典：国土交通省中部地方整備局「建設業法に基づく適正な施工の確保に向けて」（https://www.cbr.mlit.go.jp/kensei/info/qa/pdf/R0702/R0702_tekiseinasekounokakuho.pdf) P30をもとに作成

　なお、特定建設業者は下請代金の支払いについて、元請負人としての義務と特定建設業者としての義務を負うため「注文者から出来形払いや完成払いを受けた日から1ヶ月以内」か「下請負人の引渡し申出日から50日以内」のいずれか早い方で下請代金を支払う必要があります。

下請代金の支払手段は現金で

　下請代金の支払手段は現金という認識をお持ちの建設業者の方も多いと思います。

　これまで、国土交通省の「建設産業における生産システム合理化指針」（https://www.mlit.go.jp/common/001068212.pdf）等によって、下請代金の支払いは、できる限り現金払いとすることが周知されていましたが、実は建設業法には支払手段に関する規定はありませんでした。

　令和2年10月に施行された改正建設業法には、下請代金の支払手段に関する規定が新たに追加されました。下請代金のうち労務費に相当する部分については、現金で支払うよう適切な配慮をしなければなりません。

▼建設業法

> （下請代金の支払）
> 第二十四条の三
> 　～中略～
> 2　前項の場合において、元請負人は、同項に規定する下請代金のうち労務費に相当する部分については、現金で支払うよう適切な配慮をしなければならない。
> 　～以下省略～

　なお「現金」として扱われるものとして、キャッシュは当然のこと、銀行振込による方法や小切手による方法も含まれています。すぐに現金化できるものが「現金」として扱われます。

「月末締め翌月末払い」は建設業法違反？

　建設業法の下請代金の支払いルールと照らし合わせると、「月末締め翌月末払い」という支払期日の設定の仕方が建設業法違反となる場合があることがわかります。

　例えば、特定建設業者が注文者となる下請契約において、下請負人による工事目的物の引渡しの申出が令和5年4月1日だったとします。

　この場合に「月末締め翌月末払い」が採用されているとすると、令和5年4月30日で締めて、令和5年5月31日に支払うこととなります。これでは、下請負人の引渡し申出日から下請代金の支払日まで、50日を超える期間となり、建設業法違反となります。

　毎月の締日と支払日を設定する場合、引渡しの申出日から50日を超える日が支払日となってしまうこともありますので注意が必要です。

14 偽装請負って何？

下請の作業員に直接指示をすることは「偽装請負になるから
ダメ」と言われたんだけど、偽装請負って具体的にどういう
ことをいうの？

請負契約といいながら、実態が違う契約になっているものを
偽装請負というよ

偽装請負とは？

　契約書上、形式的には請負契約ですが、実態としては労働者派遣契約であった
り、雇用契約であるものを偽装請負といいます。「雇用契約」はわかりやすいです
が、難しいのは「請負契約」「労働者派遣契約」の違いです。図で表すと次の図のと
おりとなります。

▼労働者派遣と請負の違い

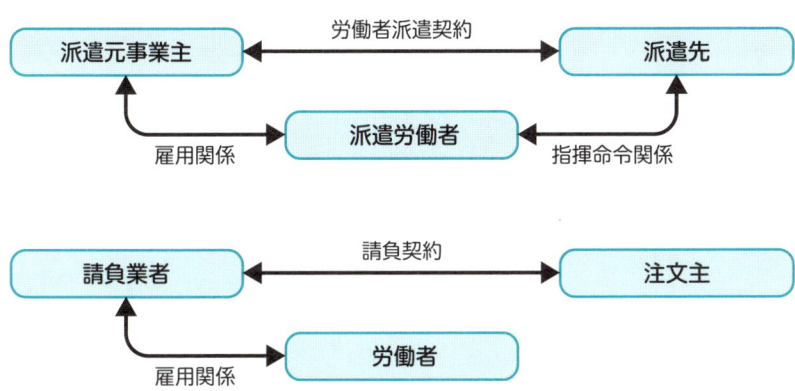

出典：厚生労働省「労働者派遣・請負を適正に行うためのガイド」（https://www.mhlw.go.jp/
content/001328190.pdf）P2 をもとに作成

また、国土交通省の「監理技術者制度運用マニュアルについて」（最終改定　令和7年1月28日国不建技第147号）（https://www.mlit.go.jp/totikensangyo/const/content/001859191.pdf）では、請負契約と雇用契約の違いについて、「「請負契約」とは、「当事者の一方がある仕事を完成することを約し、相手方がその仕事の結果に対して報酬を与えることを約する契約」であり、単に使用者の指揮命令に従い労務に服することを目的とし、仕事の完成に伴うリスクは負担しない「雇用」とは区別される。」と記載されています。

　偽装請負に当たるかどうかは、「注文者と労働者の間に指揮命令関係があるか」が判断のポイントになります。注文者と労働者の間に指揮命令関係があれば、それは請負契約ではなく、労働者派遣契約や雇用契約に該当する可能性が高いということになります。労働者派遣契約と請負契約の判断基準については、厚生労働省の「労働者派遣事業と請負により行われる事業との区分に関する基準」に記載されています。

▼労働者派遣事業と請負により行われる事業との区分に関する基準

第一条 この基準は、労働者派遣事業の適正な運営の確保及び派遣労働者の保護等に関する法律（昭和六十年法律第八十八号。以下「法」という。）の施行に伴い、法の適正な運用を確保するためには労働者派遣事業（法第二条第三号に規定する労働者派遣事業をいう。以下同じ。）に該当するか否かの判断を的確に行う必要があることに鑑み、労働者派遣事業と請負により行われる事業との区分を明らかにすることを目的とする。
第二条 請負の形式による契約により行う業務に自己の雇用する労働者を従事させることを業として行う事業主であつても、当該事業主が当該業務の処理に関し次の各号のいずれにも該当する場合を除き、労働者派遣事業を行う事業主とする。
一 次のイ、ロ及びハのいずれにも該当することにより自己の雇用する労働者の労働力を自ら直接利用するものであること。
イ 次のいずれにも該当することにより業務の遂行に関する指示その他の管理を自ら行うものであること。
(1) 労働者に対する業務の遂行方法に関する指示その他の管理を自ら行うこと。
(2) 労働者の業務の遂行に関する評価等に係る指示その他の管理を自ら行うこと。
ロ 次のいずれにも該当することにより労働時間等に関する指示その他の管理を自ら行うものであること。
(1) 労働者の始業及び終業の時刻、休憩時間、休日、休暇等に関する指示その他の管理（これらの単なる把握を除く。）を自ら行うこと。
(2) 労働者の労働時間を延長する場合又は労働者を休日に労働させる場合における指示その他の管理（これらの場合における労働時間等の単なる把握を除く。）を自ら行うこと。
ハ 次のいずれにも該当することにより企業における秩序の維持、確保等のための指示その他の管理を自ら行うものであること。

(1) 労働者の服務上の規律に関する事項についての指示その他の管理を自ら行うこと。

(2) 労働者の配置等の決定及び変更を自ら行うこと。

二 次のイ、ロ及びハのいずれにも該当することにより請負契約により請け負つた業務を自己の業務として当該契約の相手方から独立して処理するものであること。

イ 業務の処理に要する資金につき、すべて自らの責任の下に調達し、かつ、支弁すること。

ロ 業務の処理について、民法、商法その他の法律に規定された事業主としてのすべての責任を負うこと。

ハ 次のいずれかに該当するものであつて、単に肉体的な労働力を提供するものでないこと。

(1) 自己の責任と負担で準備し、調達する機械、設備若しくは器材（業務上必要な簡易な工具を除く。）又は材料若しくは資材により、業務を処理すること。

(2) 自ら行う企画又は自己の有する専門的な技術若しくは経験に基づいて、業務を処理すること。

第三条 前条各号のいずれにも該当する事業主であつても、それが法の規定に違反することを免れるため故意に偽装されたものであつて、その事業の真の目的が法第二条第一号に規定する労働者派遣を業として行うことにあるときは、労働者派遣事業を行う事業主であることを免れることができない。

3

出典：厚生労働省「労働者派遣事業と請負により行われる事業との区分に関する基準」（昭和61年労働省告示第37号）（最終改正 平成24年厚生労働省告示第518号）（https://www.mhlw.go.jp/content/000780136.pdf）より

　なぜ、偽装請負が起こるのかというと、労働者を受け入れる派遣先の建設業者にとって次のようなメリットがあるからです。

- ・時間外手当を支給しなくてよい
- ・社会保険料や雇用保険料を負担しなくてよい

　時間外手当の支給や社会保険料等の負担は、労働者派遣契約や雇用契約であった場合、事業者が本来果たさなければならない法律上の義務ですが、これらの義務から逃れるために、形式上請負契約としているということです。労働者にとっては本来受け取るべき報酬が減ることになり、不利益でしかないため、偽装請負は禁止されています。偽装請負を行うと、派遣元も派遣先も労働者派遣法違反により罰則が科される可能性があります。

下請作業員に技術指導等をすると偽装請負？

　適切な請負契約であると判断されるためには、厚生労働省の「労働者派遣事業と請負により行われる事業との区分に関する基準」のとおり、下請が、自己の雇用する労働者の労働力を自ら直接利用すること、業務を自己の業務として元請から独立して処理することなどの要件を満たす必要があります。

　元請が下請に注文した工事に関して、下請の作業員に対して順序・方法の指示や技術指導を行ったり、作業員の配置や、作業員一人ひとりの作業の分担を行ったりすると、元請と下請の作業員の間に指揮命令関係があることになり、偽装請負となります。

　ただし、元請が新しい機械を導入して工事を行う場合など、元請から下請に対しての説明・指示等だけでは対応できない場合、下請の監督の下で、元請が下請の作業員に対して、機械の操作方法等を説明することは問題ありません。

▼偽装請負となるケース

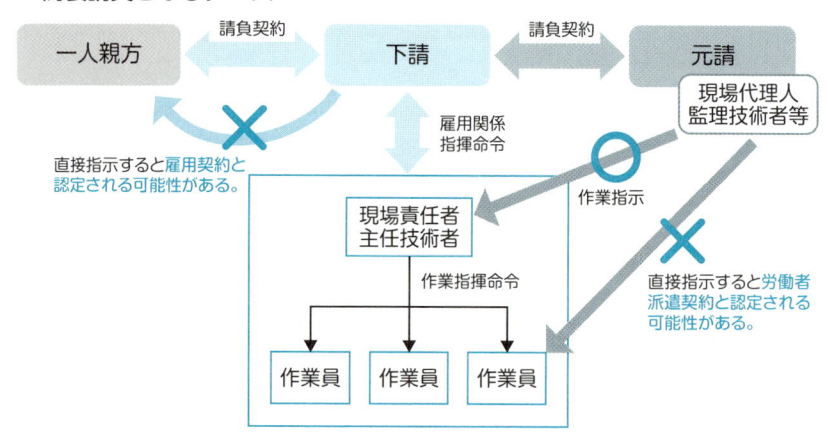

下請作業員に安全衛生の指示をすると偽装請負？

　元請が下請の作業員に対して、直接作業指示や技術指導を行うことは偽装請負となります。元請が下請に対して、安全衛生のために必要な指示を行うことも偽装請負になるでしょうか。これに関しては労働安全衛生法に規定があります。

▼労働安全衛生法

（元方事業者の講ずべき措置等）
第二十九条　元方事業者は、関係請負人及び関係請負人の労働者が、当該仕事に関し、この法律又はこれに基づく命令の規定に違反しないよう必要な指導を行なわなければならない。
2　元方事業者は、関係請負人又は関係請負人の労働者が、当該仕事に関し、この法律又はこれに基づく命令の規定に違反していると認めるときは、是正のため必要な指示を行なわなければならない。
3　前項の指示を受けた関係請負人又はその労働者は、当該指示に従わなければならない。

3

　労働安全衛生法では、元請は、関係請負人（下請）及び関係請負人の労働者（下請の作業員）が、労働安全衛生法の規定に違反しないように必要な指導や指示を行わなければならないとされています。これらの指導や指示は法令遵守のために必要なものであるため、元請が下請の作業員に対して、安全衛生のための指導や指示を行ったとしても偽装請負とは判断されません。

15 単価契約って違法なの？

単価契約は偽装請負に当たるからダメだと聞いたことがあるんだけど

単価契約＝偽装請負ではないよ

単価契約とは？

単価契約とは、あらかじめ数量を確定することができないものについて単位当たりの価格（単価）だけを定め、支払金額は供給を受けた実績数量に基づいて算出するという契約方法です。単価契約に相対する用語は総価契約（単価、数量及び契約金額を確定して行う契約方法）です。

単価契約であろうと、建設工事の完成を目的として締結する契約であれば、建設工事の請負契約となります。建設業法上、単価契約も総価契約も取扱いに違いはありません。

▼どちらも建設工事の請負契約

単価契約

総価契約

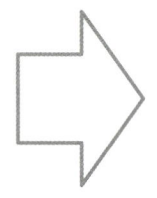

建設工事の完成を目的とする契約であれば、どちらも建設工事の請負契約。

単価契約の建設業法上の注意点

　単価契約において、建設業許可を必要としない軽微な建設工事に該当するかどうかの判断をする場合は、請け負った工事全体の請負金額で判断することとなります。

　例えば、単価契約（数量1あたり100万円）で、4月1日〜4月30日の1ヶ月間の請負契約を締結した場合、次のように考えます。

▼単価契約における請負金額の考え方

4/1 4/3	4/7	4/11	4/19	4/23	4/28 4/30
数量1 100万円		数量3 300万円		数量2 200万円	

　このケースでは、それぞれが500万円未満なので、建設業許可が不要と考えてしまいそうですが、請け負った工事全体の金額は、100万円＋300万円＋200万円＝600万円となるため、軽微な建設工事には該当せず、建設業許可が必要ということになります。

単価契約は偽装請負になるか？

　先述したとおり、建設工事の完成を目的とする契約であれば、単価契約であろうと建設工事の請負契約であることには間違いありませんので、「単価契約＝偽装請負」とはなりません。

　ただし、工事の完成を目的として業務を受発注しているのではなく、業務を処理するために費やす労働力（作業員の人数）に関して受発注を行い、請負金額を「人数×単価×時間」で算出して精算している場合は、単に労働力の提供を行っているにすぎないため、偽装請負と判断されることになります。単価契約の締結の際には、注意が必要です。

3

・○○補修作業	1㎡	5,000円	➡	○
・△△取付作業	1箇所	10,000円	➡	○
・作業員	1名	15,000円	➡	✕

用語の解説

軽微な建設工事：軽微な建設工事とは次の①②の建設工事のことをいう。
①建築一式工事は、1件の請負代金が1,500万円（消費税及び地方消費税を含む）未満の工事または請負代金の額にかかわらず、木造住宅で延べ面積が150㎡未満の工事。
②建築一式工事以外の工事は、1件の請負代金が500万円（消費税及び地方消費税を含む）未満の工事。

16 著しく短い工期って何？

令和7年12月までに改正

「著しく短い工期」は禁止されてるんだよね？

著しく短い工期で請負契約を締結してしまうと、勧告などの対象になるよ

「著しく短い工期」とは？

3

　「著しく短い工期」とは、建設工事を施工するために通常必要と認められる期間と比べて著しく短い期間の工期のことをいいます。建設業法では、著しく短い工期で請負契約を締結してはならないとしています。

　建設業界では、長時間労働の改善と週休2日の確保が進んでいないことが課題となっています。令和2年10月に施行された改正建設業法により、工期を適正にすることで働き方改革を促進するための取り組みが推進されることとなりました。その取り組みの一つが「著しく短い工期の禁止」です。

　工期の適正化に関する建設業法の規定は、次の4つです。

> ①著しく短い工期の禁止
> ②注文者・受注者双方による工期等に影響を及ぼす事象に関する情報の提供
> ③工程の細目を明らかにする
> ④契約書に工事を施工しない日・時間帯を明記する

▼建設業法（現行）

> （建設工事の請負契約の内容）
> 第十九条　建設工事の請負契約の当事者は、前条の趣旨に従つて、契約の締結に際して次に掲げる事項を書面に記載し、署名又は記名押印をして相互に交付しなければならない。

〜中略〜
四　工事を施工しない日又は時間帯の定めをするときは、その内容
　　〜以下省略〜

（著しく短い工期の禁止）
第十九条の五　注文者は、その注文した建設工事を施工するために通常必要と認められる期間に比して著しく短い期間を工期とする請負契約を締結してはならない。

（建設工事の見積り等）
第二十条　建設業者は、建設工事の請負契約を締結するに際して、工事内容に応じ、工事の種別ごとの材料費、労務費その他の経費の内訳並びに工事の工程ごとの作業及びその準備に必要な日数を明らかにして、建設工事の見積りを行うよう努めなければならない。
　　〜以下省略〜

（工期等に影響を及ぼす事象に関する情報の通知等）
第二十条の二　建設工事の注文者は、当該建設工事について、地盤の沈下その他の工期又は請負代金の額に影響を及ぼすものとして国土交通省令で定める事象が発生するおそれがあると認めるときは、請負契約を締結するまでに、国土交通省令で定めるところにより、建設業者に対して、その旨を当該事象の状況の把握のため必要な情報と併せて通知しなければならない。
2　建設業者は、その請け負う建設工事について、主要な資材の供給の著しい減少、資材の価格の高騰その他の工期又は請負代金の額に影響を及ぼすものとして国土交通省令で定める事象が発生するおそれがあると認めるときは、請負契約を締結するまでに、国土交通省令で定めるところにより、注文者に対して、その旨を当該事象の状況の把握のため必要な情報と併せて通知しなければならない。
3　前項の規定による通知をした建設業者は、同項の請負契約の締結後、当該通知に係る同項に規定する事象が発生した場合には、注文者に対して、第十九条第一項第七号又は第八号の定めに従つた工期の変更、工事内容の変更又は請負代金の額の変更についての協議を申し出ることができる。
4　前項の協議の申出を受けた注文者は、当該申出が根拠を欠く場合その他正当な理由がある場合を除き、誠実に当該協議に応ずるよう努めなければならない。

▼建設業法（令和7年12月頃改正予定）

（建設工事の請負契約の内容）
第十九条　建設工事の請負契約の当事者は、前条の趣旨に従つて、契約の締結に際して次に掲げる事項を書面に記載し、署名又は記名押印をして相互に交付しなければならない。
　　〜中略〜
四　工事を施工しない日又は時間帯の定めをするときは、その内容
　　〜以下省略〜

（著しく短い工期の禁止）

第十九条の五　注文者は、その注文した建設工事を施工するために通常必要と認められる期間に比して著しく短い期間を工期とする請負契約を締結してはならない。

2　建設業者は、その請け負う建設工事を施工するために通常必要と認められる期間に比して著しく短い期間を工期とする請負契約を締結してはならない。

（建設工事の見積り等）

第二十条　建設業者は、建設工事の請負契約を締結するに際して、工事内容に応じ、工事の種別ごとの材料費、労務費その他の経費の内訳並びに工事の工程ごとの作業及びその準備に必要な日数を明らかにして、建設工事の見積りを行うよう努めなければならない。

　〜以下省略〜

（工期等に影響を及ぼす事象に関する情報の通知等）

第二十条の二　建設工事の注文者は、当該建設工事について、地盤の沈下その他の工期又は請負代金の額に影響を及ぼすものとして国土交通省令で定める事象が発生するおそれがあると認めるときは、請負契約を締結するまでに、国土交通省令で定めるところにより、建設業者に対して、その旨を当該事象の状況の把握のため必要な情報と併せて通知しなければならない。

2　建設業者は、その請け負う建設工事について、主要な資材の供給の著しい減少、資材の価格の高騰その他の工期又は請負代金の額に影響を及ぼすものとして国土交通省令で定める事象が発生するおそれがあると認めるときは、請負契約を締結するまでに、国土交通省令で定めるところにより、注文者に対して、その旨を当該事象の状況の把握のため必要な情報と併せて通知しなければならない。

3　前項の規定による通知をした建設業者は、同項の請負契約の締結後、当該通知に係る同項に規定する事象が発生した場合には、注文者に対して、第十九条第一項第七号又は第八号の定めに従つた工期の変更、工事内容の変更又は請負代金の額の変更についての協議を申し出ることができる。

4　前項の協議の申出を受けた注文者は、当該申出が根拠を欠く場合その他正当な理由がある場合を除き、誠実に当該協議に応ずるよう努めなければならない。

「工期に関する基準」とは？

　「工期に関する基準」（https://www.mlit.go.jp/totikensangyo/const/content/001735066.pdf）とは、国土交通省の中央建設業審議会が作成して、その実施の勧告をしたものです。この基準は、適正な工期の設定や見積りにあたり、建設業者だけでなく発注者も考慮すべき事項の集合体で、適正な工期を確保するための基準です。当初契約や工期の変更に伴う契約変更に際しては、この基準を用いて最適な工期が設定される必要があります。適用範囲は、公共工事・民間工事を問わず、あらゆる建設工事が対象となっています。

　工期に関する基準は6章で構成されており、概要は以下のとおりです。

▼工期に関する基準の概要

第1章　総論
　基準を作成した背景や、建設工事の特徴、請負契約及び工期に関する考え方（公共、民間（下請契約含む））、基準の趣旨及び適用範囲、工期設定に受発注者の責務を記載
第2章　工期全般にわたって考慮すべき事項
　自然要因や休日・法定外労働時間、契約方式、関係者との調整、行政への申請、工期変更等、工期全般にわたって考慮すべき事項を記載
第3章　工程別に考慮すべき事項
　　準備段階・施工段階・後片付け段階の各工程において考慮すべき事項を記載
第4章　分野別に考慮すべき事項
　民間発注工事の大きな割合を占める4分野（住宅・不動産、鉄道、電力、ガス）の分野別の考慮事項を記載
第5章　働き方改革・生産性向上に向けた取組について
　働き方改革・生産性向上に向け、他社の優良事例を参考にすることが有効である旨を記載
第6章　その他
　　基準を運用するうえで考慮すべき事項等を記載

出典：国土交通省「工期に関する基準（概要）」(https://www.mlit.go.jp/totikensangyo/const/content/kouki.pdf) をもとに作成

▼建設業法

（中央建設業審議会の設置等）
第三十四条
　〜中略〜
2　中央建設業審議会は、第二十七条の二十三第三項の規定によりその権限に属させられた事項を処理するほか、建設工事の標準請負契約約款、建設工事の工期及び労務費に関する基準、入札の参加者の資格に関する基準並びに予定価格を構成する材料費及び役務費以外の諸経費に関する基準を作成し、並びにその実施を勧告することができる。

　工期に関する基準を踏まえて適正な工期を設定することで、建設業の担い手が働きやすい環境を作っていくことが重要です。

著しく短い工期に違反した場合

　従来までは発注者から著しく短い工期での発注のみが建設業法で禁止されておりましたが、令和7年12月頃の改正により、受注者側が著しく短い工期で請け負うことも建設業法で禁止となります。

著しく短い工期を設定したと認められた場合には、許可行政庁は発注者に対して勧告を行うことができ、従わない場合はその旨を公表することができます。また、建設工事の発注者が建設業者である場合は、許可行政庁は勧告や指示処分を行うこととなります。

　なお、この規定の対象となる工事は、500万円（建築一式工事の場合は1,500万円）以上の工事のみです。

▼著しく短い工期の禁止に違反した場合の措置

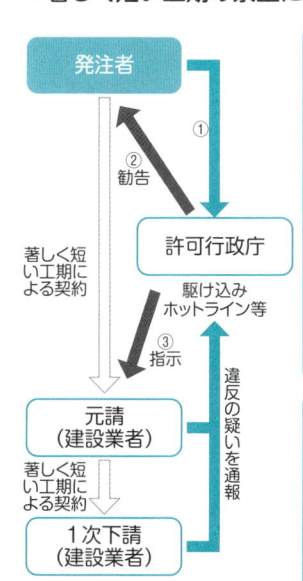

①<公共工事の場合><入契法>
建設工事の受注者（元請）が下請業者と著しく短い工期で下請契約を締結していると疑われる場合は、当該工事の発注者は当該受注者の許可行政庁にその旨を通知しなければならない。

<入契法>
第十一条各省各庁の長等は、それぞれ国等が発注する公共工事の入札及び契約に関し、当該公共工事の受注者である建設業者（建設業法第二条第三項に規定する建設業者をいう。次条において同じ。）に次の各号のいずれかに該当すると疑うに足りる事実があるときは、当該建設業者が建設業の許可を受けた国土交通大臣又は都道府県知事及び当該事実に係る営業が行われる区域を管轄する都道府県知事に対し、その事実を通知しなければならない。
一（略）
二　第十五条第二項若しくは第三項、同条第一項の規定により読み替えて適用される建設業法第二十四条の八第一項、第二項若しくは第四項又は同法第十九条の五、第二十六条第一項から第三項まで、第二十六条の二若しくは第二十六条の三第六項の規定に違反したこと。

②国土交通大臣等は著しく短い工期で契約を締結した発注者に対して、勧告を行うことができ、従わない場合はその旨を公表することができる。
※必要があるときは発注者に対し、報告又は資料の提出を求めることが可能

<建設業法>
第十九条の六（略）
2 建設業者と請負契約（請負代金の額が政令で定める金額以上であるものに限る。）を締結した発注者が前条の規定に違反した場合において、特に必要があると認めるときは、当該建設業者の許可をした国土交通大臣又は都道府県知事は、当該発注者に対して必要な勧告をすることができる。
3 国土交通大臣又は都道府県知事は、前項の勧告を受けた発注者がその勧告に従わないときは、その旨を公表することができる。
4 国土交通大臣又は都道府県知事は、第一項又は第二項の勧告を行うため必要があると認めるときは、当該発注者に対して、報告又は資料の提出を求めることができる。

③ 建設工事の注文者が建設業者である場合、国土交通大臣等は建設業法第41条を根拠とする勧告や第28条を根拠とする指示処分を行う。（通常と同様）
※建設業法第31条を根拠とする立入検査や報告徴収も可能

出典：国土交通省「新・担い手三法について〜建設業法、入契法、品確法の一体的改正について〜」（https://www.mlit.go.jp/totikensangyo/const/content/001367723.pdf）P12をもとに作成

▼建設業法（現行）

（発注者に対する勧告等）
第十九条の六
　〜中略〜
2　建設業者と請負契約（請負代金の額が政令で定める金額以上であるものに限る。）を締結した発注者が前条の規定に違反した場合において、特に必要があると認めるときは、当該建設業者の許可をした国土交通大臣又は都道府県知事は、当該発注者に対して必要な勧告をすることができる。
3　国土交通大臣又は都道府県知事は、前項の勧告を受けた発注者がその勧告に従わないときは、その旨を公表することができる。
　〜以下省略〜

▼建設業法（令和7年12月頃改正）

（発注者に対する勧告等）
第十九条の六
　〜中略〜
2　建設業者と請負契約（請負代金の額が政令で定める金額以上であるものに限る。）を締結した発注者が前条第一項の規定に違反した場合において、特に必要があると認めるときは、当該建設業者の許可をした国土交通大臣又は都道府県知事は、当該発注者に対して必要な勧告をすることができる。
3　国土交通大臣又は都道府県知事は、前項の勧告を受けた発注者がその勧告に従わないときは、その旨を公表することができる。
　〜以下省略〜

　著しく短い工期であるかどうかは、工事の内容や工法、投入する人材や資材の量などによるため、一律に判断することは困難です。そのため、許可行政庁が次のようなことを行い個別に判断するとされています。

- ・休日や雨天による不稼働日など、中央建設業審議会において作成した工期に関する基準で示した事項が考慮されているかどうかの確認
- ・過去の同種類似工事の実績との比較
- ・建設業者が提出した工期の見積りの内容の精査

　締結された請負契約が、工期に関する基準等を踏まえて著しく短い工期に該当すると考えられる場合には、建設業の法令違反行為の疑義情報を受け付ける駆け込みホットラインが国土交通省の各地方整備局等に設置されていますので、そこに相談することが可能です。

用語の解説

中央建設業審議会：建設業法に基づき、国土交通省に設置されており、以下の事項について審議を行っている。
①経営事項審査の項目と基準について
②建設工事の標準請負契約約款について
③工期に関する基準について
④公共工事の入札・契約に関する「適正化指針」について

3

17 著しく低い労務費って何？

「著しく低い労務費」は禁止されるんだよね？

今後の建設業法の改正で「著しく低い労務費」で見積や請負
契約の締結をしてしまうと、監督処分等の対象になるよ

「著しく低い労務費」とは？

　「著しく低い労務費」とは、通常必要と認められる労務費（賃金の原資）や法定福利費等と比べて、著しく低い労務費のことをいいます。

　建設業界では労働者の高齢化と若年入職者の減少が続いており、担い手の確保が困難となっていることが課題となっています。これは労働環境に見合った賃金の確保がなされていないことが背景の1つとして挙げられており、建設業従事者の処遇改善が求められています。その一方で建設工事の請負契約においては、工事に必要な原価の中でも労務費は相場が不明確で材料費よりも削減が容易であり、労務費を削減することで安価に工事を請け負う構造が経常化した結果、適正な労務費が確保されていない現状があります。

　令和6年6月に公布された改正建設業法により、請負契約において建設業従事者の適正な労務費を確保する取り組みが実施されることになりました。その取り組みが「著しく低い労務費の禁止」です。令和7年12月までに施行される予定です。

　労務費等の原価に関する建設業法の規定は、次の4つです。

① 著しく低い労務費等での見積／見積依頼の禁止
② 発注者・受注者双方における原価割れ契約の禁止

③ 請負代金に影響を及ぼす事象に関する情報（リスク情報）の通知
④ 受注者はリスクが顕在化した場合に契約変更協議を申し出ることが出来る、注文者は誠実に協議に応じる努力義務

▼建設業法（令和7年12月までに施行予定）

（不当に低い請負代金の禁止）
第十九条の三
注文者は、自己の取引上の地位を不当に利用して、その注文した建設工事を施工するために通常必要と認められる原価に満たない金額を請負代金の額とする請負契約を締結してはならない。
二　建設業者は、自らが保有する低廉な資材を建設工事に用いることができることその他の国土交通省令で定める正当な理由がある場合を除き、その請け負う建設工事を施工するために通常必要と認められる原価に満たない金額を請負代金の額とする請負契約を締結してはならない。

（建設工事の見積り等）
第二十条
二　前項の場合において、材料費等記載見積書に記載する材料費等の額は、当該建設工事を施工するために通常必要と認められる材料費等の額を著しく下回るものであつてはならない。
六　建設工事の注文者は、第四項の規定により材料費等記載見積書を交付した建設業者（建設工事の注文者が同項の請求をしないで第一項の規定により作成された材料費等記載見積書の交付を受けた場合における当該交付をした建設業者を含む。次項において同じ。）に対し、その材料費等の額について当該建設工事を施工するために通常必要と認められる材料費等の額を著しく下回ることとなるような変更を求めてはならない。

（工期等に影響を及ぼす事象に関する情報の通知等）
第二十条の二
建設工事の注文者は、当該建設工事について、地盤の沈下その他の工期又は請負代金の額に影響を及ぼすものとして国土交通省令で定める事象が発生するおそれがあると認めるときは、請負契約を締結するまでに、国土交通省令で定めるところにより、建設業者に対して、その旨を当該事象の状況の把握のため必要な情報と併せて通知しなければならない。
二　建設業者は、その請け負う建設工事について、主要な資材の供給の著しい減少、資材の価格の高騰その他の工期又は請負代金の額に影響を及ぼすものとして国土交通省令で定める事象が発生するおそれがあると認めるときは、請負契約を締結するまでに、国土交通省令で定めるところにより、注文者に対して、その旨を当該事象の状況の把握のため必要な情報と併せて通知しなければならない。
三　前項の規定による通知をした建設業者は、同項の請負契約の締結後、当該通知に係る同項に規定する事象が発生した場合には、注文者に対して、第十九条第一項第七号又は第八号の定めに従つた工期の変更、工事内容の変更又は請負代金の額の変更に

3

ついての協議を申し出ることができる。

四　前項の協議の申出を受けた注文者は、当該申出が根拠を欠く場合その他正当な理由がある場合を除き、誠実に当該協議に応ずるよう努めなければならない。

「労務費の基準」とは？

「労務費の基準」とは国土交通省の中央建設業審議会が作成しているもので、令和6年の9月から12月にかけて3回のワーキンググループが開催されました。適正な水準の労務費（賃金の原資）が、公共工事・民間工事に関わらず、受発注者間、元下請間、下請間のすべての段階において確保され、技能労働者の賃金として行き渡ることを目的として作成が検討されています。

「労務費の基準」は、契約当事者間での価格交渉時に参照できる「適正な工事実施のために計上されるべき労務費」の相場観として使用される他、行政が指導監督する際の参考指標としても活用することが予定されています。

令和7年2月の執筆時点では、中央建設業審議会で検討中ですので、今後勧告が行われた場合には、「労務費の基準」を参考に適正な労務費が確保されているかどうかを確認する必要があります。

著しく低い労務費に違反した場合

令和7年12月までに施行される改正建設業法では、著しく低い労務費で見積（受注者）や見積依頼（注文者）、契約を行ったと認められた場合には、注文者・受注者である建設業者に対して制裁が用意されています。

●著しく低い労務費等で見積／見積依頼をした場合

受注者である建設業者が著しく低い労務費等で見積を行ったと認められた場合は、許可行政庁による指導・監督処分の対象となります。発注者が著しく低い労務費等で見積依頼を行ったと認められた場合は、当該工事の受注者の許可行政庁による勧告の対象となり、従わない場合はその旨が公表されることとなります。また、注文者が建設業者である場合は、許可行政庁による指導・監督処分の対象となります。

●原価割れ契約を行った場合

　受注者である建設業者が原価割れ契約を行ったと認められた場合は、許可行政庁による指導・監督処分の対象となります。発注者が原価割れ契約を行ったと認められた場合（請負契約に係る建設工事を施工するために通常必要と認められる費用の額が政令で定める金額以上であるものに限られる。）は、当該工事の受注者の許可行政庁による勧告の対象となり、従わない場合はその旨が公表されることとなります。また、注文者が建設業者である場合においては、私的独占の禁止及び公正取引の確保に関する法律（独占禁止）第十九条の規定に違反していると認められるときは、許可行政庁や中小企業庁が公正取引委員会に対し適当な措置をとるべきことを求めることができるとされています。

3

18 受託したエアコン保守業務遂行のため、自ら行う監視装置設置は建設業法の適用がある？

監視装置の設置は建設工事に当たるよね。建設業法の適用がありそうだけど…

契約の目的が何かがポイントになるね

建設工事の請負契約とは？

　建設業法の適用のある建設工事の請負契約とは、建設業法第24条に規定されているとおり、「報酬を得て」「建設工事の完成を目的として締結する契約」のことをいいます。報酬を得ていない建設工事の請負契約や、建設工事の完成を目的としていない契約は建設業法の適用がないということになります。

▼建設業法

（請負契約とみなす場合）
第二十四条　委託その他いかなる名義をもつてするかを問わず、報酬を得て建設工事の完成を目的として締結する契約は、建設工事の請負契約とみなして、この法律の規定を適用する。

　委託契約、賃貸借契約、売買契約等の形式的には建設工事の請負契約でない場合、その契約の中に建設工事が含まれているケースでは建設業法の適用があるかどうか判断が難しいところですが、そのようなケースでは、建設工事の完成を目的として契約を締結しているかどうかで判断することになります。

エアコン保守業務遂行のための監視装置の設置

　エアコンの保守契約に、受託者の業務（保守業務）遂行のために行うエアコン監視装置の設置工事が含まれている場合、建設業法の適用がありそうです。

　しかしながら、監視装置は受託者が使用するもので、監視装置設置工事の効果は受託者が享受していることになります。委託者としては、監視装置が設置されてもされなくてもエアコンの保守がされれば良いため、契約の目的はあくまでも「エアコンの保守」であるということが言えます。そのため、このようなケースでは、建設業法の適用はありません※。

▼エアコン保守契約のための監視装置の設置

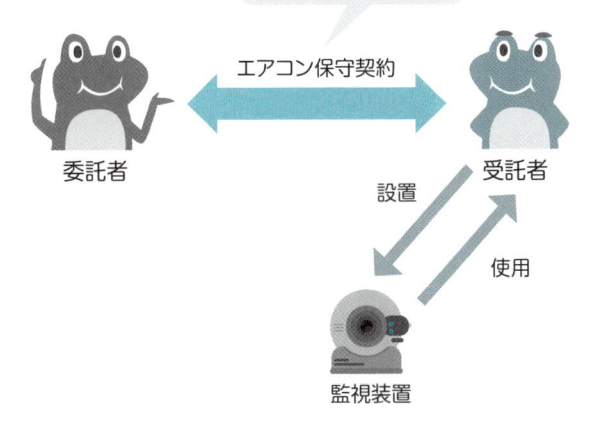

監視装置の設置含む

エアコン保守契約

委託者　　　　　　　　　受託者

設置　　使用

監視装置

※実際にこのようなケースが出てきた場合、許可行政庁に確認を取り、判断を仰いでください。

エアコンのリース契約に伴うエアコンの設置

似たようなケースとして、エアコンのリース契約が挙げられます。

エアコンのリース契約の中でエアコンの設置工事を含むとしている場合、先ほどの監視装置とは異なり、エアコンはリース契約の注文者が使用するもので、エアコン設置工事による効果はリース契約の注文者が享受することになります。注文者としては、エアコンが設置されなければ、リースすることができないため、契約の目的は「エアコンの設置工事」と「設置されたエアコンのリース」であるといえます。このケースでは、エアコンの設置という建設工事の完成を目的として締結された契約であるため、建設業法の適用があるということになります※。

ちなみに、エアコンの設置工事が無償であったとしても、リース代が支払われる以上、設置工事の費用がリース代に含まれていると考えられますので、建設業法の適用があると考えるのが妥当です。

▼エアコンリース契約のためのエアコンの設置

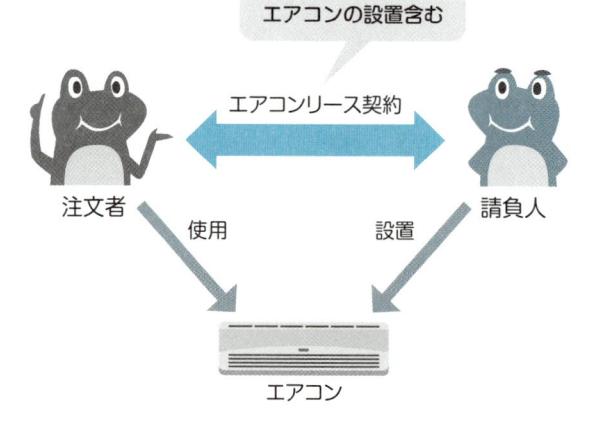

※実際にこのようなケースが出てきた場合、許可行政庁に確認を取り、判断を仰いでください。

19 CM方式のCMRには建設業許可が必要なの？

CM方式のCMRには建設業許可が必要なのかな？

そもそもCM方式って何かわかる？

CM（コンストラクション・マネジメント）方式とは？

3

　CM（コンストラクション・マネジメント）方式とは、「建設生産・管理システム」の一つであり、発注者の補助者・代行者であるCMR（コンストラクション・マネージャー）が、技術的な中立性を保ちつつ発注者の側に立って、設計の検討や工事発注方式の検討、工程管理、コスト管理などの各種マネジメント業務の全部又は一部を行うものです。

　CM方式の類型には、ピュア型CM方式とアットリスク型CM方式の大きく2種類があります。

▼ CM方式の類型

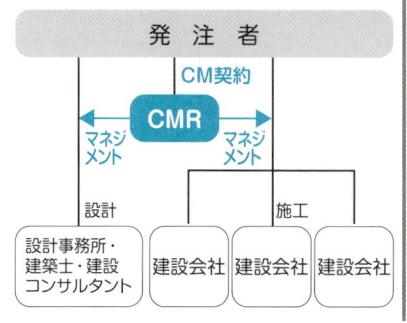

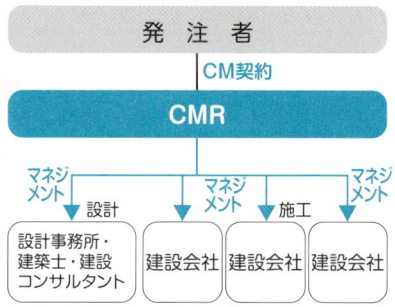

出典:国土交通省　CM方式(ピュア型)の制度的枠組みに関する検討会「地方公共団体におけるピュア型CM方式活用ガイドライン」(https://www.mlit.go.jp/totikensangyo/const/content/001362396.pdf) P3 をもとに作成

　地方公共団体では、土木・建築職員が減少し、特に小規模な地方公共団体において、今後、公共工事の発注体制が十分に確保できなくなるおそれがあると言われています。国土交通省では、公共工事の発注者が利用しやすい仕組みの創設に向けて、「CM方式(ピュア型)の制度的枠組みに関する検討会」を立ち上げ、平成30年度から令和2年度にかけて計8回開催し、「地方公共団体におけるピュア型CM方式活用ガイドライン」を策定しました。

ピュア型CM方式の場合

　ピュア型CM方式では、CMRが、通常の発注方式において発注者が担っている企画、設計、発注、施工に関連する各種のマネジメント業務の全部又は一部を、発注者の補助者・代行者として行う方式です。発注者は、CMRの支援・助言・提案等を踏まえて、設計等業務受託者、工事受注者である建設業者と各種発注方式にて契約し、事業の各段階における重要な判断や決定を行います。CMRの立場はあくまで発注者の補助者・代行者であり、最終的な判断については、発注者が責任を負うことになります。

　国土交通省のCM方式(ピュア型)の制度的枠組みに関する検討「地方公共団

体におけるピュア型CM方式活用ガイドライン」では、ピュア型CM方式の基本的な枠組みとして、CM業務は、基本的に民法上の準委任契約（法律行為でない事務を相手に委託する契約）と解されています。また、CRMがその責任を負うのは、あくまでコンストラクション・マネジメントの専門家としての業務範囲に対してであるとされていることから、施工に対する責任を負うものではないため、行政書士法人名南経営としては、ピュア型CM方式におけるCMRは建設業許可が不要であると考えています。ただし、許可行政庁により判断が異なる場合がありますので、ピュア型CM方式を活用される際は、許可行政庁にご確認ください。

▼ピュア型CM方式の基本的な枠組み

> 3-2 ピュア型CM方式の基本的な枠組み
> ○準委任契約
> CM業務は、基本的に民法上の準委任契約（法律行為でない事務を相手に委託する契約）と解され、請負契約における契約不適合責任のような無過失責任までは負わないものと考えられている。CMRがその責任を負うのは、あくまでコンストラクション・マネジメントの専門家としての業務範囲に対してであり、その業務範囲において善管注意義務を尽くすこととなる。本ガイドラインに示しているCM業務委託契約約款（案）等を活用し、CM業務委託契約においてCMRの業務内容を具体化・明確化することにより、無用な紛争を防止できると思われる。
> 　〜以下省略〜

出典：国土交通省　CM方式（ピュア型）の制度的枠組みに関する検討会「地方公共団体におけるピュア型CM方式活用ガイドライン」（https://www.mlit.go.jp/totikensangyo/const/content/001362396.pdf）より

アットリスク型CM方式の場合

　アットリスク型CM方式は、発注者に代わりCMRが工事受注者である建設業者と直接契約をし、CMRがマネジメント業務に加え施工に関するリスクを負う方式です。アットリスク型CM方式においても、事業に関する最終的な判断や決定についての責任は発注者が負うことになります。

　アットリスク型CM方式においては、CMRは建設業者と直接契約をし、施工に関するリスクまで負うことになるため、元請業者のような性格を持つことになります。そのため、行政書士法人名南経営としては、アットリスク型CM方式におけるCMRは建設業許可が必要な可能性があると考えています。国土交通省の「CM方式活用ガイドライン」では、CMRの業務が工事請負に該当するか、CMRに建設

業許可が必要かなど建設業法等の課題について検討が必要としています。許可行政庁により判断が異なる場合がありますので、アットリスク型CM方式を活用される際は、許可行政庁にご確認ください。

▼アットリスク型CM方式の活用に当たっての留意事項

Ⅴ．公共建設工事におけるCM方式の課題と活用方策
6.CM方式の活用に当たっての留意事項
(5) その他の留意事項
　　～中略～
○公共建設工事において「アットリスクCM」のようなリスクをCMRに負担させるCM方式を導入する場合、建設業法、入札契約制度などにおいて検討が必要となる課題があると考えられるが、その主なものは以下のとおりである。
(1) 建設業法等の課題
・CMRの業務が工事請負に該当するか。
・CMRに建設業許可が必要か。
・CMRは経営事項審査の対象となるか、またなるとした場合の審査基準はどのようなものか。
・CMRに建設業法の下請保護規定が適用されるか。
・CMRには監理技術者、主任技術者の配置が必要か。
・CMRは公共工事入札・契約適正化法 (入契法) の適用を受けるか (丸投げの禁止、施工体制台帳の発注者への提出義務など)。

(2) 入札契約制度上の課題
・CMRに対して入札参加資格審査が必要となるか。
・CMRの格付けはどうなるか。
・CMRの技術評価はどのように行うか。
・WTO政府調達協定との関係をどのように考えるか (設計・コンサルティングサービスに該当するに加え、建設サービスにも併せて該当するのではないか)。
・「アットリスクCM」のような場合、発注者とCMRとの契約の性格は委任か又は請負か。
・マネジメント業務契約からリスクを負担する契約 (工事請負契約を含む場合がある) へのコンバートはどのように行うか (当初契約の特約として扱うか、全別個の契約として扱うか。また、別の契約なら随意契約理由を満たすか)。
　　～以下省略～

出典：国土交通省「CM方式活用ガイドラインー　日本型CM方式の導入に向けて　ー」(https://www.mlit.go.jp/totikensangyo/const/1_6_bt_000185.html) より

第4章 技術者について

1 主任技術者・監理技術者は 具体的に何をする人なの？

令和7年2月改正

主任技術者・監理技術者ってどんな人なの？

建設業法で工事現場に設置しなければならないとされている
技術者のことだよ

主任技術者・監理技術者の役割

　建設業法では、建設業法の目的の一つである建設工事の適正な施工を確保する
ため、工事現場における建設工事の施工の技術上の管理をつかさどる者として主
任技術者又は監理技術者の設置を求めています。建設業者は、適切な資格、経験等
を有する技術者を工事現場に設置することにより、その技術力を十分に発揮し、
施工の技術上の管理を適正に行わなければなりません。主任技術者・監理技術者
に必要な資格、実務経験は、建設業許可の営業所技術者等と同じです。

　　主任技術者＝営業所技術者
　　監理技術者＝特定営業所技術者

▼ 主任技術者・監理技術者に求められる資格一覧

許可を受けている業種	指定建設業（7業種） 土木一式、建築一式、管、鋼構造物、舗装、電気、造園			その他（左記以外の22業種） 大工、左官、とび・土工・コンクリート、石、屋根、タイル・れんが・ブロック、鉄筋、しゅんせつ、板金、ガラス、塗装、防水、内装仕上、機械器具設置、熱絶縁、電気通信、さく井、建具、水道施設、消防施設、清掃施設、解体		
許可の種類	特定建設業		一般建設業	特定建設業		一般建設業
元請工事における下請発注金額の合計	5,000万円[※1]以上	5,000万円[※1]未満	5,000万円[※1]未満 ＊5,000万円以上は契約不可	5,000万円[※1]以上	5,000万円[※1]未満	5,000万円[※1]未満 ＊5,000万円以上は契約不可
現場配置の技術者制度 工事現場に置くべき技術者	監理技術者及び監理技術者補佐		主任技術者	監理技術者及び監理技術者補佐		**主任技術者**（特定専門工事の下請負人は配置不要）
技術者の資格要件	①1級国家資格者 ②国土交通大臣特別認定者 ③1級技士補（監理技術者補佐のみ）		①1・2級国家資格者 ②登録基幹技能者等 ③指定学科＋実務経験（3年または5年） ④実務経験（10年）	①1級国家資格者 ②指導監督的な実務経験 ③1級技士補（監理技術者補佐のみ）		①1・2級国家資格者 ②登録基幹技能者等 ③指定学科＋実務経験（3年または5年） ④実務経験（10年）[※3]
監理技術者資格者証及び講習の必要性	現場専任が求められる工事で必要（監理技術者のみ）		－	現場専任が求められる工事で必要（監理技術者のみ）		－
技術者の現場専任	監理技術者・特定専門工事以外の主任技術者：公共性のある施設若しくは工作物又は多数の者が利用する施設若しくは工作物に関する重要な建設工事であって、請負金額が4,500万円[※2]以上となる工事 監理技術者補佐・特定専門工事の主任技術者：配置される全ての工事					

※1：建築一式工事の場合 8,000万円 　　※2：建築一式工事の場合 9,000万円

※3：特定専門工事の主任技術者の場合、特定専門工事に関し1年以上の指導監督的な実務経験が必要

出典：国土交通省関東地方整備局「建設工事の適正な施工を確保するための建設業法（令和7年2月版）（https://www.ktr.mlit.go.jp/ktr_content/content/000699485.pdf）P20をもとに作成

4

主任技術者・監理技術者の違い

●主任技術者

建設業者は、建設工事を施工する場合には、工事現場における工事の施工の技術上の管理をつかさどる者として、主任技術者を置かなければなりません。

●監理技術者

建設業者は、発注から直接請け負った建設工事を施工するために締結した下請契約の請負代金の額の合計が5,000万円（建築一式工事の場合は8,000万円）以上となる場合には、主任技術者に代えて監理技術者を置かなければなりません。なお、この場合は、特定建設業許可が必要となります。

▼主任技術者・監理技術者の違い

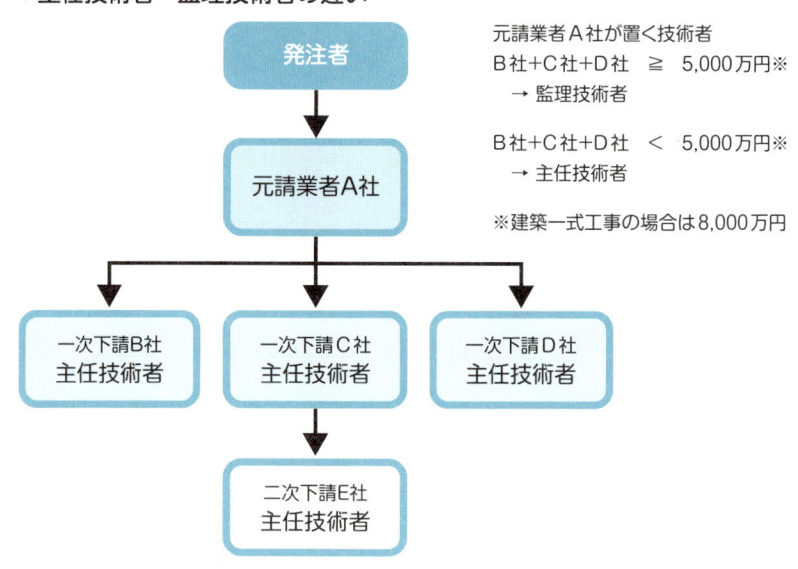

元請業者Ａ社が置く技術者
Ｂ社+Ｃ社+Ｄ社 ≧ 5,000万円※
　→ 監理技術者

Ｂ社+Ｃ社+Ｄ社 ＜ 5,000万円※
　→ 主任技術者

※建築一式工事の場合は8,000万円

主任技術者・監理技術者の職務

主任技術者・監理技術者の職務は、工事現場における建設工事の施工の技術上の管理をつかさどることです。建設工事の施工計画の作成、工程管理、品質管理その他の技術上の管理及び建設工事の施工に従事する者の技術上の指導監督の職務を誠実に行わなければならないとされています。

具体的な職務は次の表のとおりです。

▼主任技術者・監理技術者又は特例監理技術者の職務

	元請の主任技術者、監理技術者又は特例監理技術者	下請の主任技術者	【参考】下請の主任技術者（専ら複数工種のマネージメント）
役割	○請け負った建設工事全体の統括的施工管理	○請け負った範囲の建設工事の施工管理	○請け負った範囲の建設工事の統括的施工管理
施工計画の作成	○請け負った建設工事全体の施工計画書等の作成 ○下請の作成した施工要領書等の確認 ○設計変更等に応じた施工計画書等の修正	○元請が作成した施工計画書等に基づき、請け負った範囲の建設工事に関する施工要領書等の作成 ○元請等からの指示に応じた施工要領書等の修正	○請け負った範囲の建設工事の施工要領書等の作成 ○下請の作成した施工要領書等の確認 ○設計変更等に応じた施工要領書等の修正
工程管理	○請け負った建設工事全体の進捗確認 ○下請間の工程調整 ○工程会議等の開催、参加、巡回	○請け負った範囲の建設工事の進捗確認 ○工程会議等への参加※	○請け負った範囲の建設工事の進捗確認 ○下請間の工程調整 ○工程会議等への参加※、巡回
品質管理	○請け負った建設工事全体に関する下請からの施工報告の確認、必要に応じた立ち会い確認、事後確認等の実地の確認	○請け負った範囲の建設工事に関する立ち会い確認（原則） ○元請（上位下請）への施工報告	○請け負った範囲の建設工事に関する下請からの施工報告の確認、必要に応じた立ち会い確認、事後確認等の実地の確認
技術的指導	○請け負った建設工事全体における主任技術者の配置等法令遵守や職務遂行の確認 ○現場作業に係る実地の総括的技術指導	○請け負った範囲の建設工事に関する作業員の配置等法令遵守の確認 ○現場作業に係る実地の技術指導	○請け負った範囲の建設工事における主任技術者の配置等法令遵守や職務遂行の確認 ○請け負った範囲の建設工事における現場作業に係る実地の総括的技術指導

※ 非専任の場合には、毎日行う会議等への参加は要しないが、要所の工程会議等には参加し、工程管理を行うことが求められる

出典：「監理技術者制度運用マニュアルについて」（最終改定　令和7年1月28日国不建技第147号）（https://www.mlit.go.jp/totikensangyo/const/content/001859191.pdf）P7をもとに作成

4

主任技術者・監理技術者は現場に常駐しなければいけないの？

主任技術者・監理技術者って、工事現場にずっといなきゃいけないのかな？

主任技術者・監理技術者は、工事現場に常駐することまでは求められていないよ

主任技術者・監理技術者の専任が求められる工事

　主任技術者・監理技術者は、公共性のある施設若しくは工作物又は多数の者が利用する施設若しくは工作物に関する重要な建設工事については、より適正な施工の確保が求められるため、工事現場ごとに専任の者でなければならないとされています。

　公共性のある施設若しくは工作物又は多数の者が利用する施設若しくは工作物に関する重要な建設工事とは、次のいずれかに該当する建設工事で、工事一件の請負代金の額が4,500万円（建築一式工事の場合は9,000万円）以上のものをいいます。公共工事に限らず、民間工事も含まれ、個人住宅を除く多くの工事が対象となります。

> ・ 国、地方公共団体が注文者である工作物に関する工事
> ・ 鉄道、軌道、索道、道路、橋、護岸、堤防、ダム、河川に関する工作物、砂防用工作物、飛行場、港湾施設、漁港施設、運河、上水道又は下水道に関する工事
> ・ 電気事業用施設、ガス事業用施設に関する工事
> ・ 石油パイプライン事業法第5条第2項第2号に規定する事業用施設に関する工事
> ・ 電気通信事業者が電気通信事業の用に供する施設に関する工事

・鉄塔（放送の用に供する施設）、学校、図書館、美術館、博物館、展示場、社会福祉事業の用に供する施設、病院、診療所、火葬場、と畜場、廃棄物処理施設、熱供給施設、集会場、公会堂、市場、百貨店、事務所、ホテル、旅館、共同住宅、寄宿舎、下宿、公衆浴場、興行場、ダンスホール、神社、寺院、教会、工場、ドック、倉庫、展望塔

主任技術者・監理技術者の専任期間

　元請業者が、主任技術者又は監理技術者を工事現場に専任で設置すべき期間は基本的には契約工期となります。ただし、契約工期中であっても、工事が行われていないことが明確な期間や工場製作のみが行われている期間は、専任で設置する必要はありません。この場合、発注者との間で設計図書もしくは打合せ記録等の書面により、専任を要さない期間が明確にされていることが必要です。

▼専任を要さない期間の例

①請負契約の締結後、現場施工に着手するまでの期間（現場事務所の設置、資機材の搬入または仮設工事等が開始されるまでの間。）

②工事用地等の確保が未了、自然災害の発生又は埋蔵文化財調査等により、工事を全面的に一時中止している期間

③工事完成後、検査が終了し（発注者の都合により検査が遅延した場合を除く。）、事務手続、後片付け等のみが残っている期間

④橋梁、ポンプ、ゲート、エレベーター、発電機・配電盤等の電機品等の工場製作を含む工事全般について、工場製作のみが行われている期間

　下請工事においては、施工が断続的に行われることが多いため、専任の必要な期間は、下請工事が実際に施工されている期間とされています。

4

▼専任で設置すべき期間

「発注者から直接工事を請け負った場合」の専任を要しない期間

①請負契約の締結後、現場施工に着手するまでの期間（現場事務所の設置、資機材の搬入または仮設工事等が開始されるまでの間）
②自然災害の発生、埋蔵文化財調査等により、工事を全面的に一時中止している期間
③工事完成後、検査が終了し、事務手続、後片付け等のみが残っている期間（発注者の都合により検査が遅延した場合はその期間（検査日も含む）も専任を要しない。）

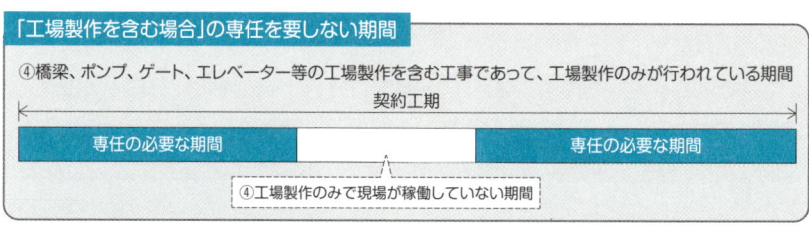

「工場製作を含む場合」の専任を要しない期間

④橋梁、ポンプ、ゲート、エレベーター等の工場製作を含む工事であって、工場製作のみが行われている期間

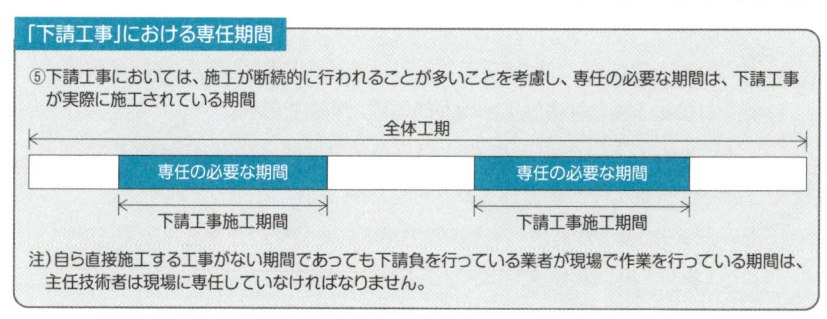

「下請工事」における専任期間

⑤下請工事においては、施工が断続的に行われることが多いことを考慮し、専任の必要な期間は、下請工事が実際に施工されている期間

全体工期		
専任の必要な期間		専任の必要な期間

下請工事施工期間　　　　　　　　下請工事施工期間

注）自ら直接施工する工事がない期間であっても下請負を行っている業者が現場で作業を行っている期間は、主任技術者は現場に専任していなければなりません。

出典：国土交通省中部地方整備局「建設業法に基づく適正な施工の確保に向けて」（https://www.cbr.mlit.go.jp/kensei/info/qa/pdf/R0702/R0702_tekiseinasekounokakuho.pdf）P12をもとに作成

専任＝常駐ではない

　主任技術者・監理技術者に求められる専任とは、他の工事現場との兼務を禁止し、常時継続的に当該工事現場にのみ従事することを意味するもので、必ずしも工事現場への常駐を必要とするものではありません。

3 500万円未満の軽微な建設工事は建設業許可が不要だから、主任技術者の設置も不要なの？

軽微な建設工事は建設業許可が不要な工事だから、主任技術者を設置しなくても大丈夫だよね？

建設業者（許可業者）は、軽微な建設工事であっても主任技術者の設置が求められているよ

主任技術者の設置が必要な工事

　建設業法では、建設業者（許可業者）は、請け負った建設工事を施工するときは、当該建設工事に関し、工事現場における建設工事の施工の技術上の管理をつかさどる主任技術者を置かなければならないとされています。

▼建設業法

> （主任技術者及び監理技術者の設置等）
> 第二十六条　建設業者は、その請け負つた建設工事を施工するときは、当該建設工事に関し第七条第二号イ、ロ又はハに該当する者で当該工事現場における建設工事の施工の技術上の管理をつかさどるもの（以下「主任技術者」という。）を置かなければならない。
> 　〜以下省略〜

　この規定では、請負金額に触れられておらず、金額に関わらず主任技術者の設置が必要であると読み取ることができます。

無許可業者は主任技術者を設置しなくてもよい

　先述したように、建設業者（許可業者）は、金額に関わらず主任技術者の設置が必要ですが、無許可業者については、主任技術者を設置する必要がありません。

　中部地方整備局の「建設業法に基づく適正な施工の確保に向けて」（P5）にも、無許可の二次下請E社は「技術者の配置義務なし」と記載されています。なお、こ

4

の場合の工事は、当然軽微な建設工事ということになります。

▼現場技術者の配置例

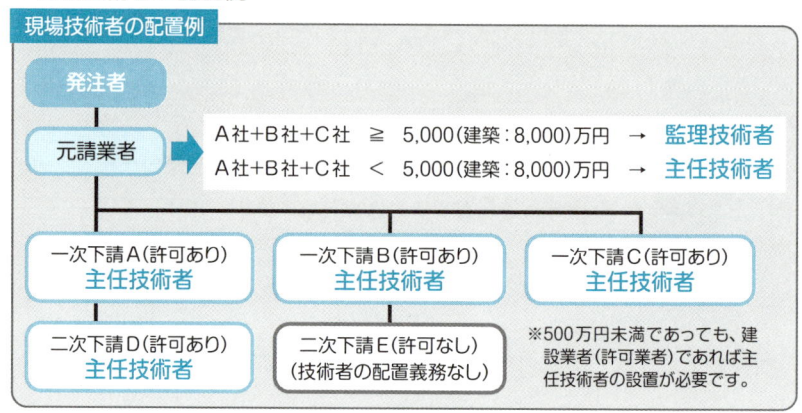

出典：国土交通省中部地方整備局「建設業法に基づく適正な施工の確保に向けて」(https://www.cbr.mlit.go.jp/kensei/info/qa/pdf/R0702/R0702_tekiseinasekounokakuho.pdf) P5をもとに作成

建設業者が無許可の工事を請け負う場合

建設業許可は29業種の中から、許可を取得したい業種を選択して許可を受けることになります。そのため、建設業者（許可業者）であっても、許可を持っていない業種があることは多々あります。建設業者（許可業者）が請け負う工事が許可を持っていない業種に該当する場合、その工事については無許可業者ということになりますので、主任技術者の配置も不要ということになります。

用語の解説

軽微な建設工事：軽微な建設工事とは次の①②の建設工事のことをいう。
①建築一式工事は、1件の請負代金が1,500万円（消費税及び地方消費税を含む）未満の工事または請負代金の額にかかわらず、木造住宅で延べ面積が150㎡未満の工事。
②建築一式工事以外の工事は、1件の請負代金が500万円（消費税及び地方消費税を含む）未満の工事。

4 支店で受注した工事の主任技術者として、本社の技術者を置いてもいいの？

支店で受注した工事だから、支店の技術者を設置しないといけないよね？

そんなことはないよ。主任技術者・監理技術者の要件を確認しよう

主任技術者・監理技術者の要件

建設業法上、主任技術者・監理技術者になるための要件は、2つがあります。

① 必要な資格、実務経験を有していること
② 建設業者との間に、直接的かつ恒常的な雇用関係があること

この2つ以外に、主任技術者・監理技術者に求められている要件はなく、これらの要件をクリアした技術者であれば、主任技術者・監理技術者になることができます。

▼主任技術者・監理技術者に求められる資格一覧

		指定建設業（7業種） 土木一式、建築一式、管、鋼構造物、舗装、電気、造園			その他（左記以外の22業種） 大工、左官、とび・土工・コンクリート、石、屋根、タイル・れんが・ブロック、鉄筋、しゅんせつ、板金、ガラス、塗装、防水、内装仕上、機械器具設置、熱絶縁、電気通信、さく井、建具、水道施設、消防施設、清掃施設、解体		
許可を受けている業種							
許可の種類		特定建設業		一般建設業	特定建設業		一般建設業
元請工事における下請発注金額の合計		5,000万円※1以上	5,000万円※1未満	5,000万円※1未満＊5,000万円以上は契約不可	5,000万円※1以上	5,000万円※1未満	5,000万円※1未満＊5,000万円以上は契約不可
現場配置の技術者制度	**工事現場に置くべき技術者**	監理技術者及び監理技術者補佐	主任技術者		監理技術者及び監理技術者補佐	主任技術者（特定専門工事の下請負人は配置不要）	
	技術者の資格要件	①1級国家資格者②国土交通大臣特別認定者③1級技士補（監理技術者補佐のみ）	①1・2級国家資格者②登録基幹技能者等③指定学科＋実務経験（3年または5年）④実務経験（10年）		①1級国家資格者②指導監督的な実務経験③1級技士補（監理技術者補佐のみ）	①1・2級国家資格者②登録基幹技能者等③指定学科＋実務経験（3年または5年）④実務経験（10年）※3	
	監理技術者資格者証及び講習の必要性	現場専任が求められる工事で必要（監理技術者のみ）	−		現場専任が求められる工事で必要（監理技術者のみ）		
	技術者の現場専任	監理技術者・特定専門工事以外の主任技術者：公共性のある施設若しくは工作物又は多数の者が利用する施設若しくは工作物に関する重要な建設工事であって、請負金額が4,500万円※2以上となる工事 監理技術者補佐・特定専門工事の主任技術者：配置される全ての工事					

※1：建築一式工事の場合8,000万円　　　※2：建築一式工事の場合9,000万円
※3：特定専門工事の主任技術者の場合、特定専門工事に関し1年以上の指導監督的な実務経験が必要

出典：国土交通省関東地方整備局「建設工事の適正な施工を確保するための建設業法（令和7年2月版）」(https://www.ktr.mlit.go.jp/ktr_content/content/000699485.pdf) P20をもとに作成

営業所技術者等と混同しない

　建設業許可の営業所の営業所技術者等は、営業所に常勤して、請負契約の締結にあたり技術的なサポート（工法の検討、注文者への技術的な説明、見積等）を行うことが職務です。そのため、営業所技術者等は、原則として主任技術者又は監理技術者になることはできません。例外的に、営業所技術者等は、主任技術者・監理技術者を専任で配置する必要のない工事や、請負代金の額が1億円未満（建築一式工事

については２億円未満）の工事では、一定の要件を満たしたうえで主任技者・監理技術者の兼務が可能です（232ページを参照）。

所属している営業所は関係ない

先述のとおり、営業所技術者等は、営業所に常勤して専らその職務に従事することが求められているため、「所属する営業所」という考え方があります。しかし、営業所技術者等以外の技術者が主任技術者・監理技術者になる場合は、所属している営業所がどこかということは関係なく、①必要な資格、実務経験があり、②建設業者との間に、直接的かつ恒常的な雇用関係があれば、どの営業所で契約締結した工事であっても、主任技術者・監理技術者になることができます。当然、設置された工事においては、主任技術者・監理技術者の職務を適切に行うことが大前提です。

▼営業所技術者等でない技術者はどの工事でも設置可能

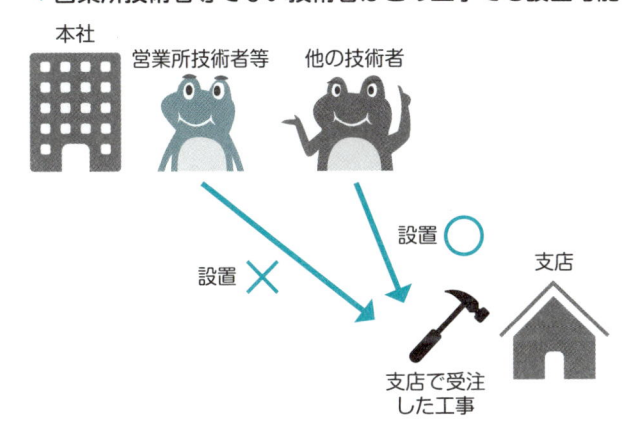

4

5 営業所技術者等が主任技術者・監理技術者になることはできないの？

営業所技術者等が専任の監理技術者等を兼務することができる特例ができたと聞いたよ

一定の要件を満たせば、営業所技術者等が専任の監理技術者等を兼務することが出来るようになったよ

営業所技術者等の職務

　営業所技術者等は、適正な請負契約が締結されるよう、技術的観点から工法の検討や注文者への技術的な説明、建設工事の見積等を行うほか、建設工事の適正な施工が確保されるよう、現場の監理技術者等の指導監督を行うことが職務とされています。このような職務を遂行するため、営業所技術者等はその所属営業所に常勤し、専らその職務に従事すること（専任）が求められています。なお、営業所に常勤とは、テレワーク（営業所等勤務を要する場所以外の場所で、ICTの活用により、営業所等で職務に従事している場合と同等の職務を遂行でき、かつ、所定の時間中において常時連絡を取ることが可能な環境下においてその職務に従事すること）を行う場合が含まれます。

　したがって、営業所技術者等は原則として、現場の監理技術者等を兼務することはできませんが、営業所技術者等が監理技術者等になることができる例外があります。

監理技術者等を専任で配置する必要がある建設工事（建設業法第26条の5）

　次のすべての要件を満たすことで、営業所技術者等が専任の監理技術者等を兼務することができます。

① 営業所技術者等が置かれている営業所において請負契約が締結された建設工事であること。

② 兼ねる工事現場の数が1以下であること。

③ 営業所技術者等が所属建設業者と直接的かつ恒常的な雇用関係にあること。

④ 建設工事の請負代金の額が、1億円未満（建築一式工事の場合は2億円未満）であること。

⑤ 建設工事の工事現場の距離が、主任技術者又は監理技術者がその一日の勤務時間内に巡回可能なものであり、かつ工事現場において災害、事故その他の事象が発生した場合において、営業所から当該工事現場との間の移動時間がおおむね2時間以内であること。

⑥ 当該建設業者が注文者となった下請契約から数えて、下請次数が3を超えていないこと。

⑦ 当該建設工事に置かれる主任技術者又は監理技術者との連絡その他必要な措置を講ずるための者（連絡員）を当該建設工事に置いていること。なお、当該建設工事が土木一式工事又は建築一式工事の場合の連絡員は、当該建設工事と同業種の建設工事に関し1年以上の実務の経験を有する者を当該工事現場に置くこと。

⑧ 当該工事現場の施工体制を主任技術者又は監理技術者が情報通信技術を利用する方法により確認するための措置を講じていること。なお、情報通信技術については、現場作業員の入退場が遠隔から確認できるもので、CCUS 又は CCUS と API 連携したシステムであることが望ましいが、その他のシステムであっても、遠隔から現場作業員の入退場が確認できるシステムであれば可能。

⑨ 当該建設工事を請け負った建設業者が、次に掲げる事項を記載した人員の配置の計画書を作成し、工事現場毎に備え置くこと。

イ 当該建設業者の名称及び所在地

ロ 主任技術者又は監理技術者の氏名、所属する営業所の名称

ハ 主任技術者又は監理技術者の一日あたりの労働時間のうち労働基準法第三十二条第一項の労働時間を超えるものの見込み及び労働時間の実績

ニ 各建設工事に係る次の事項

（イ）当該建設工事の名称及び工事現場の所在地、当該建設工事に係る契約

を締結した営業所の名称

（ロ）当該建設工事の内容（法別表1上段の建設工事の種類）

（ハ）当該建設工事の請負代金の額

（ニ）工事現場間の移動時間

（ホ）下請次数

（ヘ）連絡員の氏名、所属会社及び実務の経験（実務の経験は、土木一式工事又は建築一式工事の場合に記載）

（ト）施工体制を把握するための情報通信技術

（チ）現場状況を把握するための情報通信機器

⑩主任技術者又は監理技術者が、当該工事現場以外の場所から当該工事現場の状況の確認をするために必要な映像及び音声の送受信が可能な情報通信機器が設置され、かつ当該機器を用いた通信を利用することが可能な環境が確保されていること。なお、情報通信機器については、遠隔の現場との必要な情報のやりとりを確実に実施できるものであればよいため、一般的なスマートフォンやタブレット端末、WEB 会議システムでも差し支えない。

監理技術者等を専任で配置する必要がない建設工事

監理技術者等を専任で配置する必要がない建設工事は、2つのケースに分けられます。

1. 営業所と工事現場が近接しているケース（平成15年4月21日付国総建第18号）
2. 営業所と工事現場が近接していないケース（1以外の場合）

1のケースでは、次のすべての要件を満たすことで、営業所技術者等が監理技術者等を兼務することができます。

①営業所技術者等が置かれている営業所において請負契約が締結された建設工事であること。

②工事現場の職務に従事しながら実質的に営業所の職務にも従事しうる程度に工事現場と営業所が近接していること。

③ 当該営業所との間で常時連絡をとりうる体制にあること。

④ 営業所技術者等が所属建設業者と直接的かつ恒常的な雇用関係にあること。

「近接」に関して、距離等の一律の規定はありませんので、交通の便や地域性を踏まえて個別具体的に判断が必要です。

2のケースでは、「監理技術者等を専任で配置する必要がある建設工事（建設業法第26条の5）」と同じ要件を満たすことで、営業所技術者等が監理技術者等を兼務することができます。

4

6 専任配置された主任技術者・監理技術者は休むことはできないの？

専任で配置されたということは、常時継続的にその工事現場のみに従事することだから、休むことはできないのかな？

建設業においても働き方改革の推進がされているよ

休暇の取得はできる？

　主任技術者・監理技術者は、建設工事を適正に実施するため、建設工事の施工計画の作成、工程管理、品質管理その他の技術上の管理及び建設工事の施工に従事する者の技術上の指導監督の職務を行う役割を担っていることから、工事現場において業務を行うことが基本です。そして、公共性のある施設若しくは工作物又は多数の者が利用する施設若しくは工作物に関する重要な建設工事ついては、主任技術者・監理技術者は工事現場ごとに専任の者でなければならないとされています。ただし、ここでいう専任とは、他の工事現場に係る職務を兼務せず、常時継続的に当該工事現場に係る職務にのみ従事することを意味するものであって、工事現場への常駐までは求めているものではありません。

　工事現場において、適切な施工ができる体制を確保できる場合には、当該建設工事に関する打ち合わせや書類作成等の業務に加え、技術研鑽のための研修、講習、試験等への参加、休暇の取得、働き方改革の観点を踏まえた勤務体系その他の合理的な理由で、主任技術者・監理技術者が短期間（1〜2日程度）工事現場を離れることについては、問題ありません。

　その期間を超えて現場を離れる場合、終日現場を離れている状況が週の稼働日の半数以上の場合、周期的に現場を離れる場合であっても、適切な施工ができる体制を確保するとともに、その体制について、元請の主任技術者、監理技術者又は監理技術者補佐の場合は発注者、下請の主任技術者の場合は元請又は下請の了解を得ている場合には、主任技術者・監理技術者が工事現場を離れることについて

は問題ありません。

　ただし、いずれの場合も主任技術者・監理技術者が現地での対応が必要な場合は除かれます。

適切な施工ができる体制とは？

　主任技術者・監理技術者が短期間工事現場を離れたとしても適切な施工ができる体制は、例として、次のようなものが挙げられています。

- ・代理の技術者の配置
- ・工事の品質確保等に支障の無い範囲で、主任技術者・監理技術者と連絡を取りうる体制及び必要に応じて主任技術者・監理技術者が現場に戻りうる体制　等

　適切な施工ができる体制を確保する場合、次のようなことに留意する必要があります。

4

- ・監理技術者等が当該建設工事の施工の技術上の管理をつかさどる者であることに変わりはないこと
- ・監理技術者等が担う役割に支障が生じないようにすること
- ・監理技術者等の研修等への参加や休暇の取得等を不用意に妨げることのないよう留意（現場に戻りうる体制の確保は必ずしも要しない等）すること
- ・建設業におけるワーク・ライフ・バランスの推進や女性の一層の活躍の観点に留意（主任技術者・監理技術者が育児等のために短時間現場を離れることが可能となるような体制の確保等）すること

代理の技術者の配置

　代理の技術者を配置する場合、必要な資格を有する技術者を配置する必要があります。必要な資格とは、通常主任技術者・監理技術者に求められている資格、実務経験と同様です。

　なお、必要な資格を有する代理の技術者の配置等により適切な施工ができると判断される場合には、主任技術者・監理技術者が現場に戻りうる体制を確保することは必要ではありません。

7 主任技術者は複数の現場を兼務できるの？

主任技術者はいくつもの工事現場の職務を兼務できるんじゃないかな？

人手不足が叫ばれる昨今、兼務できないとなると大変だね

専任が求められない工事現場であれば兼務できる

主任技術者は、公共性のある施設若しくは工作物又は多数の者が利用する施設若しくは工作物に関する重要な建設工事については、より適正な施工の確保が求められるため、工事現場ごとに専任の者でなければならないとされています。専任とは、他の工事現場との兼務を禁止し、常時継続的に当該工事現場にのみ従事することを意味していますので、専任が求められる工事現場に設置された主任技術者は、原則として他の工事現場の主任技術者の職務を兼務することはできません。

一方、専任が求められない工事現場に設置された主任技術者については、建設業法上、他の工事現場の主任技術者との兼務を禁止する規定はありません。主任技術者としての職務（建設工事の施工計画の作成、工程管理、品質管理その他の技術上の管理及び建設工事の施工に従事する者の技術上の指導監督等）が果たせるのであれば、兼務は問題ないと考えられます。

国土交通省の「監理技術者制度運用マニュアルについて」（最終改定　令和7年1月28日国不建技第147号）(https://www.mlit.go.jp/totikensangyo/const/content/001859191.pdf) には、「非専任の場合には、毎日行う会議等への参加は要しないが、要所の工程会議等には参加し、工程管理を行うことが求められる」と記載されています。

専任が求められる工事現場で兼務が認められるケース

①情報通信技術を活用し、現場管理を行う場合（専任特例1号）

　令和6年12月の改正建設業法の施行により、「適正な施工を確保し発注者を保護する」ことを前提にしつつ、担い手確保や生産性向上やDX技術の進展などの背景から主任技術者の配置に関する専任要件の緩和が行われました。次のすべての要件を満たす場合には、専任を要する工事現場に配置された主任技術者であっても、他の工事を兼務することができます。

(1) 各建設工事の請負代金の額が、いずれも1億円未満（建築一式工事の場合は2億円未満）であること

(2) 建設工事の工事現場間の距離が、同一の主任技術者又は監理技術者がその一日の勤務時間内に巡回可能なものであり、かつ工事現場において災害、事故その他の事象が発生した場合において、当該工事現場と他の工事現場との間の移動時間がおおむね片道2時間以内であること

(3) 当建設業者が注文者となった下請契約から数えて、下請次数が3を超えていないこと

(4) 主任技術者又は監理技術者との連絡その他必要な措置を講ずるための者（以下「連絡員」という。）を当該建設工事に置いていること

(5) 当該工事現場の施工体制を主任技術者又は監理技術者が情報通信技術を利用する方法により確認するための措置を講じていること

(6) 当該工事を請け負った建設業者が、次に掲げる事項を記載した人員の配置の計画書を作成し、工事現場毎に備え置くこと

　イ　当該建設業者の名称及び所在地

　ロ　主任技術者又は監理技術者の氏名

　ハ　主任技術者又は監理技術者の一日あたりの労働時間のうち労働基準法第三十二条第一項の労働時間を超えるものの見込み及び労働時間の実績

　ニ　各建設工事に係る次の事項

　　（イ）当該建設工事の名称及び工事現場の所在地

　　（ロ）当該建設工事の内容（法別表1上段の建設工事の種類）

　　（ハ）当該建設工事の請負代金の額

　　（ニ）工事現場間の移動時間

　　（ホ）下請次数

4

(ヘ) 連絡員の氏名、所属会社及び実務の経験

　　（実務の経験は、土木一式工事又は建築一式工事の場合に記載）

(ト) 施工体制を把握するための情報通信技術

(チ) 現場状況を把握するための情報通信機器

(7) 主任技術者又は監理技術者が、当該工事現場以外の場所から当該工事現場の状況の確認をするために必要な映像及び音声の送受信が可能な情報通信機器が設置され、かつ当該機器を用いた通信を利用することが可能な環境が確保されていること

(8) 兼務する建設工事の数は、2つを超えないこと

　本制度を使用して配置された主任技術者または監理技術者は、「専任を要する工事現場同士」、もしくは「専任を要する工事現場」と「専任を要しない工事現場」の兼務が可能となりますが、兼務するすべての工事現場について、(2) 〜 (7) の要件を満たしていることが必要で、かつ全ての工事現場の数が2を超えることはできません。また本制度と専任特例2号 (249ページ参照) との併用はできません。

▼人員の配置を示す計画書（参考様式）

（参考様式）

年　　月　　日

省令[※1]17条の2又は17条の5に基づく人員の配置を示す計画書

対象期間	令和　　年　　月　　日　～　令和　　年　　月　　日		

建設業者	名称（イ[※2]）		
	所在地（イ）		
主任技術者又は監理技術者（営業所技術者又は特定営業所技術者）	氏名（ロ）		
	所属営業所名（ロ）		※17条の5の場合のみ記載
	一日平均の法定外労働時間（ハ）	見込み時間	実績時間

建設工事1	工事名称（ニ(1)）			
	工事現場所在地（ニ(1)）			
	契約締結営業所（ニ(1)）	名称		※17条の5の場合のみ記載 ※上記所属営業所と同じである必要
		所在地		
	建設工事の内容（ニ(2)）			※法別表第1上段のどれか
	請負代金の額（ニ(3)）			※1億円未満（建築一式工事の場合は2億円未満）である必要
	移動時間（ニ(4)）			※1日で巡回可能か〜概ね2時間以内である必要
	下請次数（ニ(5)）			※3次以内である必要
	工事現場の施工体制の確認方法（ニ(7)）			
	情報通信機器（ニ(8)）			
	連絡員（ニ(6)）	氏名		
		所属会社		
		実務の経験 ※土木一式工事又は建築一式工事1の場合に記載 ※実務の経験は1年以上である必要	工事名称	期間
				年　月　～　年　月
				年　月　～　年　月
				合計　年　　月

建設工事2	工事名称（ニ(1)）			
	所在地（ニ(1)）			
	建設工事の内容（ニ(2)）			※法別表第1上段のどれか
	請負代金の額（ニ(3)）			※1億円未満（建築一式工事の場合は2億円未満）である必要
	移動時間（ニ(4)）			※1日で巡回可能か〜概ね2時間以内である必要
	下請次数（ニ(5)）			※3次以内である必要
	工事現場の施工体制の確認方法（ニ(7)）			
	情報通信機器（ニ(8)）			
	連絡員（ニ(6)）	氏名		
		所属会社		
		実務の経験 ※土木一式工事又は建築一式工事1の場合に記載 ※実務の経験は1年以上である必要	工事名称	期間
				年　月　～　年　月
				年　月　～　年　月
				合計　年　　月

※1：建設業法施行規則（昭和24年建設省令第14号）
※2：省令（17条の2第1項第5号又は省令17条の5第1項第5号）の該当する号等、他同じ

以上

4

出典：国土交通省「監理技術者等の専任義務の合理化・営業所技術者等の職務の特例」（https://www.mlit.go.jp/tochi_fudousan_kensetsugyo/const/tochi_fudousan_kensetsugyo_const_tk1_000001_00038.html）より

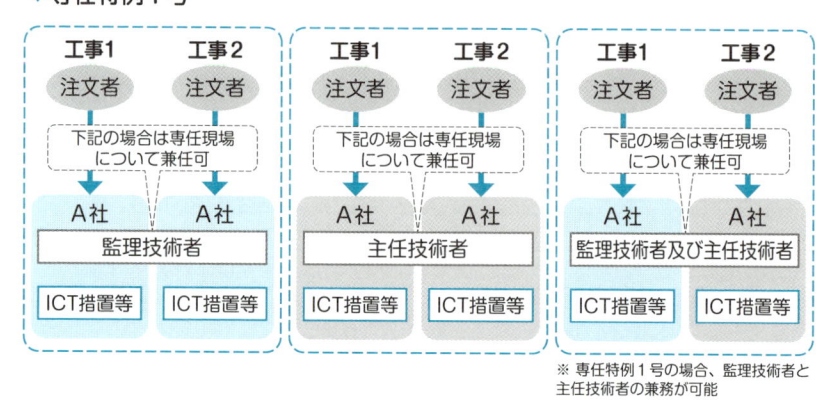

※ 専任特例1号の場合、監理技術者と主任技術者の兼務が可能

出典：国土交通省関東地方整備局「建設工事の適正な施工を確保するための建設業法（令和7年2月版）（https://www.ktr.mlit.go.jp/ktr_content/content/000699485.pdf）P16をもとに作成

②密接な関係のある2以上の建設工事を同一の建設業者が同一の場所又は近接した場所において施工する場合

密接な関係のある2以上の建設工事を同一の建設業者が同一の場所又は近接した場所において施工する場合は、同一の専任の主任技術者がこれらの建設工事を兼務することができます。この場合、主任技術者が管理することができる工事の数は、原則2件程度とされています。

「密接な関係のある工事」とは、工事の対象となる工作物に一体性若しくは連続性が認められる工事又は施工にあたり相互に調整を要する工事です。相互に調整を要する工事の例としては、次のようなものが挙げられます。

- 2つの現場の資材を一括で調達し、相互に工程調整を要するもの
- 工事の相当の部分を同一の下請業者で施工し、相互に工程調整を要するもの

「近接した場所」とは、工事現場の相互の間隔が10km程度以内とされています。

▼専任の主任技術者の取扱い

専任主任技術者の取扱い【要件緩和】

(建設業法施行令第27条第2項)
　前項に規定する建設工事のうち密接な関係のある二以上の建設工事を同一の建設業者が同一の場所又は近接した場所において施工するものについては、同一の専任の主任技術者がこれらの建設工事を管理することができる。

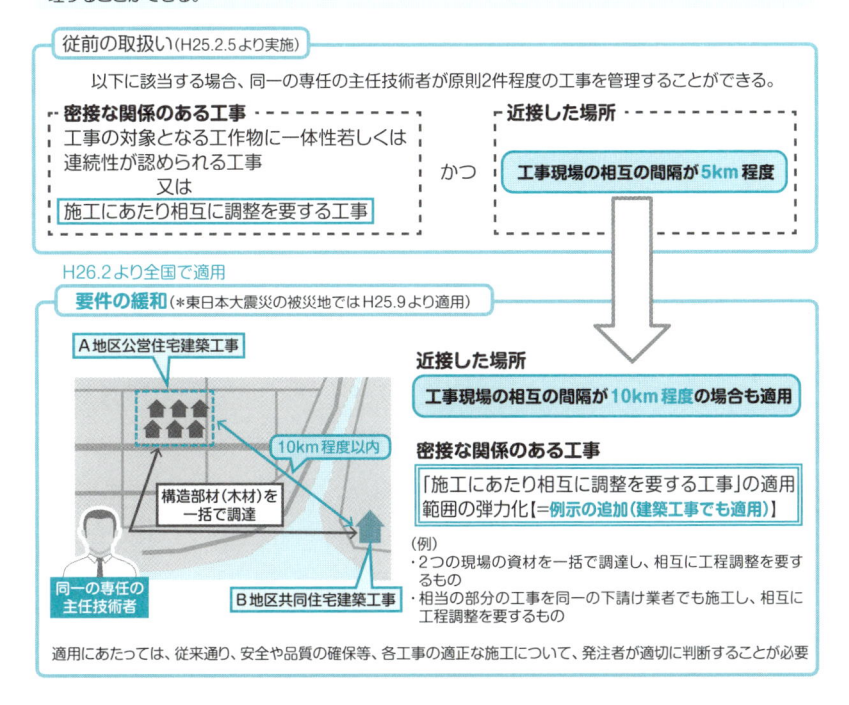

出典：国土交通省「専任の主任技術者の取扱い【要件緩和】」(https://www.mlit.go.jp/common/001027238.pdf) をもとに作成

③同一あるいは別々の発注者が、同一の建設業者と締結する契約工期の重複する複数の請負契約に係る工事であって、かつ、それぞれの工事の対象が同一の建築物又は連続する工作物である場合

　同一あるいは別々の発注者が、発注する工事で次の (1) (2) のいずれも満たす場合は、全体の工事を当該建設業者が設置する同一の主任技術者が掌握し、技術上の管理を行うことが合理的であると考えられることから、これら複数の工事を一つの工事とみなして、同一の主任技術者が兼務することができます。

(1) 契約工期の重複する複数の請負契約に係る工事であること

(2) それぞれの工事の対象となる工作物等に一体性が認められること

　この取扱いは、すべての発注者から同一工事として取り扱うことについて書面による事前承諾が必要となります。なお、複数工事に係る下請金額の合計を5,000万円（建築一式工事の場合は8,000万円）以上とするときは特定建設業の許可が必要で、工事現場には主任技術者ではなく監理技術者を設置することとなりますので、注意が必要です。また、複数工事に係る請負代金の額の合計が4,500万円（建築一式工事の場合は9,000万円）以上 となる場合、主任技術者又は監理技術者はこれらの工事現場に専任で配置しなければなりません。ただしこの取扱いを適用した場合は、複数工事であっても一つの工事現場みなされるため、①②の特例を併用することは可能です。

専門工事一括管理施工制度

　限りある人材の有効活用という視点から、専門工事一括管理施工制度が創設されました。これは、次の全ての要件を満たす場合、下請業者の主任技術者の設置を不要とするものです。

① 対象とする工事

　　土木一式工事又は建築一式工事以外の建設工事のうち、その施工技術が画一的であり、かつ、その施工の技術上の管理の効率化を図る必要があるもの。

　　　・鉄筋工事

　　　・型枠工事

② 下請契約の請負代金の額

　　4,500万円未満

③ 手続き

　　工事を注文する者と工事を請け負う者が以下の事項を記載した書面において合意をする必要がある。この際、工事を注文する者は注文者の書面による承諾を得る必要がある。

　　　・特定専門工事の内容

　　　・上位下請の置く主任技術者の氏名

・その他国土交通省令で定める事項

④配置される主任技術者の要件

上位下請の主任技術者は、下記の要件を満たす必要がある。

・当該特定専門工事と同一の種類の建設工事に関し一年以上指導監督的な実務の経験を有すること。

・当該特定専門工事の工事現場に専任で置かれること。

⑤再下請の禁止

主任技術者を置かないこととした下請負人は、その下請負に係る建設工事を他人に請け負わせてはならない。

主任技術者の兼務を認めるという制度ではなく、一定のケースで、そもそも主任技術者の設置が不要になるという制度です。これにより一部の下請業者は主任技術者を設置する必要がなくなるため、主任技術者が足りないから工事を請け負うことができないという機会損失が少なくなることが考えられます。

▼専任の主任技術者の取扱い　　4

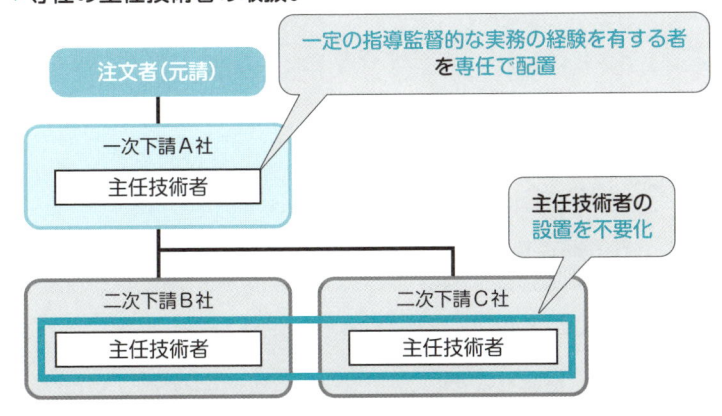

出典：国土交通省「建設業法及び公共工事の入札及び契約の適正化の促進に関する法律の一部を改正する法律　概要・参考資料」(https://www.mlit.go.jp/common/001291076.pdf) P3をもとに作成

8 監理技術者は複数の現場を兼務できるの？

主任技術者とは違って、監理技術者はいくつもの工事現場の職務を兼務することは難しい気がするよ

監理技術者は主任技術者に比べ、より厳しい資格や経験が求められているから、兼務についても厳しい条件がありそうだね

専任の主任技術者とは取扱いが異なる

　密接な関係のある2以上の建設工事を同一の建設業者が同一の場所又は近接した場所において施工する場合は、同一の専任の主任技術者はこれらの建設工事を兼務することができますが、これは専任の監理技術者には認められていませんので注意が必要です。監理技術者は、下請負人を適切に指導、監督するという総合的な役割を担っているため、主任技術者に比べ、より厳しく兼務が制限されています。

専任が求められる工事現場で兼務が認められるケース

①情報通信技術を活用し、現場管理を行う場合（専任特例1号）

　令和6年12月の改正建設業法の施行により、「適正な施工を確保し発注者を保護する」ことを前提にしつつ、担い手確保や生産性向上やDX技術の進展などの背景から監理技術者の配置に関する専任要件の緩和が行われました。次のすべての要件を満たす場合には、専任を要する工事現場に配置された監理技術者であっても、他の工事を兼務することができます。

(1) 各建設工事の請負代金の額が、いずれも1億円未満（建築一式工事の場合は2億円未満）であること

(2) 建設工事の工事現場間の距離が、同一の主任技術者又は監理技術者がその一

日の勤務時間内に巡回可能なものであり、かつ工事現場において災害、事故その他の事象が発生した場合において、当該工事現場と他の工事現場との間の移動時間がおおむね片道2時間以内であること

(3) 当該建設業者が注文者となった下請契約から数えて、下請次数が3を超えていないこと

(4) 主任技術者又は監理技術者との連絡その他必要な措置を講ずるための者（以下「連絡員」という。）を当該建設工事に置いていること

(5) 当該工事現場の施工体制を主任技術者又は監理技術者が情報通信技術を利用する方法により確認するための措置を講じていること

(6) 当該工事を請け負った建設業者が、次に掲げる事項を記載した人員の配置の計画書を作成し、工事現場毎に備え置くこと

イ 当該建設業者の名称及び所在地

ロ 主任技術者又は監理技術者の氏名

ハ 主任技術者又は監理技術者の一日あたりの労働時間のうち労働基準法第三十二条第一項の労働時間を超えるものの見込み及び労働時間の実績

ニ 各建設工事に係る次の事項

（イ）当該建設工事の名称及び工事現場の所在地

（ロ）当該建設工事の内容（法別表1上段の建設工事の種類）

（ハ）当該建設工事の請負代金の額

（ニ）工事現場間の移動時間

（ホ）下請次数

（ヘ）連絡員の氏名、所属会社及び実務の経験

　　（実務の経験は、土木一式工事又は建築一式工事の場合に記載）

（ト）施工体制を把握するための情報通信技術

（チ）現場状況を把握するための情報通信機器

(7) 主任技術者又は監理技術者が、当該工事現場以外の場所から当該工事現場の状況の確認をするために必要な映像及び音声の送受信が可能な情報通信機器が設置され、かつ当該機器を用いた通信を利用することが可能な環境が確保されていること

(8) 兼務する建設工事の数は、2つを超えないこと

　本制度を使用して配置された主任技術者または監理技術者は「専任を要する工事現場同士」、もしくは「専任を要する工事現場」と「専任を要しない工事現場」の

兼務が可能となりますが、兼務するすべての工事現場について、(2) 〜 (7) の要件を満たしていることが必要で、かつ全ての工事現場の数が2を超えることはできません。また本制度と専任特例2号 (249ページ参照) との併用はできません。

▼ 人員の配置を示す計画書 (参考様式)

（参考様式）

年　　　月　　　日

省令※1 17条の2又は17条の5に基づく人員の配置を示す計画書

対象期間	令和　年　月　日 〜 令和　年　月　日		
建設業者	名称 (イ※2)		
	所在地 (イ)		
主任技術者又は監理技術者 (営業所技術者又は特定営業所技術者)	氏名 (ロ)		
	所属営業所名 (ロ)		※17条の5の場合のみ記載
	一日平均の法定外労働時間 (ハ)	見込み時間　　　実績時間	
建設工事1	工事名称 (ニ(1))		
	工事現場所在地 (ニ(1))		
	契約締結営業所 (ニ(1))	名称	※17条の5の場合のみ記載
		所在地	※上記所属営業所と同じである必要
	建設工事の内容 (ニ(2))		※法別表第1上段のどれか
	請負代金の額 (ニ(3))		※1億円未満（建築一式工事の場合は2億円未満）である必要
	移動時間 (ニ(4))		※1日で往復可能かつ概ね2時間以内である必要
	下請次数 (ニ(5))		※3次以内である必要
	工事現場の施工体制の確認方法 (ニ(7))		
	情報通信機器 (8)		
	連絡員 (ニ(6))	氏名	
		所属会社	
		実務の経験 ※土木一式工事又は建築一式工事の場合に記載 ※実務の経験は1年以上である必要	工事名称　　　期間　年　月〜　年　月　年　月〜　年　月　合計　年　月
建設工事2	工事名称 (ニ(1))		
	所在地 (ニ(1))		
	建設工事の内容 (ニ(2))		※法別表第1上段のどれか
	請負代金の額 (ニ(3))		※1億円未満（建築一式工事の場合は2億円未満）である必要
	移動時間 (ニ(4))		※1日で往復可能かつ概ね2時間以内である必要
	下請次数 (ニ(5))		※3次以内である必要
	工事現場の施工体制の確認方法 (ニ(7))		
	情報通信機器 (8)		
	連絡員 (ニ(6))	氏名	
		所属会社	
		実務の経験 ※土木一式工事又は建築一式工事の場合に記載 ※実務の経験は1年以上である必要	工事名称　　　期間　年　月〜　年　月　年　月〜　年　月　合計　年　月

※1：建設業法施行規則（昭和24年建設省令第14号）
※2：省令（17条の2第1項第5号又は省令17条の5第1項第5号）の該当する号等、他同じ

以上

出典：国土交通省「監理技術者等の専任義務の合理化・営業所技術者等の職務の特例」(https://www.mlit.go.jp/tochi_fudousan_kensetsugyo/const/tochi_fudousan_kensetsugyo_const_tk1_000001_00038.html) より

▼専任特例１号

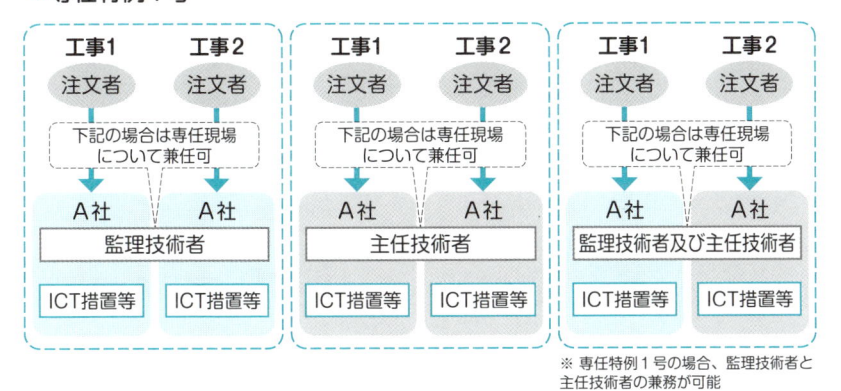

※ 専任特例１号の場合、監理技術者と主任技術者の兼務が可能

出典：国土交通省関東地方整備局「建設工事の適正な施工を確保するための建設業法（令和７年２月版）（https://www.ktr.mlit.go.jp/ktr_content/content/000699485.pdf）P16をもとに作成

②監理技術者補佐を専任で配置する場合（専任特例２号）

　令和２年の改正建設業法の施行により、限りある人材の有効活用という視点から、監理技術者の専任が緩和されました。監理技術者補佐を専任で設置すれば、監理技術者が複数の現場を兼務できるという規定です。

　監理技術者補佐には、もともと監理技術者として認められている１級施工管理技士の有資格者と、令和３年度の技術検定の再編で創設された「技術士補」のうち１級第１次検定に合格した１級技士補を充てることが可能です。監理技術者補佐を専任で設置した場合、監理技術者が二つの現場を兼務することが可能です。この制度には、監理技術者補佐として設置した技術者にノウハウを伝承してもらうという狙いもあります。

　この場合の監理技術者が兼務できる工事現場数は２つまでとされており、工事の範囲は、工事内容、工事規模及び施工体制等を考慮し、主要な会議への参加、工事現場の巡回、主要な工程の立ち会いなど、元請としての職務が適正に遂行できる範囲です。

4

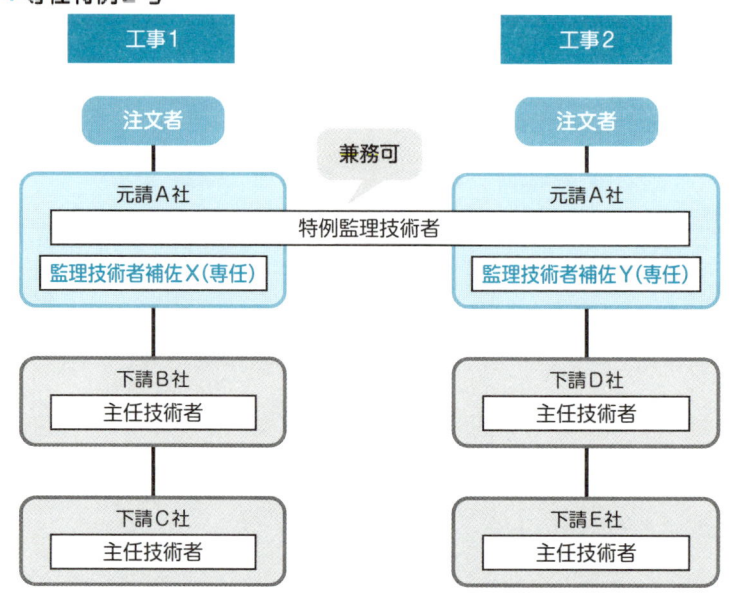

▼専任特例2号

出典：国土交通省関東地方整備局「建設工事の適正な施工を確保するための建設業法（令和7年2月版）（https://www.ktr.mlit.go.jp/ktr_content/content/000699485.pdf）P17をもとに作成

③**同一あるいは別々の発注者が、同一の建設業者と締結する契約工期の重複する複数の請負契約に係る工事であって、かつ、それぞれの工事の対象が同一の建築物又は連続する工作物である場合**

　同一あるいは別々の発注者が、発注する工事で次の(1)(2)のいずれも満たす場合は、全体の工事を当該建設業者が設置する同一の監理技術者が掌握し、技術上の管理を行うことが合理的であると考えられることから、これら複数の工事を一つの工事とみなして、同一の監理技術者が兼務することができます。

> (1) 契約工期の重複する複数の請負契約に係る工事であること
> (2) それぞれの工事の対象となる工作物等に一体性が認められること

　この取扱いは、すべての発注者から同一工事として取り扱うことについて書面による事前承諾が必要となります。なお、複数工事に係る下請金額の合計を5,000万円（建築一式工事の場合は8,000万円）以上 とするときは特定建設業の許可が必要で、工事現場には主任技術者ではなく監理技術者を設置することとなります

ので、注意が必要です。また、複数工事に係る請負代金の額の合計が4,500万円（建築一式工事の場合は9,000万円）以上 となる場合、主任技術者又は監理技術者はこれらの工事現場に専任で配置しなければなりません。ただしこの取扱いを適用した場合は、複数工事であっても一つの工事現場みなされるため、①②の特例を併用することは可能です。

監理技術者補佐とは

専任特例2号を活用する場合に、監理技術者の行うべき職務を補佐する者として工事現場に配置される技術者を監理技術者補佐といいます。監理技術者補佐は、次のいずれかに該当する者を工事現場ごとに専任で置かなければなりません。

①請け負った建設工事の種類にかかる主任技術者の資格を有する者のうち、一級技術検定の第一次検定に合格し一級施工管理技士補の資格を有する者（検定種目に対応する建設工事の種類に限られます）
②請け負った建設工事の種類にかかる監理技術者の資格を有する者

4

ただし、機器具設置工事、さく井工事、消防施設工事又は清掃施設工事の場合においては、対応する技術検定がないため監理技術者補佐は、②の要件を満たした者のみに限られます。

▼技術検定において指定された建設工事の種類

検定種目	指定された建設工事の種類
土木施工管理	土、と、石、鋼、舗、しゅ、塗、水、解
建築施工管理	建、大、左、と、石、屋、夕、鋼、筋、板、ガ、塗、防、内、絶、具、解
電気工事施工管理	電
管工事施工管理	管
造園施工管理	園
建設機械施工管理	土、と、舗
通信	通

9 連絡員って何？

情報を追加

専任特例1号を活用する場合、連絡員が必要だよね？

そのとおり。兼務する各工事現場に連絡員を配置しなければならないよ

連絡員とは？

「連絡員」とは、令和6年12月に施行された改正建設業法により新設された監理技術者等が専任現場を兼務することができる制度（専任特例1号）を活用する場合に、監理技術者等との連絡その他必要な措置を講ずるために工事現場に配置しなければならない者のことをいいます（専任特例1号については239、246ページを参照）。

建設業者は、請負代金の額が1億円未満（建築一式工事は2億円未満）等の一定の要件を満たす工事について、連絡員の配置やICT措置を取ることにより、配置された監理技術者等が2つの現場まで兼務することが可能となります。

▼専任特例1号の活用による連絡員配置イメージ

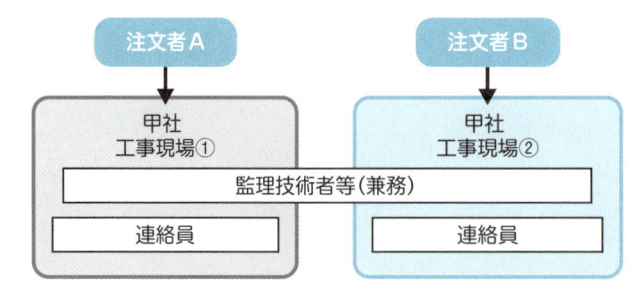

連絡員の職務

　連絡員は、監理技術者等との連絡その他必要な措置を講ずるために配置されます。そのため、工程会議や品質検査等が2つの工事現場で同時期に行われる場合、つぎのような業務を行うことが想定されています。

> ・遠隔で行われる監理技術者等の指示を、工事現場において適切に伝達すること
> ・円滑な施工管理の補助を行う（事故等対応含む）こと　等

　連絡員は、各工事に置く必要がありますが、工事現場への専任や常駐は求められていませんので、同一の連絡員が複数の建設工事の連絡員を兼務することが可能です。また、1つの建設工事に複数の連絡員を配置することも可能です。

連絡員の要件

　連絡員が配置される建設工事が土木一式工事又は建築一式工事である場合、配置される連絡員は、当該建設工事と同業種の建設工事に関し1年以上の実務の経験を有することが求められます。この実務の経験とは、営業所技術者や主任技術者の実務の経験として認められる経験と考え方です。なお、他の業種の建設工事（専門工事）に関しては、1年以上の実務経験は求められていません。

　土木一式工事・建築一式工事に配置される連絡員の実務経験は、専任特例1号の要件で作成が求められている「人員の配置を示す計画書」（241、248ページ参照）に、経験を積んだ工事名称や期間、合計年数を記載することで証明をすることになります。

　実務経験の他に連絡員の要件はなく、監理技術者等のように、所属建設業者との間に直接的・恒常的な雇用関係は求められていません。そのため、建設業者は、連絡員として、派遣社員や在籍出向の社員を配置することが可能です。ただし、直接的な雇用関係がないとしても、施工管理の最終的な責任は、当該建設工事を請け負った建設業者が負うことに注意が必要です。

4

10 ICTを活用した現場管理・施工って何？

建設工事で活用するICTにはどんなものがあるのかな？

具体的なICTの活用事例を見てみよう

建設工事におけるICTの活用が努力義務化された

　令和6年4月より、労働基準法において、建設業に関しても、罰則付きの時間労働時間の上限規制が適用されました。また、他産業と比較して高い水準で推移する長時間労働や、就業人口の減少が課題で、建設業界における働き方改革の実現が急務となっており、現場管理や施工等の様々な面でより一層の生産性向上が求められています。

▼産業別の出勤・労働時間の推移

産業別年間出勤日数　○厚生労働省「毎月勤労統計調査」
パートタイムを除く一般労働者

(日)

凡例：
- 建設業
- 製造業
- 調査産業計

12日　14日

H16　H18　H20　H22　H24　H26　H28　H30　R2　R4 (年度)

産業別年間実労働時間　○厚生労働省「毎月勤労統計調査」
パートタイムを除く一般労働者

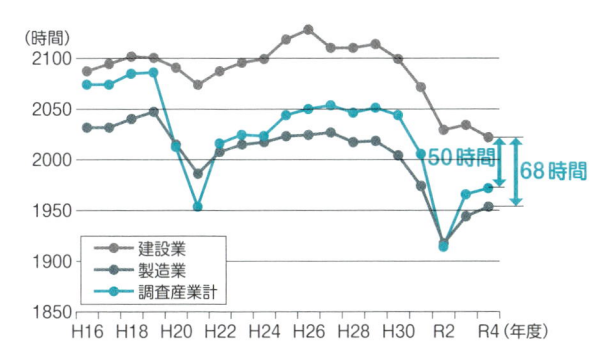

出典：厚生労働省「毎月勤労統計調査」年度報より国土交通省作成
出典：国土交通省「最近の建設業を巡る状況について【報告】」(https://www.mlit.go.jp/policy/shingikai/content/001633500.pdf) P5 をもとに作成

　このような背景から、令和6年の改正建設業法の施行により、ドローンやウェアラブルカメラなどの情報通信技術 (ICT) の活用に関する次の事項が新たに規定されました。

4

　・効率的に現場管理のための ICT 活用の努力義務
　・下請業者の ICT 活用に係る指導の努力義務

▼建設業法

第25条の28（建設工事の適正な施工の確保のために必要な措置）
　特定建設業者は、工事の施工の管理に関する情報（新設）システムの整備その他の建設工事の適正な施工を確保するために必要な情報通信技術の活用に関し必要な措置を講ずるよう努めなければならない。
2　発注者から直接建設工事を請け負った特定建設業者は、当該建設工事の下請負人が、その下請負に係る建設工事の施工に関し、当該特定建設業者が講ずる前項に規定する措置の実施のために必要な措置を講ずることができることとなるよう、当該下請負人の指導に努めるものとする。
〜以下、省略〜

　また ICT の活用に関しては、主任技術者・監理技術者の工事現場での専任に関し、ICT 活用等の一定の要件のもと、兼任を認める規定の（専任特例1号）の創設や、ICT を活用する方法で発注者が施工状況を確認できることを条件に、施工体制台帳の写しや発注者への提出を不要とする規定の創設なども行われています。

今後、建設工事において様々な場面でICTの活用が想定されますが、本書では、国土交通省の「情報通信技術を活用した建設工事の適正な施工を確保するための基本的な指針」(https://www.mlit.go.jp/totikensangyo/const/content/001851690.pdf) を基にみていきます。

ICT 指針

　元請業者においては工事の実施にあたって、発注者等に提出する多数の書類の作成や、財務管理、自社や下請業者の作業員の人事・労務管理等の事務作業が必要であり、これが建設業従事者の長時間労働の要因の1つであると考えられています。また、元請・下請間においても、元請業者ごとに使用する書類の様式やシステムが異なるため、下請業者にとっても書類の作成等に要する負担が少なくないことが問題視されています。

　現場管理の効率化・生産性向上の観点から、国土交通省より「情報通信技術を活用した建設工事の適正な施工を確保するための基本的な指針 (ICT 指針)」が公表されました。

▼ICT 指針の概要

1. 主なポイント
○ 建設業者によるICTを活用した生産性向上策への積極的取組み、ICTを活用した施工管理を担う人材育成が待ったなしの課題
○ 特定建設業者はもちろん、その他の建設業者についても、経営規模等に応じたICT化への取組みが不可欠
○ 建設業のICT化の実現には、建設業者だけでなく、発注者・工事監理者・設計者等の理解が不可欠
○ 建設業者間での共同での新技術の開発・研究の促進による、さらなる技術開発推進が必要
○ 工事現場においてICTを活用しやすくなるよう、発注者も通信環境の整備について協力
○ i-Construction2.0の推進も含めた建設業全体のICT化を推進し、省力化による生産性向上・建設業の魅力向上を実現

2. バックオフィスにおけるICT活用に向けた取組
○ 元請・下請間の書類等のやり取りの合理化
○ CCUS、建退共電子申請方式、電子契約等の積極的活用

3. 建設現場でのICT導入における留意点と事例
○ 工種・工程・要求精度に見合った最適な機器の選定
○ 下請業者等との連携・協働

○ 事例：ドローン、ウェアラブルカメラ、3Dレーザースキャナなど

出典：国土交通省「建設業におけるICTの導入・活用に向けた施策について（ICT指針・ICT指針事例集・中小企業省力化投資補助金）」（https://www.mlit.go.jp/tochi_fudousan_kensetsugyo/const/tochi_fudousan_kensetsugyo_const_tk1_000001_00037.html）より

ICT指針は、建設工事に従事するすべての建設業者を対象に作成されたものですが、特に特定建設業者や公共工事受注者を中心に、ICT活用を推進することが強く求められています。

ICTの活用事例

従来は作業員を現場配置し行っていた作業について、ドローンやウェアラブルカメラ、建設ロボット等を使用した、遠隔での操縦や確認、作業の機械化により、建設工事の施工の効率化が推奨されています。

建設工事は複数の工程に細分化されているため、1つの工程においてICT活用を図るのではなく、工事工程全体通して効率化が図られるよう、導入する技術やタイミングを検討しなければなりません。またICTの活用による誤差は人が実施する場合と比較して、一定の誤差が生じる可能性があるため、工事の種類や発注者の意向に応じて、どのようなICTを活用すべきかを検討することが大切です。ICT活用の観点では元請業者よりも下請業者の方が、より優れた施工実績・知見を有している可能性もあります。元請業者が下請業者に対して一方的な指示等を行うのではなく、それぞれの工事においてどのようなICTを活用すべきかに関して、下請業者と十分に協議・相談しつつ工事を施工することが必要です。

建設工事における具体的な導入事例は、国土交通省の「情報通信技術を活用した建設工事の適正な施工を確保するための基本的な指針（ICT指針）に関する事例集「第一版」」（https://www.mlit.go.jp/tochi_fudousan_kensetsugyo/const/content/001851357.pdf）で確認できます。

4

11 合法的に一括下請負をした場合、主任技術者・監理技術者の設置は不要なの？

一括下請負って「丸投げ」のことだから、主任技術者・監理技術者の設置も不要だよね？

一括下請負は建設業法上、原則禁止とされているわけだから、主任技術者・監理技術者の設置くらいは必要なんじゃないかな

合法的な一括下請負とは？

公共工事では、一括下請負が全面的に禁止されていますが、民間工事では、共同住宅を新築する建設工事を除き、元請負人があらかじめ発注者から一括下請負をすることについて書面による承諾を得ている場合、合法的に一括下請負をすることができます。あくまでも、一括下請負は建設業法上、原則禁止であるということを忘れてはいけません。

なお、「共同住宅を新築する建設工事」とは、一般的には、マンション、アパート等を新築する建設工事が該当することになりますが、長屋を新築する建設工事は含まれません。共同住宅であるか、長屋であるかは、建築基準法第6条の規定に基づき申請し、交付される確認済証（建築確認申請書及び添付図書を含む。）により判別することが可能です。

合法的な一括下請負でも主任技術者等の設置が必要？

発注者から書面による事前承諾を得て、一括下請負をする場合は、次のことに注意する必要があります。

① 建設工事の最初の注文者である発注者の承諾が必要であること
② 発注者の承諾は、一括下請負に付する以前に書面により受けなければなら

ないこと

③ 発注者の承諾を受けなければならない者は、請け負った建設工事を一括して他人に請け負わせようとする元請負人であること（つまり、下請負人が請け負った建設工事を一括して再下請負に付そうとする場合にも、元請負人ではなく、発注者の書面による承諾を受けなければならないということ）

④ 一括下請負に付する元請負人は、主任技術者又は監理技術者を設置すること

出典：国土交通省「一括下請負の禁止について」（平成28年10月14日国土建第275号国土交通省土地・建設産業局長通知）（https://www.mlit.go.jp/common/001203447.pdf）を加工して記載

　一括下請負をするとしても、請け負った建設工事について建設業法に規定する責任を果たすことが求められており、主任技術者・監理技術者の設置が必要とされています。

一括下請負の場合の主任技術者等の職務は？

4

　一括下請負とは、いわゆる「丸投げ」ですが、結局元請負人は主任技術者又は監理技術者を設置しなければならず、主任技術者・監理技術者がどんな職務を果たせばよいのかが悩ましいところです。しかしながら、一括下請負の場合の主任技術者・監理技術者の職務については、明確にされていません。

　元請負人が下請工事の施工に「実質的に関与」している場合（次の表の元請が果たすべき役割を果たしている場合）は、一括下請負には該当しないとされています。逆に考えれば、合法的に一括下請負をする場合は、次の表の全ての職務を行う必要はないということになります。一括下請負の場合の主任技術者・監理技術者については、「発注者との協議・調整」「下請負人からの協議事項への判断・対応」等の職務は残るものと考えておいた方がよさそうです。

▼一括下請負の判断基準

①元請（発注者から直接請け負った者）が果たすべき役割

施工計画の作成	○請け負った建設工事全体の施工計画書等の作成 ○下請負人の作成した施工要領書等の確認 ○設計変更等に応じた施工計画書等の修正
工程管理	○請け負った建設工事全体の進捗確認 ○下請負人間の工程調整
品質管理	○請け負った建設工事全体に関する下請負人からの施工報告の確認、必要に応じた立会確認
安全管理	○安全確保のための協議組織の設置及び運営、作業場所の巡視等請け負った建設工事全体の労働安全衛生法に基づく措置
技術的指導	○請け負った建設工事全体における主任技術者の配置等法令遵守や職務遂行の確認 ○現場作業に係る実地の総括的技術指導
その他	○発注者等との協議・調整 ○下請負人からの協議事項への判断・対応 ○請け負った建設工事全体のコスト管理 ○近隣住民への説明

⇒ 元請は、以上の事項を全て行うことが求められる

②下請（①以外の者）が果たすべき役割

施工計画の作成	○請け負った範囲の建設工事に関する施工要領書等の作成 ○下請負人が作成した施工要領書等の確認 ○元請負人等からの指示に応じた施工要領書等の修正
工程管理	○請け負った範囲の建設工事に関する進捗確認
品質管理	○請け負った範囲の建設工事に関する立会確認（原則） ○元請負人への施工報告
安全管理	○協議組織への参加、現場巡回への協力等請け負った範囲の建設工事に関する労働安全衛生法に基づく措置
技術的指導	○請け負った範囲の建設工事に関する作業員の配置等法令遵守 ○現場作業に係る実地の技術指導※
その他	○元請負人との協議※ ○下請負人からの協議事項への判断・対応※ ○元請負人等の判断を踏まえた現場調整 ○請け負った範囲の建設工事に関するコスト管理 ○施工確保のための下請負人調整

⇒ 下請は、以上の事項を主として行うことが求められる

（注）※は、下請が、自ら請けた工事と同一の種類の工事について、単一の建設企業と更に下請契約を締結する場合に必須とする事項

出典：国土交通省「一括下請負禁止の明確化について　別紙1」(https://www.mlit.go.jp/common/001149211.pdf) をもとに作成

一括下請負：工事を請け負った建設業者が、施工において実質的に関与せず、下請負人にその工事の全部または主な部分もしくは独立した一部を一括して請け負わせることをいう。いわゆる「丸投げ」。

4

12 人手が足りないので、派遣社員を主任技術者として配置したいけど、大丈夫なの？

派遣社員であっても、資格や実務経験があれば、主任技術者・監理技術者になれそうな気がするけど

正社員と派遣社員の違いは、所属している会社の違いだよね。それによって取扱いが異なるのかな

主任技術者・監理技術者に求められる雇用関係

建設業法の目的である建設工事の適正な施工を確保するため、主任技術者・監理技術者には、所属する建設業者との間に、直接的かつ恒常的な雇用関係が求められています。

適正な施工を確保するためには、主任技術者・監理技術者と所属建設業者が双方の持つ技術力を熟知し、建設業者が組織として有する技術力を主任技術者・監理技術者が十分に活用して工事の管理等の業務を行うことができる状態であることが必要と考えられているため、このように直接的かつ恒常的な雇用関係が求められています。

直接的な雇用関係とは？

直接的な雇用関係とは、監理技術者等とその所属建設業者との間に第三者の介入する余地のない雇用に関する一定の権利義務関係（賃金、労働時間、雇用、権利構成）が存在することをいいます。

在籍出向者や、派遣社員については、建設業者との間に直接的な雇用関係にあるとはいえないため、主任技術者・監理技術者になることはできません。

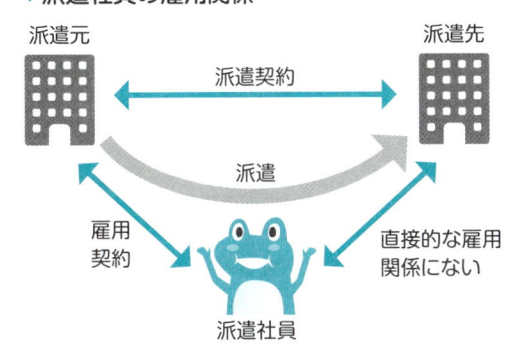

▼派遣社員の雇用関係

派遣元　　　　　　　　　　派遣先

派遣契約

派遣

雇用契約　　　直接的な雇用関係にない

派遣社員

　直接的な雇用関係については、健康保険被保険者証または市区町村が作成する住民税特別徴収税額通知書等によって建設業者との雇用関係が確認できることが必要です。

恒常的な雇用関係とは？

　恒常的な雇用関係とは、一定の期間にわたり当該建設業者に勤務し、日々一定時間以上職務に従事することが担保されていることをいいます。

　公共工事においては、所属建設業者から入札の申込のあった日（指名競争の場合で入札の申込を伴わないものは入札の執行日、随意契約の場合は見積書の提出日）以前に3ヶ月以上の雇用関係にあることが必要とされています。民間工事においても同程度と考えておくのがよさそうです。

▼恒常的な雇用契約があるものとされるケース

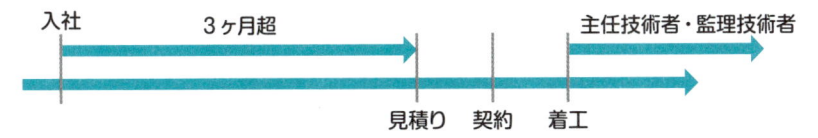

入社　　　3ヶ月超　　　　　　　　主任技術者・監理技術者

見積り　契約　着工

　なお、雇用期間が限定されている継続雇用制度（再雇用制度、勤務延長制度）の適用を受けている者は、その雇用期間に関わらず、恒常的な雇用関係にあるものとしてみなされます。

　恒常的な雇用関係については、監理技術者資格者証の交付年月日若しくは変更履歴又は健康保険被保険者証の交付年月日等により確認できることが必要です。

13 親会社から子会社への出向社員は、主任技術者・監理技術者になれるの？

 出向社員は建設業者との間に直接的かつ恒常的な雇用関係がないから、たとえ親会社から子会社への出向社員だとしても主任技術者・監理技術者にはなれないよね？

 親会社と連結子会社の間等、一定の場合には認められるケースがあるよ

出向社員でも主任技術者等になれるケース

　親会社からの出向社員を、出向先の連結子会社が工事現場に主任技術者又は監理技術者として置く場合、「3ヶ月後等配置可能型」または「即時配置可能型」の要件を満たす場合は、当該出向社員と当該出向先の会社との間に直接的かつ恒常的な雇用関係があるものとして取り扱われます。

▼新制度　3ヶ月後等配置可能型

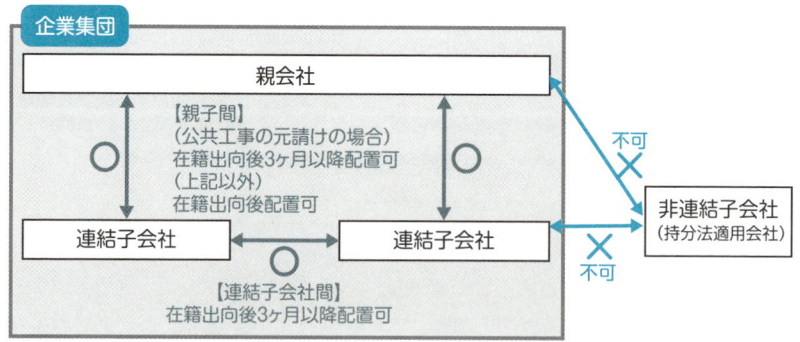

出典：国土交通省「企業集団制度の概要（建設業法に基づく技術者配置）」(https://www.mlit.go.jp/tochi_fudousan_kensetsugyo/const/content/001732798.pdf) P2 をもとに作成

以下の (1) (2) (3) いずれも満たす場合には、親会社とその連結子会社の間、または企業集団に属する連結子会社の間の当該出向社員と当該出向先の会社との間に直接的かつ恒常的な雇用関係があるものとして取り扱われます。

(1) 一の親会社とその連結子会社からなる企業集団であること
(2) 親会社が会計監査人設置会社であること
(3) 連結決算書類を作成していること

ただし、次のいずれかの場合には、入札の申し込みのあった日、もしくは見積書の提出のあった日以前に、当該出向社員と当該出向先との間に3ヶ月以上の雇用関係が必要です。

・親子間の出向社員が国、地方公共団体及び公共法人等が発注する建設工事における監理技術者等となる場合
・連結子会社間の出向社員が主任技術者・監理技術者等となる場合

3ヶ月後等配置可能型には、要件を満たしていることについての認定申請等は必要ありません。

● 3ヶ月後等配置可能型における雇用関係の確認方法

通常、主任技術者・監理技術者の直接的かつ恒常的な雇用については、健康保険被保険者証や監理技術者資格者証により確認が行われますが、企業集団確認を受け、親会社から連結子会社への出向社員を主任技術者・監理技術者とする場合の直接的かつ恒常的な雇用関係の確認は、次の書面等により行われます。

(1) 出向社員の出向元の会社との間の雇用関係を示す書類
(2) 出向であることを証する書類 (出向契約書、出向協定書等)
(3) 出向先の会社と出向元の会社との関係が企業集団を構成する親会社及びその連結子会社の関係にあることを示す次の①〜④のいずれかの書類

① 有価証券報告書により親会社及び当該連結子会社が確認できる場合
有価証券報告書 (親会社及び当該連結子会社が確認できる部分抜粋)

② ①で確認ができない場合

以下の書類すべて

・事業報告書又は連結計算書類（親会社及び当該連結子会社が確認できる部分）

・会計監査人による監査報告書（会計監査人が明示されている部分）

③ ①及び②で確認ができない場合

以下の書類すべて

・有価証券報告書、事業報告書又は連結計算書類（親会社及び連結子会社数が確認できる部分）

・連結子会社一覧

④ ①～③で確認ができない場合

①～③の書類と同程度に客観性が確保されると判断される書類

▼出向社員を監理技術者等として配置可能であることを証明する書類

出向社員に関する証明について

所在
商号
代表者
担当者
連絡先 xxx-xxxx-xxxx

　主任技術者、監理技術者または監理技術者補佐に配置を予定している出向社員について、令和6年3月26日付け国不建技第291号1.（2）（3ヶ月後等配置可能型の要件）に適合していることを下記の証明書類にて証明いたします。

記

配置予定技術者名○○○○

（1）出向社員の出向元の会社との間の雇用関係の確認

確認書類
□健康保険被保険者証　　　□その他（○○）

（2）出向であることの確認

出向先で3ヵ月間以上雇用※1	出向開始日	確認書類
□3ヵ月以上	令和○年○月○日	□出向契約書　　　□その他（○○）

（3）出向元および出向先の会社が一の親会社とその連結子会社からなる企業集団に属していることの確認

①親会社

商号／所在	出向元／先	確認書類※2	
商号：○○○○ 所在：○○○○	□出向元 □出向先	□有価証券報告書 □連結決算書類	□事業報告書 □その他（○○）

②連結子会社（出向社員に関係する会社のみ記載）

商号／所在	出向元／先	確認書類※3
商号：○○○○ 所在：○○○○	□出向元 □出向先	□有価証券報告書 □事業報告書（監査報告書を併せて添付）※4,※5 □連結決算書類（監査報告書を併せて添付）※4 □その他（連結子会社一覧※6）

※1「公共工事の元請の場合の親子間」及び「連結子会社間」の出向は、入札の申込みのあった日等以前に3ヵ月以上出向先に雇用されていることを確認

※2　親会社が記載されている頁を抜粋

※3　当該連結子会社が確認できる頁を抜粋（有価証券報告書：「関係会社の状況」欄等、事業報告書：「重要な子会社及び関連会社の状況」欄等、連結計算書類：連結注記表等）

※4　事業報告書又は連結計算書類の場合は、会計監査人の監査報告書（監査人が確認できる頁）を併せて添付

※5　当該連結子会社が親会社の連結であることが確認出来る場合は連結子会社の事業報告書でも可

※6　有価証券報告書等で当該連結子会社が省略されている場合は、連結子会社一覧にて証明（様式1−2参照）

出典：国土交通省「企業集団制度の概要（建設業法に基づく技術者配置）」(https://www.mlit.go.jp/tochi_fudousan_kensetsugyo/const/content/001732798.pdf) P6より

4

令和○年○月○日

連結子会社一覧

所在
商号
代表者
担当者
連絡先 xxx-xxxx-xxxx

　「出向社員に関する証明について」にかかる確認書類（有価証券報告書、事業報告書、連結計算書類等）において、出向元または出向先の会社が省略されているため、連結子会社一覧を下記のとおり証明いたします。

No.	会社名	所　　在
1	国交建設	東京都千代田区霞が関２−１−３

（会計監査人及び連絡先）
会計監査人氏名：○○○○
連絡先：○○○○

※確認書類（有価証券報告書、事業報告書、連結計算書類等）において連結子会社が一部省略されており、出向元または出向先の会社が記載されていない場合のみ作成。

※内容が網羅されていれば様式は本様式以外であっても可

出典：国土交通省「企業集団制度の概要（建設業法に基づく技術者配置）」(https://www.mlit.go.jp/tochi_fudousan_kensetsugyo/const/content/001732798.pdf) P7 より

　これらの書類は注文者の求めに応じ提出等を行わなければなりません。また事後的に確認ができるよう、5年間（発注者と直接締結した住宅を新築する建設工事に係るものは10年間）保存が必要です。

▼従来の制度　即時配置可能型

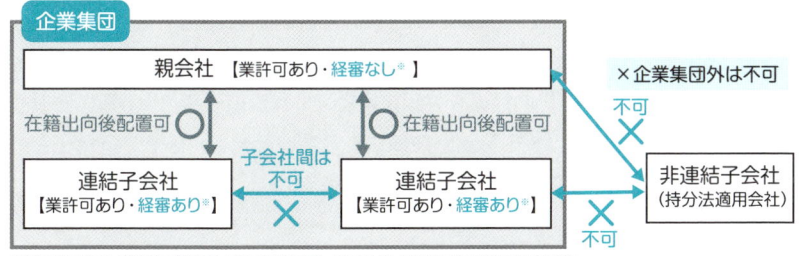

※図では親会社が経審を受けていない場合を示しているが、親会社が経審を受けており、
　かつ、全ての連結子会社が経審を受けていない場合も認められる

出典：国土交通省　企業集団制度の概要（建設業法に基づく技術者配置）(https://www.mlit.
go.jp/tochi_fudousan_kensetsugyo/const/content/001732798.pdf) P3 をもとに作成

　親会社からの出向社員を、出向先の連結子会社が工事現場に主任技術者又は監理技術者として置く場合、次のいずれの要件も満たす場合は、当該出向社員と当該出向先の会社との間に直接的かつ恒常的な雇用関係があるものとして取り扱われます。

（1）一の親会社とその連結子会社からなる企業集団であること

（2）親会社及び連結子会社が建設業者であること

（3）（2）の連結子会社がすべて（1）の企業集団に含まれる者であること

（4）親会社又はその連結子会社（その連結子会社が2以上ある場合には、それらのすべて）のいずれか一方が経営事項審査を受けていない者であること

（5）親会社またはその連結子会社が、既に即時配置可能型による取扱いの対象となっていないこと

（6）有価証券報告書提出会社又は会計監査人設置会社であること

　即時配置可能型は、要件をいずれも満たしていることについて、国土交通省不動産・建設経済局建設業課長による確認（企業集団確認）を受け、確認書の交付を受けなければなりません。なお、確認書の有効期間は3年です。

●即時配置可能型における雇用関係の確認方法

　通常、主任技術者・監理技術者の直接的かつ恒常的な雇用については、健康保険被保険者証や監理技術者資格者証により確認が行われますが、企業集団確認を受け、親会社から連結子会社への出向社員を主任技術者・監理技術者とする場合の直接的かつ恒常的な雇用関係の確認は、次の書面等により行われます。

(1) 出向社員の出向元の会社との間の雇用関係を示す書類

(2) 出向であることを証する書類（出向契約書、出向協定書等）

(3) 企業集団確認書

(4) 施工体制台帳等（出向社員を主任技術者又は監理技術者として置く建設工事の下請負人に当該企業集団を構成する親会社若しくはその連結子会社又は当該親会社の非連結子会社が含まれていないことを確認する）

　なお企業集団確認書を取得し、即時配置可能型を適用している企業集団であっても、3ヶ月後等配置可能型を適用することは可能です。

企業集団確認の申請手続き

　企業集団確認申請書を作成し、次の書類を添付して、国土交通省不動産・建設経済局建設業課に提出しなければなりません。

1) 次のイ、ロのいずれかの書類

イ　親会社が有価証券報告書提出会社である場合は、申請時の親会社、連結子会社、非連結子会社の体制（会社体制）における①の写し。

　ただし、直近の①作成後に、合併等により会社体制が変更になった場合は、直近の①及び②の写しを提出すること。その場合、当該変更後、①を新たに作成した場合は、速やかにその写しを国土交通省不動産・建設産業局建設業課長に提出しなければならない。

　　①有価証券報告書
　　②①作成時から変更となった会社体制がわかる資料（当該変更の内容を示す公表資料、登記簿謄本、有価証券報告書の監査人の確認を受けた書類等）

ロ　親会社が有価証券報告書提出会社以外である場合は、申請時の会社体制における①及び②の写し。

　ただし、直近の①作成後に、合併等により会社体制が変更になった場合は、直近の①、②及び③の写しを提出すること。その場合、当該変更後、①及び②を新たに作成した場合は、速やかにその写しを国土交通省不動産・建設経済局建設業課長に提出しなければならない。

①会計監査人の監査を受けた事業報告

②会計監査人の監査を受けた連結計算書類等で事業報告時点のもの

③①作成時から変更となった会社体制がわかる資料（当該変更の内容を示す公表資料、登記簿謄本、会計監査人の確認を受けた書類等）

2) 親会社及びその連結子会社の建設業許可通知書の写し

　企業集団確認の申請は親会社が行います。国土交通省不動産・建設経済局建設業課で確認が行われ、企業集団確認書が交付されることとなります。なお、企業集団確認書の有効期間は3年間です。

▼企業集団確認申請書

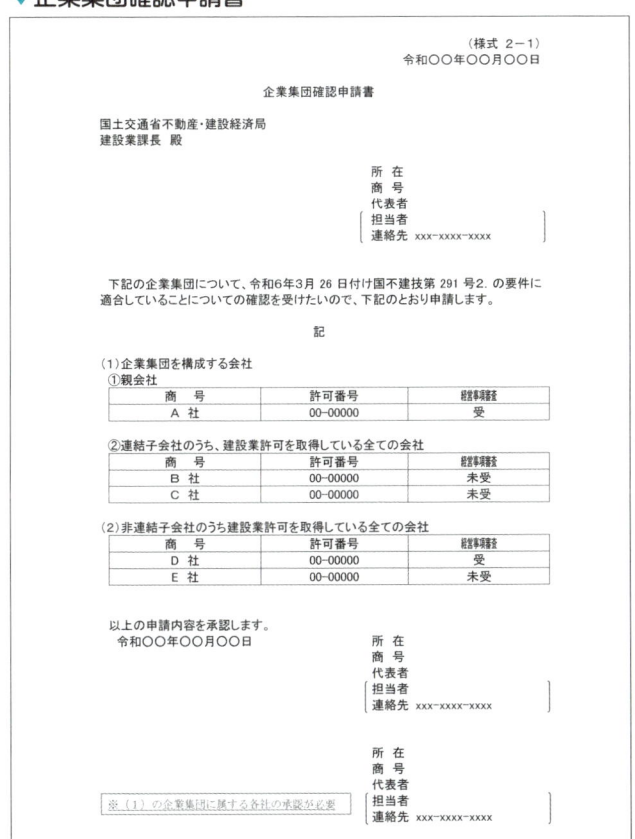

出典：国土交通省「即時配置可能型における企業集団確認申請」(https://www.mlit.go.jp/tochi_fudousan_kensetsugyo/const/tochi_fudousan_kensetsugyo_const_fr1_000001_00059.html) より

14 監督員又は現場代理人と主任技術者・監理技術者は兼務できるの？

監督員、現場代理人、主任技術者・監理技術者どれも重要な役割だから、兼務は難しい気がするよ

それぞれの役割と選任の根拠を見てみよう

監督員とは？

監督員とは、注文者の代理人として、次のような職務を行うために工事現場に設置される者です。

① 契約の履行についての受注者又は受注者の現場代理人に対する指示、承諾又は協議
② 設計図書に基づく工事の施工のための詳細図等の作成及び交付又は受注者が作成した詳細図等の承諾
③ 設計図書に基づく工程の管理、立会い、工事の施工状況の検査又は工事材料の試験若しくは検査（確認を含む。）

　建設業法には、監督員の設置に関する規定はなく、当事者間の契約で設置が定められるものです。なお、国土交通省の中央建設業審議会の公共工事標準請負契約約款には、監督員についての規定があります。

現場代理人とは？

　現場代理人とは、契約の履行に関し、工事現場の運営、取締りを行うほか、請負代金額の変更、請負代金の請求及び受領等を行うために工事現場に設置される受注者の代理人です。

公共工事標準請負契約約款では、原則として工事現場に常駐とされていますが、発注者が、現場代理人の工事現場における運営、取締り及び権限の行使に支障がなく、発注者との連絡体制も確保されると認めた場合には、常駐させる必要はありません。

　現場代理人についても、建設業法には設置に関する規定はなく、当事者間の契約で設置が定められるものです。監督員と同じく、公共工事標準請負契約約款に規定されています。

▼監督員と現場代理人の関係

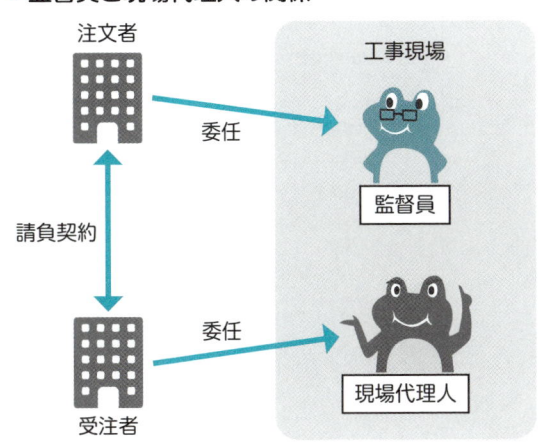

兼務はできる？

監督員、現場代理人、主任技術者・監理技術者の設置根拠や役割についてまとめると次の表のとおりとなります。

▼監督員、現場代理人、主任技術者・監理技術者の違い

	設置根拠	設置義務	資格要件	役割
監督員	契約	なし	なし	請負契約の履行に関し、注文者の代理人として、設計図書に伴って工事が施工されているか否かを監督する。現場代理人に相対する者。
現場代理人	契約	なし ※公共工事は原則あり	なし	請負契約の履行に関し、請け負った建設業者の代理人として、工事現場の運営、取り締まりを行うほか、請負金額の変更、請負代金の請求・受領等の一切の権限と責任を有する。
主任技術者 監理技術者	建設業法	あり	あり	建設工事の施工に当たり、施工内容、工程、技術的事項、契約書及び設計図書の内容を把握したうえで、その施工計画を作成し、工事全体の工程の把握、工程変更への適切な対応等具体的な工事の工程管理、品質確保の体制整備、検査及び試験の実施等及び工事目的物、工事仮設物、工事用資材等の品質管理を行うとともに、当該建設工事の施工に従事する者の技術上の指導監督を行う。

建設業法に設置根拠があるのは、主任技術者・監理技術者のみです。主任技術者・監理技術者については、建設業法上、監督員や現場代理人との兼務を禁止するような規定はありません。また、監督員、現場代理人については、注文者・受注者間の契約において設置が定められるもので建設業法に設置に関する規定がないため、当然兼務を禁止するような規定もありません。そのため、監督員と注文者側の主任技術者・監理技術者が同一人物であったり、現場代理人と受注者側の主任技術者・監理技術者が同一人物であるということは問題ありません。

なお、公共工事標準請負契約約款第10条第5項には、「現場代理人、監理技術者等（監理技術者、監理技術者補佐又は主任技術者をいう。以下同じ。）及び専門技術者は、これを兼ねることができる。」と記載されています。

15 JVの場合、主任技術者・監理技術者の設置ってどうしたらいいの？

JVって共同企業体だから、共同企業体で1人主任技術者・監理技術者を設置すればいいのかな？

複数の建設業者が集まって共同企業体を構成するわけだから、主任技術者・監理技術者1人で対応するのは難しいよ

JVとは？

JV（Joint Venture）とは、複数の建設業者が共同で、一つの建設工事を受注、施工することを目的として形成する事業組織体のことです。JVの形態としては、次の表の形態があります。

▼ JVの形態

特定建設工事共同企業体 （特定JV）	経常建設共同企業体 （経常JV）	地域維持型建設共同企業体 （地域維持型JV）
大規模で比較的難易度の高い工事の施工を目的として工事ごとに結成されるもの。工事完成後又は工事を受注できなかった場合は解散する。	中小・中堅建設業者が継続的な協業関係を確保することにより、その経営力・施工力を強化する目的で結成されるもの。発注機関の入札参加資格申請時に経常JVとして結成し、一定期間、有資格業者として登録される。	地域の維持管理に不可欠な事業につき、継続的な協業関係を確保することによりその実施体制の安定確保を図る目的で結成されるもの。発注機関の入札参加資格申請時に地域維持型JVとして結成し、一定期間、有資格業者として登録される。

また、JVには2つの施工方式があります。主任技術者・監理技術者はこの施工方式により設置の仕方が変わってきます。

4

▼ JVの施工方式

共同施工方式 (甲型JV)	分担施工方式 (乙型JV)
JVの全構成員が各々あらかじめ定めた出資の割合に応じて、資金、人員、機械等を拠出して一体となって工事を施工する方式。	各構成員間でJVの請け負った工事をあらかじめ工区に分割して、各構成員がそれぞれの分担し担当する工区の工事について責任を持って施工する方式。

甲型JVの場合の主任技術者・監理技術者の設置

①下請代金の総額が5,000万円(建築一式工事の場合8,000万円)未満の場合

全ての構成員が主任技術者を設置します。

なお、発注者から請け負った建設工事の請負代金の額が4,500万円(建築一式工事の場合9,000万円)以上の場合は、全ての主任技術者が当該工事に専任する必要があります。

▼ 甲型JV①の場合の技術者の設置

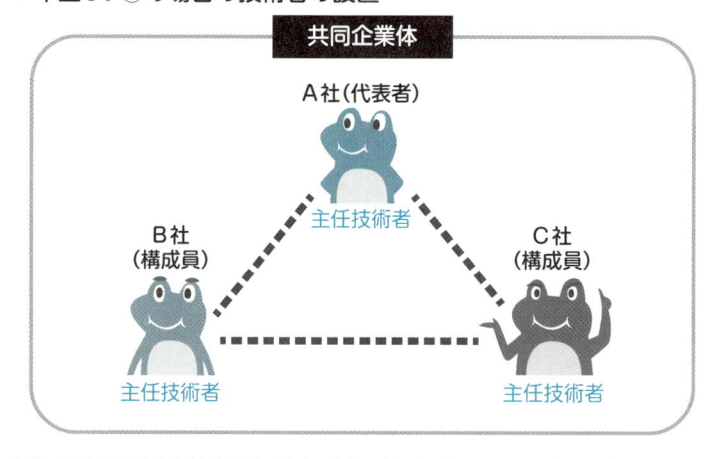

出典：国土交通省中部地方整備局「建設業法に基づく適正な施工の確保に向けて」(https://www.cbr.mlit.go.jp/kensei/info/qa/pdf/R0702/R0702_tekiseinasekounokakuho.pdf) P16をもとに作成

②下請代金の総額が5,000万円(建築一式工事の場合8,000万円)以上の場合

構成員のうち1社(通常は代表者)が監理技術者を設置し、他の構成員が主任技術者を設置します。監理技術者及び主任技術者は当該工事に専任する必要があります。

▼甲型JV②の場合の技術者の設置

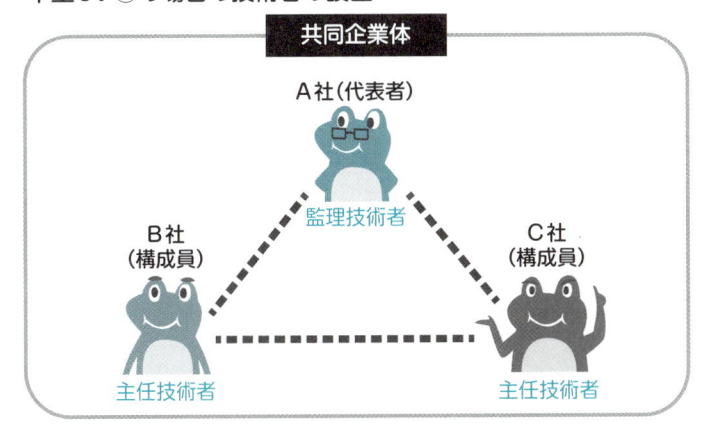

出典：国土交通省中部地方整備局「建設業法に基づく適正な施工の確保に向けて」(https://www.cbr.mlit.go.jp/kensei/info/qa/pdf/R0702/R0702_tekiseinasekounokakuho.pdf) P16をもとに作成

乙型JVの場合の主任技術者・監理技術者の設置

①分担工事に係る下請代金の総額が5,000万円（建築一式の場合8,000万円）未満の場合

全ての構成員が主任技術者を設置します。

なお、分担工事に係る請負代金の額が4,500万円（建築一式工事の場合9,000万円）以上の場合は、設置された主任技術者は専任する必要があります。

▼乙型JV①の場合の技術者の設置

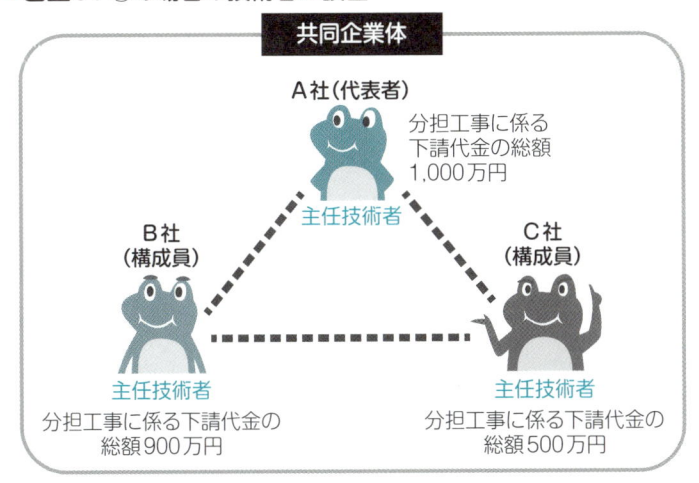

出典：国土交通省中部地方整備局「建設業法に基づく適正な施工の確保に向けて」(https://www.cbr.mlit.go.jp/kensei/info/qa/pdf/R0702/R0702_tekiseinasekounokakuho.pdf) P17をもとに作成

②分担工事に係る下請代金の総額が5,000万円 (建築一式の場合8,000万円) 以上の場合

分担工事に係る下請代金の総額が5,000万円 (建築一式の場合8,000万円) 以上となった建設業者は監理技術者を、その他の建設業者は主任技術者を設置します。

なお、分担工事に係る請負代金の額が4,500万円 (建築一式工事の場合9,000万円) 以上の場合は、設置された監理技術者・主任技術者は専任する必要があります。

▼乙型JV②の場合の技術者の設置

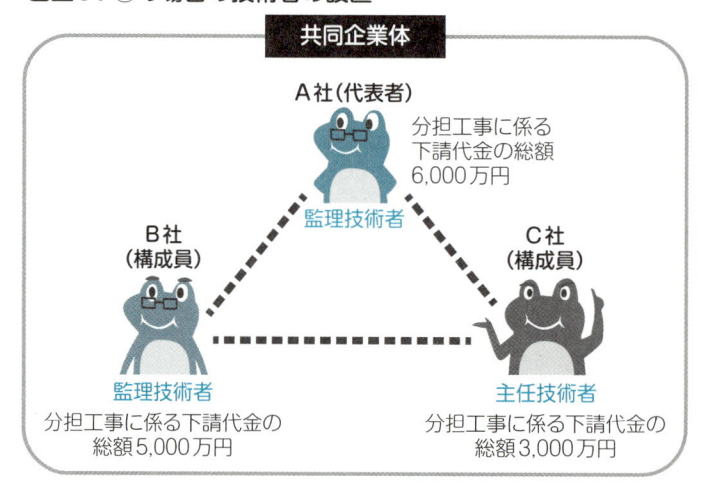

出典：国土交通省中部地方整備局「建設業法に基づく適正な施工の確保に向けて」(https://www.cbr.mlit.go.jp/kensei/info/qa/pdf/R0702/R0702_tekiseinasekounokakuho.pdf) P17 をもとに作成

16 主任技術者・監理技術者は工事の途中で交代してもいいの？

情報を更新

主任技術者・監理技術者は休むこともできるわけだから、工事の途中で交代することも問題ないよね？

発注者の立場からしたら、能力のある技術者から別の人に代わってしまうのは嫌だよね。交代は慎重に行う必要があるよ

主任技術者・監理技術者の途中交代

建設工事の適正な施工の確保を阻害する恐れがあるため、工事における入札、契約手続きの公平性の確保を踏まえた上で、慎重かつ必要最小限とする必要があります。主任技術者・監理技術者の途中交代を行うことのできる条件について、注文者と書面等により合意がなされている場合は、途中交代が可能になります。

例外的に交代することが認められるケースとしては、国土交通省の「監理技術者制度運用マニュアル」において以下のものが例として挙げられています。

- ・死亡した場合
- ・傷病により職務を遂行できない場合
- ・被災により職務を遂行できない場合
- ・出産により職務を遂行できない場合
- ・育児により職務を遂行できない場合
- ・介護により職務を遂行できない場合
- ・退職した場合
- ・受注者の責によらない理由により工事中止または工事内容の大幅な変更が発生し、工期が延長された場合
- ・橋梁、ポンプ、ゲート、エレベーター、発電機・配電盤等の電機品等の工場製作を含む工事であって、工場から現地へ工事の現場が移行する場合
- ・工事工程上技術者の交代が合理的な場合

4

ただし、公共工事においては、入札の公平性の観点から、交代が認められる条件は入札前に明示された範囲とされ、同等以上の技術力を有する技術者であることが条件となります。

交代する場合の注意事項

　主任技術者・監理技術者を交代する場合、発注者と元請業者との協議により、工事の継続性、品質確保等に支障がないと認められることが必要です。工事の継続性、品質確保等に支障がないようにするためには、次のような措置をとらなければなりません。

- ・交代の時期は工程上一定の区切りと認められる時点とする
- ・交代前後における主任技術者・監理技術者の技術力が同等以上となるようにする
- ・工事の規模、難易度等に応じ一定期間重複して新旧主任技術者・監理技術者を工事現場に設置するなどの措置をとる

　発注者との協議においては、建設業者が、工事現場に設置する主任技術者・監理技術者及びその他の技術者の職務分担、本支店等の支援体制等に関する情報を、発注者に対して説明することが重要です。

主任技術者から監理技術者への交代

　当初は主任技術者を設置した工事で、大幅な工事内容の変更等により、工事途中で下請契約の請負代金の額が5,000万円（建築一式工事の場合8,000万円）以上となった場合、発注者から直接建設工事を請け負った特定建設業者は、主任技術者から監理技術者へ交代しなければなりません。あらかじめ、このような増額が予想される場合は、建設業者は当初から監理技術者の資格を有する技術者を設置しておかなければなりません。

17 派遣社員が工事現場の作業員として働いてもいいの？

人手が足りないから、派遣社員の人に工事現場の作業を手伝ってもらいたいと思うんだけど

労働者派遣は、建設業法とは別の法律で規定されているよ。確認してみよう

派遣が禁止されている業務

労働者派遣事業の適正な運営の確保及び派遣労働者の保護等に関する法律（労働者派遣法）では、次のいずれかに該当する業務について、労働者派遣事業を行ってはならないと規定されています。

①港湾運送業務

港湾における、船内荷役・はしけ運送・沿岸荷役やいかだ運送、船積貨物の鑑定・検量等の業務

②建設業務

土木、建築その他工作物の建設、改造、保存、修理、変更、破壊若しくは解体の作業又はこれらの準備の作業に係る業務

③警備業務

事務所、住宅、興行場、駐車場、遊園地等における、または運搬中の現金等に係る盗難等や、雑踏での負傷等の事故の発生を警戒し、防止する業務

④その他派遣労働者に従事させることが適当でないと認められる業務

医師、歯科医師、薬剤師、弁護士、司法書士等の業務

建設業務は労働者派遣法で労働者派遣が禁止される業務として規定されています。

労働者派遣法で禁止されている建設業務とは？

　労働者派遣法で禁止されている建設業務とは、「土木、建築その他工作物の建設、改造、保存、修理、変更、破壊若しくは解体の作業又はこれらの準備の作業に係る業務」のことをいいます。この業務は、工事現場において直接にこれらの作業に従事するものに限られています。つまり、労働者派遣法で禁止されているのは、工事現場の作業員としての派遣ということです。

　作業員としての派遣が禁止されているということですので、例えば、工事現場の現場事務所における事務職員が行う業務は労働者派遣法の派遣禁止の対象とはなっていません。

▼作業員としての工事現場への派遣は禁止

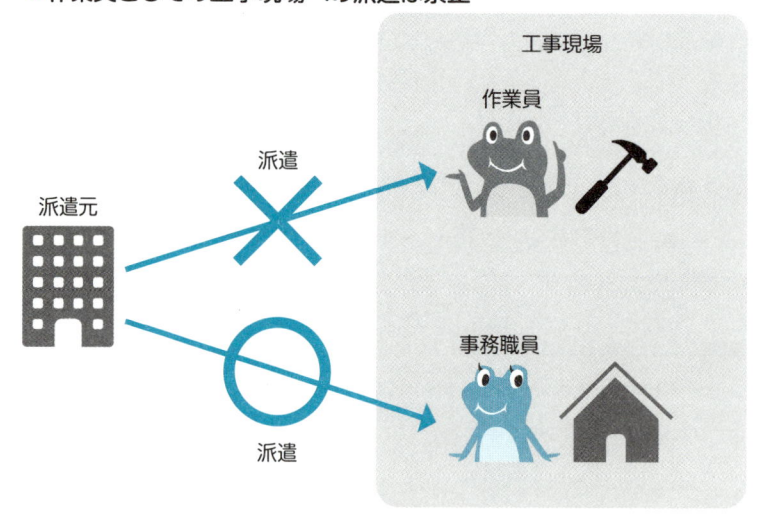

現場監督は派遣OK？

工事の施工計画の作成、工事の工程管理（スケジュール、施工順序、施工手段等の管理）、品質管理（強度、材料、構造等が設計図書どおりとなっているかの管理）、安全管理（従業員の災害防止、公害防止等）等の施工管理業務（現場監督）については、労働者派遣法で派遣が禁止されている建設業務に該当せず、労働者派遣の対象とされています。

なお、工程管理、品質管理、安全管理等に遺漏が生ずることのないよう設置する主任技術者・監理技術者については、建設業者との間に直接的かつ恒常的な雇用関係があることが求められており、労働者派遣の対象とはなりませんので注意が必要です。

用語の解説

直接的かつ恒常的な雇用関係：監理技術者等とその所属建設業者との間に第三者の介入する余地のない雇用に関する一定の権利義務関係（賃金、労働時間、雇用、権利構成）が存在し、一定の期間にわたり当該建設業者に勤務し、日々一定時間以上職務に従事することが担保されている雇用関係。

4

18 工事現場の作業員として外国人を雇用することはできるの？

情報を更新

最近、工事現場でよく外国人を見かけるようになったね

外国人を雇用する場合、不法就労とならないように注意が必要だよ

在留資格の確認

　外国人を雇用する際は、不法就労にならないように注意が必要です。不法就労は出入国管理及び難民認定法（入管法）により禁止されており、不法就労をした外国人だけでなく、不法就労をさせた事業主も処罰の対象となっています。

▼不法就労とは？

　不法就労となるのは、次の3つのケースです。

①不法滞在者が働くケース

　密入国した外国人やオーバーステイの外国人が働く等

②出入国在留管理局から働く許可を受けていないのに働くケース

　観光や知人訪問の目的で入国した外国人が働く等

③出入国在留管理局から認められた範囲を超えて働くケース

　外国料理店のコックとして働くことを認められた外国人が工場で単純労働者として働く等

　不法就労をさせないためには、外国人を雇用する際に在留カードを確認する必要があります。在留カードとは、入管法上の在留資格を持って適法に日本に中長期間滞在する外国人が所持するカードです。観光などで一時的に滞在する外国人や不法滞在者は所持していません。

不法就労させたり、不法就労をあっせんした者は、不法就労助長罪となり、3年以下の懲役・300万円以下の罰金が科せられる可能性があります。外国人を雇用する際に、不法就労者であることを知らなかったとしても、在留カードを確認していない等の過失がある場合には処罰を免れることができませんので、確認はしっかり行う必要があります。

在留カードの確認方法

外国人を雇用する際には、その外国人が就労できる外国人であるかどうかを確認する必要があります。就労できるかどうかは在留カードを確認することで判断することができます。在留カード確認の手順は次のとおりです。

● 手順 1

在留カード表面の「就労制限の有無」を確認します。記載されている内容により、その外国人を雇用できるかどうかが決まります。

①「就労不可」

この記載のある在留カードを持っている外国人は、原則就労できません。ただし、例外もあるため、次の【手順2】を確認してください。

②「在留資格に基づく就労活動のみ可」

この記載のある在留カードを持っている外国人は、在留資格に基づく就労活動であれば就労することができます。

③「指定書記載機関での在留資格に基づく就労活動のみ可」

この記載のある在留カードを持っている外国人は技能実習生です。技能実習生は、技能実習計画に基づいて、実習実施者との雇用関係の下で、実戦的な技能等の修得を図ることになっています。法務大臣が個々に指定した活動等が記載された指定書を確認してください。

④「指定書により指定された就労活動のみ可」

この記載のある在留カードを持っている外国人は「特定活動」という在留資格を持っている外国人です。個々に指定された活動しか行うことができません。法務大臣が個々に指定した活動等が記載された指定書を確認してください。

4

⑤「就労制限なし」

　この記載のある在留カードを持っている外国人は、職業の種類や時間の制限なく日本人と同じように就労することができます。

●手順2

　在留カード裏面の「資格外活動許可欄」を確認してください。【手順1】で「就労不可」と記載された在留カードを持っている外国人であっても、「資格外活動許可欄」に次のいずれかの記載がある外国人は就労することが可能です。

①「許可（原則週28時間以内・風俗営業等の従事を除く）」

　風俗営業等を除き、週28時間以内で就労することができます。

②「許可（資格外活動許可書に記載された範囲内の活動）」

　資格外活動許可書に記載された範囲内で就労することができます。資格外活動許可書を確認してください。

▼在留カード見本

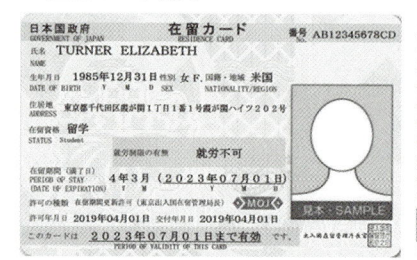 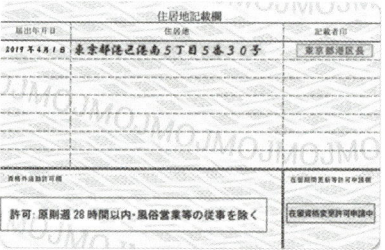

出典：出入国在留管理庁「在留カードとは？」（https://www.moj.go.jp/isa/applications/procedures/whatzairyu_00001.html）より

工事現場で働くことができる外国人

　工事現場の作業員として雇用できる外国人はどのような外国人であるか、先ほどの在留カードの確認方法と照らし合わせて確認してみましょう。

▼工事現場で働くことができる外国人

就労制限の有無の記載	工事現場の作業員としての雇用の可否
①就労不可	資格外活動許可を得ている外国人であれば、週28時間以内のアルバイトとして雇用することができます。
② 在留資格に基づく就労活動のみ可	工事現場の作業員として認められている在留資格はないため、雇用することができません。ただし、建設特定技能受入計画について国土交通大臣の認定を受けた特定技能所属機関（受入れ機関）であれば、建設特定技能受入計画に基づいて、一定の職種においてのみ雇用することができます（建設分野における特定技能制度）。
③ 指定書記載機関での在留資格に基づく就労活動のみ可	雇用することができません。 ただし、技能実習計画について外国人技能実習機構の認定を受けた実習実施者であれば、技能実習計画に基づいて、一定の職種・作業においてのみ雇用する（技能等の修得をさせる）ことができます（外国人技能実習制度）。 （育成就労制度の開始以降　※令和9年を目途に施行予定） 育成就労計画について外国人育成就労機構の認定を受けた育成就労実施者であれば、育成就労計画に基づいて、一定の職種・作業においてのみ雇用する（技能等の修得をさせる）ことができます（育成就労制度）
④就労制限なし	在留資格が「永住者」「定住者」「日本人の配偶者等」「永住者の配偶者等」である外国人は、就労制限がありませんので、雇用することができます。

　④の場合は、外国人を工事現場の作業員として問題なく雇用することができます。また、①の場合で資格外活動許可を受けている場合は週28時間以内のアルバイトであれば雇用することができます。その他、外国人技能実習制度（育成就労制度）や建設分野における特定技能制度の制度を活用することで、適法に外国人を雇用することが可能です（②③の場合）。

19 監理技術者資格者証って何？

監理技術者資格者証って、技術検定試験の合格証明書とは違うの？

監理技術者資格者証というカードがあるんだよ

監理技術者資格者証とは？

　建設業者は、発注者から直接請け負った建設工事を施工するために締結した下請契約の請負代金の額が5,000万円（建築一式工事の場合は8,000万円）以上となる場合には、工事現場における工事の施工の技術上の管理をつかさどる者として、監理技術者を置かなければなりません。

　監理技術者資格者証は、その工事の監理技術者としての資格を有しているかを示すもので、一般財団法人建設業技術者センター（https://www.cezaidan.or.jp/information/business/index.html）が交付しています。

▼監理技術者資格者証の見本

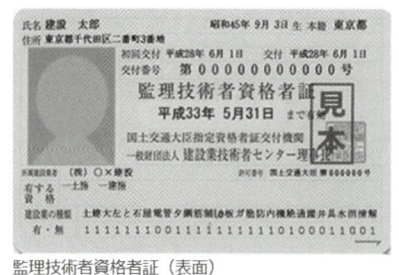
監理技術者資格者証（表面）

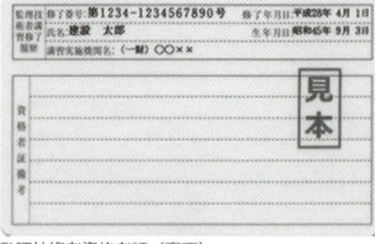
監理技術者資格者証（裏面）

出典：一般財団法人建設業技術者センター「監理技術者について」（https://www.cezaidan.or.jp/managing/about/index.html）より

専任が求められる工事では、監理技術者は、監理技術者資格者証の交付を受け、かつ、監理技術者講習を修了していることが必要です。工事現場においては、監理技術者資格者証の携帯が義務付けられ、発注者から請求があったときは監理技術者資格者証を提示しなければなりません。

▼建設業法

> （主任技術者及び監理技術者の設置等）
> 第二十六条
> 　〜中略〜
> 5　第三項の規定により専任の者でなければならない監理技術者（同項各号に規定する監理技術者を含む。次項において同じ。）は、第二十七条の十八第一項の規定による監理技術者資格者証の交付を受けている者であつて、第二十六条の六から第二十六条の八までの規定により国土交通大臣の登録を受けた講習を受講したもののうちから、これを選任しなければならない。
> 6　前項の規定により選任された監理技術者は、発注者から請求があつたときは、監理技術者資格者証を提示しなければならない。

監理技術者講習とは？

4

　建設工事の適正な施工の確保を図る観点から、監理技術者には、施工技術や施工管理等についての高度な理解や最近の動向に関する知識が求められています。そのため、専任が求められる工事の監理技術者は、監理技術者講習を修了した者でなければなりません。また、経営事項審査（経審）において、監理技術者講習の受講をした1級の国家資格者は、未受講の1級の国家資格者と比べて加点評価されます。

　監理技術者講習は、建設業技術者センターではなく、国土交通大臣の登録を受けた講習実施機関が実施しています。令和7年2月の執筆時現在で登録を受けている講習実施機関は次の一覧のとおりです。

▼監理技術者講習実施機関一覧

登録番号	機関の名称	法人番号	事務所の所在地	電話番号	初回登録日
1	（一財）全国建設研修センター	7012705001694	東京都小平市喜平町2-1-2	042-300-1741	平成16年6月30日

2	（一財）建設業振興基金	2010405010376	東京都港区虎ノ門4-2-12	03-5473-1585	平成16年6月30日
5	（一社）全国土木施工管理技士会	1010005018721	東京都千代田区五番町6-2	03-3262-7423	平成16年7月30日
7	（株）総合資格	2011101011412	東京都新宿区西新宿1-26-2	03-3340-3081	平成16年10月28日
10	（株）日建学院	9013301021795	東京都豊島区池袋2-38-2	03-3988-1175	平成23年1月13日
12	（公社）日本建築士会連合会	5010405010407	東京都港区芝5-2-20	03-3456-2061	平成27年6月22日

出典：国土交通省「監理技術者講習の実施機関一覧」（https://www.mlit.go.jp/totikensangyo/const/1_6_bt_000094.html）をもとに作成

　監理技術者講習の概要は全機関共通ですので、どの講習実施機関で講習を受けていただいても大丈夫です。講習の実施日時や会場、受講申込方法は各講習実施機関によって異なりますのでお問い合わせください。

▼監理技術者講習の概要

> ・所要日数：1日
> ・講習科目：
> (1) 建設工事に関する法律制度 1.5 時間
> (2) 建設工事の施工計画の作成、工程管理、品質管理その他の技術上の管理 2.5 時間
> (3) 建設工事に関する最新の材料、資機材及び施工方法に関し必要な事項　2.0 時間
> 　　計6.0 時間
> ・修了証交付：受講終了直後

監理技術者資格者証の交付を受けるには？

　監理技術者資格者証の交付を受けるためには、一般財団法人建設業技術者センターに交付申請をしなければなりません。建設業技術者センターで審査が行われ、審査基準の適合が認められた場合には、標準処理期間内に交付されます。交付申請には7,600円（非課税）の手数料が必要です。

　申請から資格者証の交付までに要する標準処理期間については、土曜日、日曜日及び休日を除き、次の期間が目安となっています。なお、この期間には、申請者

等による不備の補正に要する期間は含まれていません。

> ① インターネット申請による場合　10日
> ② 建設業技術者センターの支部へ申請 (郵送または持参) する場合　20日
> ③ ①、②に関わらず、監理技術者資格を有することを証する書面として、実
> 　務経験証明書を添付して申請する場合　30日

申請手続きに関しては、建設業技術者センターのホームページをご確認ください。

一般財団法人建設業技術者センター「申請手続き」

https://www.cezaidan.or.jp/managing/procedure/index.html

監理技術者資格者証の交付申請と監理技術者講習の受講申込の手続きは、どちらを先に進めても問題ありません。

▼「監理技術者資格者証」と「監理技術者講習」の関係について　　4

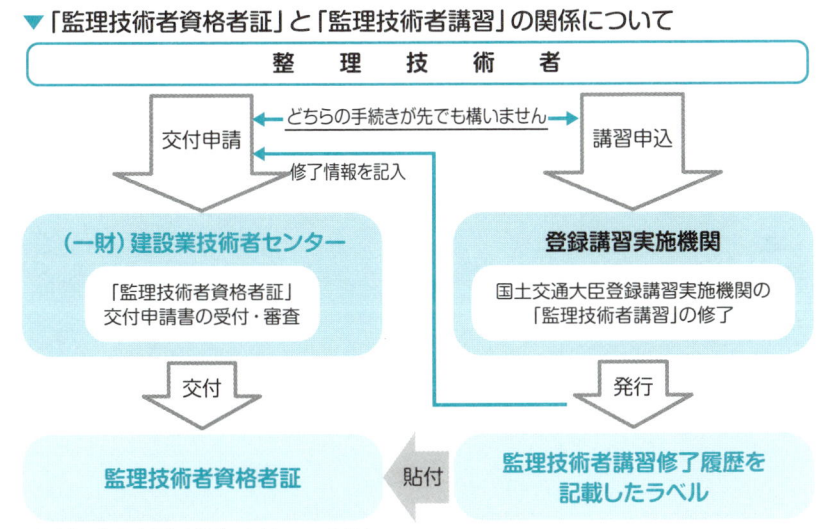

申請書に終了番号等を記載いただいている場合
は、裏面に監理技術者講習終了履歴を印字

出典：一般財団法人建設業技術者センター「「監理技術者資格者証」と「監理技術者講習」の関係について」(https://www.cezaidan.or.jp/managing/about/pdf/about01.pdf) をもとに作成

20 令和6年4月の改正で、技術検定の受験資格はどのように変わったの？

令和6年4月に技術検定の受験資格が変わったの？

第1次検定は年齢要件を満たしていれば受験が可能に、第2次検定は一定期間の実務経験で受験が可能になったよ

技術検定とは

　まず、技術検定がなにかを解説します。技術検定とは、建設工事に従事する技術者の技術の向上を図ることを目的として、国土交通大臣から指定試験機関として指定を受けた機関が実施する検定のことをいいます。

　技術検定はその種目に応じて大きく次の7つに分けられます。

▼技術検定の種目

種目	指定試験機関
土木施工管理 （1級・2級*1）	（一財）全国建設研修センター https://www.jctc.jp/
建築施工管理 （1級・2級*1）	（一財）建設業振興基金 https://www.kensetsu-kikin.or.jp/
電気工事施工管理 （1級・2級）	（一財）建設業振興基金 https://www.kensetsu-kikin.or.jp/
管工事施工管理 （1級・2級）	（一財）全国建設研修センター https://www.jctc.jp/
造園施工管理 （1級・2級）	（一財）全国建設研修センター https://www.jctc.jp/
建設機械施工管理 （1級・2級*2）	（一社）日本建設機械施工協会 https://jcmanet.or.jp/
電気通信工事施工管理 （1級・2級）	（一財）全国建設研修センター https://www.jctc.jp/

＊1　2級土木は「土木」「鋼構造物塗装」「薬液注入」、2級建築は「建築」「躯体」「仕上げ」の3種別にそれぞれ分かれています。

＊2　2級建設機械は「第1種」～「第6種」の6種別に分かれています。

技術検定試験に合格すると「技士」又は「技士補」の称号を称することができます。技士は、建設業許可の要件である営業所技術者等や、現場の監理技術者等になることができます。

受験資格の変更

建設業における中長期的な担い手の確保・育成を図るため、技術検定の受験資格が見直されました。受験資格については、令和6年4月1日の改正施工技術検定規則及び建設業法施行規則の施行により、第1次検定の受験には実務経験が不要とされ、第2次検定の受験においても実務経験の要件が次のとおりに改正が行われています。

▼ 1級の技術検定

（旧受験資格）

学歴	第1次検定	第2次検定
大学（指定学科）		卒業後3年実務
短大、高専（指定学科）		卒業後5年実務
高等学校（指定学科）		卒業後10年実務
大学（指定学科）		卒業後4.5年実務
短期大学、高等専門学校		卒業後7.5年実務
高等学校（指定学科）		卒業後11.5年実務
2級合格者	条件なし	2級合格後5年実務
上記以外		15年実務

※いずれも指導監督的実務経験1年を含む

（新受験資格）

第1次検定	第2次検定
年度末時点での 年齢が19歳以上	○1級1次検定合格後 ・実務経験5年以上 ・特定実務経験（※）1年以上を含む実務経験3年以上 ・監理技術者補佐としての実務経験1年以上 ○2級2次検定合格後（1級1次検定合格者に限る） ・実務経験5年以上 ・特定実務経験（※）1年以上を含む実務経験3年以上 ○土木施工管理の場合 　技術士第二次試験（建設部門、上下水道部門等）合格後、 ・実務経験5年以上 ・特定実務経験（※）1年以上を含む実務経験3年以上 ○建築施工管理の場合 　1級建築士試験合格後、 ・実務経験5年以上 ・特定実務経験（※）1年以上を含む実務経験3年以上 ○電気工事施工管理の場合（1級1次検定合格者に限る） 　第1種電気工事士試験合格後または免状交付後、 ・実務経験5年以上 ・特定実務経験（※）1年以上を含む実務経験3年以上

※特定実務経験とは、請負金額4,500万円（建築一式工事は7,000万円）以上の建設工事において、監理技術者・主任技術者（監理技術者資格者証を有する者に限る）の指導の下、または自ら監理技術者・主任技術者として行った経験をいう

▼2級の技術検定

（旧受験資格）

学歴	第1次検定	第2次検定
大学（指定学科）		卒業後1年実務
短大、高専（指定学科）		卒業後2年実務
高等学校（指定学科）		卒業後3年実務
大学（指定学科）	17歳以上（当該年度末時点）	卒業後1.5年実務
短期大学、高等専門学校		卒業後3年実務
高等学校（指定学科）		卒業後4.5年実務
上記以外		卒業後8年実務

第1次検定	第2次検定
年度末時点での 年齢が17歳以上	○2級1次検定合格後、実務経験3年以上（建設機械種目については2年以上） ○1級1次検定合格後、実務経験1年以上
	○建設機械施工管理の場合（2級1次検定合格者に限る） 　建設機械操作施工の経験6年以上
	○土木施工管理の場合 　技術士第二次試験（建設部門、上下水道部門等）合格後、実務経験1年以上
	○建築施工管理の場合 　1級建築士試験合格後、実務経験1年以上
	○電気工事施工管理の場合（1級又は2級1次検定合格者に限る） 　電気工事士試験または電気主任技術者試験の合格後または免状交付後、実務経験1年以上
	○電気通信工事施工管理の場合（1級又は2級1次検定合格者に限る） 　電気通信主任技術者試験合格後または資格者証交付後、実務経験1年以上

4

　技術検定の受験資格については、令和6年4月に改正が行われていますが、令和10年度までの間は、経過措置期間として、旧受験資格による第2次検定受験も可能であり、令和6年度から10年度までの間に、有効な第2次検定受検票の交付を受けた場合、令和11年度以降も引き続き第2次検定を受検可能です（旧2級学科試験合格者及び同日受検における1次検定不合格者を除く）。

　また令和2年度までに実施された2級学科試験合格者については、従前どおり合格年度を含む12年以内かつ連続2回に限り当該2次検定を制度改正前の資格要件で受検可能です。

▼ 新受験資格での技術検定受検イメージ

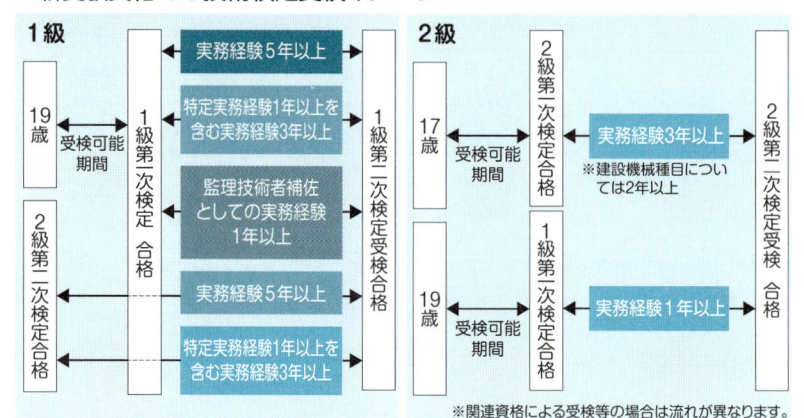

出典：国土交通省「令和6年度より施工管理技術検定の受検資格が変わります」(https://www.mlit.go.jp/tochi_fudousan_kensetsugyo/const/content/001707687.pdf) をもとに作成

受験に必要な実務経験

　受験資格で求められる実務経験の内容は、各技術検定によって異なります。本書では、建築施工管理技術検定を例に、必要な実務経験について詳しく見ていきます。

(1) 対象工事の種類

　「実務経験」の対象となる工事は、建設業法に定められた建設工事の29種類のうち、次の17種類です。

▼ 実務経験の対象となる建設工事の種類

対象となる建設工事の種類		対象とならない建設工事の種類
建築一式工事	鉄筋工事	土木一式工事
大工工事	板金工事	電気工事
左官工事	ガラス工事	管工事
とび・土工・コンクリート工事	塗装工事	舗装工事
石工事	防水工事	しゅんせつ工事
屋根工事	内装仕上工事	機械器具設置工事
タイル・れんが・ブロック工事	熱絶縁工事	電気通信工事
鋼構造物工事	建具工事	造園工事
	解体工事	さく井工事
		水道施設工事
		消防施設工事
		清掃施設工事

出典：国土交通省「令和6年度より施工管理技術検定の受検資格が変わります【別添2】」(https://www.mlit.go.jp/report/press/content/001707652.pdf) をもとに作成

(2) 実務経験の内容

　施工管理技術検定における「実務経験」とは、建設工事の実施に当たり、その施工計画の作成及び当該工事の工程管理、品質管理、安全管理など、工事の施工の管理に直接的に関わる技術上の職務経験（業務として行われたものに限ります。）をいい、具体的には次の①〜③（いずれも補助者としての経験を含みます。）をいいます。

①施工管理

　工事請負者の従業員（請負者自身が工事に従事する場合、派遣・出向等により一時的に請負者に所属する場合を含む）として請負工事の施工を管理した経験

②施工監督

　工事発注者の従業員として発注工事の施工を指導・監督した経験（現場監督技術者等）

③設計監理

　工事監理業務等受託者の従業員として対象工事の工事監理を行った経験（設計及び監理業務の一括受注の場合、工事監理業務期間のみ）

4

　次の業務・作業については、実務経験とは認められませんので注意が必要です。

▼実務経験として認められない業務・作業の例

- ・工事着工以前における設計者としての基本設計、実施設計のみの業務
- ・設計、積算、保守、点検、維持、メンテナンス、事務、営業などの業務
- ・測量地盤調査業務
- ・工事における雑役務のみの業務、単純な労働作業など
- ・官公庁における行政及び行政指導、研究所、教育機関、訓練所等における研究、教育または指導等の業務
- ・アルバイトによる作業員としての経験
- ・入社後の研修期間
- ・人材派遣による建設業務（土木、建築その他の工作物の建設、改造、保存、修理、変更、破壊もしくは解体の作業またはこれらの準備の作業に直接従事した業務は、労働者派遣事業の適用除外の業務のため不可。ただし建築工事の施工管理業務は除く）

第5章 施工体制台帳・施工体系図について

1 元請になったら必ず施工体制台帳を作成しなければならないの？

令和7年2月改正

元請の立場になった場合、やっぱりいろんな義務があるんだよね？

そうだね。その中の一つが施工体制台帳の作成だよ

施工体制台帳とは？

　施工体制台帳とは、工事を請け負う全ての業者名、各業者の施工範囲、工期、主任技術者・監理技術者名を記載した台帳です。作成対象工事の場合、元請業者が作成する必要があります。

　施工体制台帳の作成を通じて、元請業者に現場の施工体制を把握させることで、次のようなことを防止することが目的とされています。

① 品質・工程・安全などの施工上のトラブルの発生
② 不良不適格業者の参入や建設業法違反（一括下請負等）
③ 安易な重層下請（生産効率低下等）

▼施工体制台帳の記入例

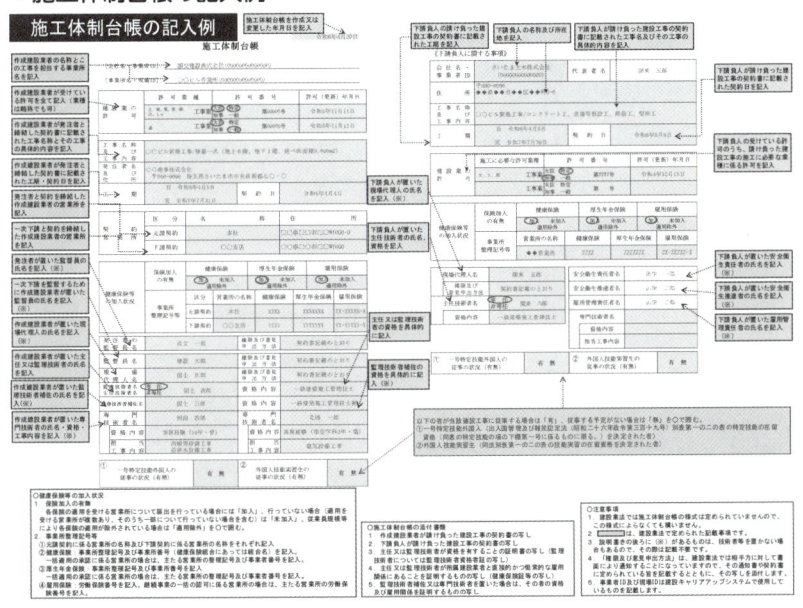

出典：国土交通省関東地方整備局「建設工事の適正な施工を確保するための建設業法（令和7年2月版）（https://www.ktr.mlit.go.jp/ktr_content/content/000699485.pdf）P33 より

施工体制台帳を作成しなければならない工事

発注者から直接建設工事を請け負った特定建設業者は、その工事を施工するために締結した下請契約の総額が5,000万円（建築一式工事の場合8,000万円）以上になる場合、施工体制台帳の作成が義務付けられています。

ただし、公共工事の場合は、公共工事の入札及び契約の適正化の促進に関する法律（入札適正化法）の規定により、下請契約の金額に関わらず、施工体制台帳の作成が必要です。また、作成した施工体制台帳の写しを発注者へ提出することが義務付けられています。

▼施工体制台帳の作成対象工事

①公共工事の場合は、発注者から直接請け負った建設工事を施工するために下請契約を締結したとき

②民間工事の場合は、発注者から直接請け負った建設工事を施工するために締結した下請契約の総額が5,000万円（建築一式工事の場合8,000万円）以上となったとき

施工体系図とは？

　各下請負人の施工分担関係が一目でわかるように作成する図です。施工体制台帳の作成対象工事において、元請業者が作成しなければなりません。元請業者は、作成対象工事については、施工体制台帳と施工体系図を作成することとなります。

▼施工体系図（樹状図形式）の記入例

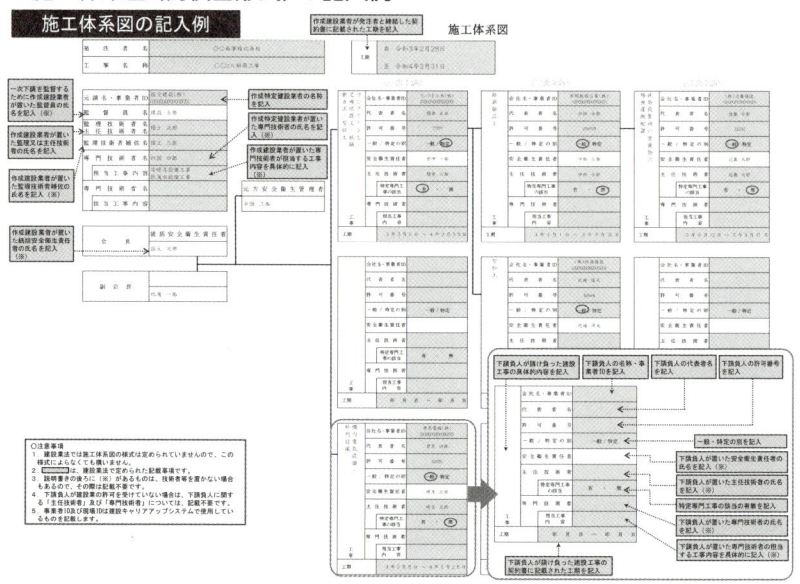

出典：国土交通省関東地方整備局「建設工事の適正な施工を確保するための建設業法（令和7年2月版）（https://www.ktr.mlit.go.jp/ktr_content/content/000699485.pdf）P36 より

▼施工体系図（表形式）の記入例

標準様式第○○号		施工体系図（作成例）

発 注 者 名	北海道開発局
工 事 名 称	道道○○号線道路改良工事

工 期	自 2020年6月1日
	至 2022年8月31日

元請名・事業者ID	北海道建設株式会社（01234567890123）
監 督 員 名	札幌 一郎
監理技術者名	小樽 二郎
監理技術者を補佐する者	旭川 三郎
専門技術者名	
担当工事内容	
専門技術者名	
担当工事内容	

会長（統括安全衛生責任者）	函館 四郎
元方安全衛生管理者	室蘭 五郎
副 会 長	北見 六郎
副 会 長	
書 記	釧路 七郎

※この書類は、下請負業者編成表に基づき、元請負業者が作成する。

番号	請負次数	企業名・事業者ID	代表者氏名	工事内容	工期	建設業許可番号※1	建設業許可番号※2	安全衛生責任者	主任技術者	特定専門工事該当の有無	専門技術者名	担当工事内容
1	1	青森建設工業株式会社（12345678901234）	八戸 一郎	一般土木工事	2020年6月8日～2021年8月31日	とび・土工工事業 知事（般-1）第12345号		三沢 二郎	仙facsimile 三郎	無		
	2	岩手建設株式会社（12345678901234）	盛岡 一郎	とび土工工事	2020年7月19日～2021年8月31日	とび・土工工事業 知事（般-29）第34567号		安比 二郎	平泉 三郎	無		
	2	株式会社秋田建設（34567890123456）	本荘 一郎	一般土木工事	2020年8月19日～2021年8月31日	一般土木工事業 知事（般-2）第45678号		由利 二郎	大館 三郎	無		
	3	宮城圧送株式会社（45678901234567）	松島 一郎	コンクリート工事	2020年8月28日～2021年8月31日	コンクリート工事業 知事（般-1）第56789号		石巻 二郎	女川 三郎	無		
2	1	関東工業株式会社（01234567890123）	東京 一郎	一般土木工事	2020年9月1日～2021年8月31日	とび・土工工事業 知事（般-1）第01234号		足立 二郎	大田 三郎	無		
	2	千葉建設株式会社（01234567890012）	柏 一郎	型枠工事	2020年9月1日～2021年8月31日	大工工事業 知事（般-2）第00125号	大工工事業 知事（般-29）第00123号	松戸 二郎	成田 三郎	無		
	2	株式会社茨城土建（00012345678901）	水戸 一郎	型枠工事	2020年9月1日～2021年8月31日	大工工事業 知事（般-29）第00124号		日立 二郎	鹿島 三郎	無		
	3	神奈川鉄筋株式会社（00001234567890）	横浜 一郎	鉄筋工事	2020年9月1日～2021年8月31日	鉄筋工事業 知事（般-2）第00125号		川崎 二郎	厚木 三郎	無		
	3	有限会社栃木鉄筋（00012345678909）	大宮 一郎	鉄筋工事	2020年9月21日～2021年8月31日	鉄筋工事業 知事（般-2）第00126号		華厳 二郎	那須 三郎	無		
	3	有限会社群馬鉄筋（00000123456789）	前橋 一郎	鉄筋工事	2020年9月21日～2021年8月31日	鉄筋工事業 知事（般-29）第00127号		高崎 二郎	赤城 三郎	無		
3	1	山形電機工業株式会社（00123456781111）	庄内 一郎	仮設電気工事	2020年6月1日～2021年8月31日	電気工事業 知事（般-29）第00128号		鶴岡 二郎	酒田 三郎	無		
4	1	中部建設工業株式会社（00123456781112）	愛知 一郎	一般土木工事	2020年7月8日～2021年8月31日	とび・土工工事業 知事（般-1）第00015号		名古屋 二郎	豊橋 三郎	無		
	2	静岡建設株式会社（00123456781113）	清水 一郎	とび土工工事	2020年7月8日～2021年8月31日	とび・土工工事業 知事（般-2）第00201号		駿河 二郎	下田 三郎	無		
	2	株式会社山梨機械（00123456781114）	甲府 一郎	型枠工事	2020年7月8日～2021年8月31日	大工工事業 知事（般-2）第00210号	大工工事業 知事（般-29）第00202号	勝沼 二郎	富士 三郎	無		
	3	長野建設株式会社（00123456781116）	松本 一郎	型枠工事	2020年7月8日～2021年8月31日	大工工事業 知事（般-2）第00204号		大町 二郎	諏訪 三郎	無		
	3	福島工業株式会社（00123456781116）	郡山 一郎	鉄筋工事	2020年7月8日～2021年8月31日	鉄筋工事業 知事（般-2）第00205号		磐城 二郎	伊達 三郎	無		
	3	株式会社新潟鉄筋（00123456781117）	長岡 一郎	鉄筋工事	2020年7月8日～2021年8月31日	鉄筋工事業 知事（般-2）第00206号		魚沼 二郎	新発田 三郎	無		
	3	有限会社富山鉄筋（00123456781118）	立山 一郎	鉄筋工事	2020年7月8日～2021年8月31日	鉄筋工事業 知事（般-2）第00207号		魚津 二郎	高岡 三郎	無		
	3	石川鉄筋株式会社（00123456781119）	金沢 一郎	鉄筋工事	2020年7月8日～2021年8月31日	鉄筋工事業 知事（般-2）第00207号		加賀 二郎	能登 三郎	無		
	2	株式会社福井圧送（00123456781123）	越前 一郎	コンクリート工事	2020年7月8日～2021年8月31日	とび・土工工事業 知事（般-2）第00208号		敦賀 二郎	鯖江 三郎	無		
	2	岐阜圧送工業株式会社（00123456781121）	大垣 一郎	とび土工工事	2020年7月8日～2021年8月31日	とび・土工工事業 知事（般-2）第00209号		高山 二郎	郡上 三郎	無		
5	1	愛知工業株式会社（00123456781121）	豊田 一郎	地盤改良工事	2020年9月15日～2021年8月31日	とび・土木工事業 知事（般-29）第00211号		岡崎 二郎	小牧 三郎	無		
	2	三重建設工業株式会社（00123456781123）	津 一郎	地盤改良工事	2020年9月28日～2021年8月31日	とび・土木工事業 知事（般-29）第00212号		四日市 二郎	伊勢 三郎	無		
6	1	京都工業株式会社（00123456781121）	嵐山 一郎	クレーン工事	2020年6月10日～2021年8月31日	とび・土木工事業 知事（般-29）第00128号		宇治 二郎	舞鶴 三郎	無		
	2	株式会社大阪歯車（00123456781126）	西宮 一郎	クレーン工事	2020年8月25日～2021年9月19日	とび・土木工事業 知事（般-29）第00129号		梅田 二郎	難波 三郎	無		
	3	奈良建製株式会社（00123456781127）	大和 一郎	クレーン工事	2020年8月25日～2021年9月19日	とび・土木工事業 知事（般-29）第00130号		吉野 二郎	天理 三郎	無		
7	1	株式会社兵庫道路（00123456781128）	神戸 一郎	舗装工事	2020年6月1日～2021年8月31日	舗装工事業 知事（般-29）第00131号	とび・土木工事業 知事（般-29）第00131号	堀割 二郎	明石 三郎	無		
	2	和歌山舗装株式会社（00123456781129）	有田 一郎	舗装工事	2020年9月1日～2021年8月31日	舗装工事業 知事（般-29）第00132号	とび・土木工事業 知事（般-29）第00132号	白浜 二郎	新宮 三郎	無		
	3	有限会社滋賀道路（00123456781124）	大津 一郎	舗装工事	2020年9月1日～2021年9月24日	舗装工事業 知事（般-29）第00133号		近江 二郎	栗東 三郎	無		

1 / 1

5

出典：国土交通省「施工体制台帳、施工体系図等」（令和2年10月1日以降に契約する建設工事において使用する作成例）「【施工体系図（作成例（表形式））】」(https://www.mlit.go.jp/totikensangyo/const/1_6_bt_000191.html)より

2 施工体制台帳の記載内容と添付書面って何が必要なの？

施工体制台帳って何を書けばいいのかな？

必要な記載事項は決められているよ。添付書類も忘れずに

施工体制台帳の記載内容

　施工体制台帳には、作成建設業者の許可に関する事項、請け負った建設工事に関する事項、下請負人に関する事項、健康保険等の加入状況、外国人材の従事の状況等を記載しなければなりません。

▼施工体制台帳の記載内容

元請負人に関する事項	・建設業許可の内容 ※すべての許可業種 ・健康保険等の加入状況 ・建設工事の名称・内容・工期 ・発注者との契約内容（発注者の商号、契約年月日等） ・発注者が置く監督員の氏名等 ・元請業者が置く現場代理人の氏名等 ・配置技術者の氏名、資格内容、専任・非専任の別 ・従事する者の氏名等 ・外国人材の従事の状況
下請負人に関する事項	・商号・住所 ・建設業許可の内容 ※請け負った工事に係る許可業種 ・健康保険等の加入状況 ・下請契約した工事の名称・内容・工期 ・下請契約の締結年月日 ・注文者が置く監督員の氏名等 ・現場代理人の氏名等 ・配置技術者の氏名、資格内容、専任・非専任の別 ・従事する者の氏名等 ・外国人材の従事の状況

出典：国土交通省関東地方整備局「建設工事の適正な施工を確保するための建設業法（令和7年2月版）（https://www.ktr.mlit.go.jp/ktr_content/content/000699485.pdf）P28 をもとに作成

施工体制台帳の添付書類

施工体制台帳を作成するだけでなく、作成した施工体制台帳に添付すべき書類がありますので、忘れないようにしなくてはなりません。元請業者の資料だけでなく、下請業者から交付を受ける資料もありますので、注意が必要です。

▼施工体制台帳に添付すべき書類

- 発注者との契約書の写し
- 下請負人が注文者との間で締結した契約書の写し（注文・請書及び基本契約書又は約款等の写し）
  ※民間工事の場合で、作成建設業者が注文者となる下請契約以外の下請契約については、請負代金額を除いたもの（元請業者・一次下請業者間の契約書には請負代金額の記載が必要）
- 元請負人の配置技術者が監理技術者資格を有することを証する書面
  ※現場配置の専任を要する工事のときは、監理技術者資格者証の写し
- 監理技術者補佐を置くときは、監理技術者補佐資格を有することを証する書面
- 専門技術者を置いた場合は、その者の資格を証明できるものの写し（国家資格等の技術検定合格証明書等の写し）
- 監理技術者等の雇用関係を証明できるものの写し（健康保険証等の写し）

出典：国土交通省関東地方整備局「建設工事の適正な施工を確保するための建設業法（令和7年2月版）（https://www.ktr.mlit.go.jp/ktr_content/content/000699485.pdf）P28より

施工体制台帳等のチェックリスト

国土交通省は、公共工事において適正な施工体制を確保するため、各発注者や許可行政庁が施工体制台帳や施工体系図を活用し、工事現場の施工体制を確認できるよう「施工体制台帳等のチェックリスト」を公開しています。

これは公共工事の発注者や許可行政庁向けに作成されたものですが、施工体制台帳・施工体系図のチェックポイントが事細かく記載されていますので、建設業者が施工体制台帳と施工体系図の作成をする際に活用することもできます。作成の際にこれに基づいて作成・チェックを行えば、適切な施工体制台帳と施工体系図が完成すると思いますので是非ご活用ください。

▼施工体制台帳等のチェックリスト

1. 施工体制台帳の写しのチェックポイント（事前確認）
（別添1）

チェックポイント	結果	備考
施工体制台帳に必要事項が書き込まれているか（建設業法施行規則第14条の2）。		

項目	結果	備考
・作成建設業者が許可を受けた建設業の種類		
・建設工事の名称、内容及び工期		
・健康保険等の加入状況		
・発注者と請負契約を締結した年月日、当該発注者の商号、名称又は氏名及び住所並びに当該請負契約を締結した営業所の名称及び所在地		
・発注者が監督員を置くときは、当該監督員の氏名及び権限、当該監督員の行為についての作成建設業者の発注者に対する意見の申出方法（またはその内容が記載された作成建設業者への通知書の写し）		
・主任技術者又は監理技術者の氏名、その者が有する主任技術者資格又は監理技術者資格及びその者が専任の主任技術者又は監理技術者であるか否かの別		配置予定技術者と同一人物であるか確認。
・作成建設業者が現場代理人を置くときは、当該現場代理人の氏名及び権限、当該現場代理人の行為についての発注者の作成建設業者に対する意見の申出方法（またはその内容が記載された発注者への通知書の写し）		
・監理技術者の職務を補佐する者を置くときは、その者の氏名及びその者が有する監理技術者補佐資格		
・主任技術者又は監理技術者以外に施工の技術上の管理をつかさどる者を置くときは、その者の氏名、管理をつかさどる工事内容及びその者が有する主任技術者資格		
・建設工事に従事する者に関する次に掲げる事項 （1）氏名、生年月日及び年齢 （2）職種 （3）健康保険法又は国民健康法による医療保険、国民年金法又は厚生年金保険法による年金及び雇用保険法による雇用保険の加入等の状況 （4）中小企業退職金共済法第二条第七項に規定する被共済者に該当する者であるか否かの別 （5）安全衛生に関する教育を受けているときは、その内容 （6）建設工事に係る知識及び技術又は技能に関する資格		
・一号特定技能外国人、外国人技能実習生の従事の状況		
・下請負人の商号又は名称及び住所、許可番号及び請け負った建設工事に係る許可を受けた建設業の種類、健康保険等の加入状況		
・全ての下請負人の請け負った工事名称、内容及び工期		
・全ての下請負人が注文者と下請契約を締結した年月日		

- ・作成建設業者が監督員を置くときは、当該監督員の氏名及び権限、当該監督員の行為についての下請負人の作成建設業者に対する意見の申出方法（またはその内容を記載した下請負人に対する通知書の写し）

- ・下請負人が現場代理人を置くときは、当該現場代理人の氏名及び権限、当該現場代理人の行為について作成建設業者の下請負人に対する意見の申出方法（またはその内容を記載した作成建設業者への通知書の写し）

- ・下請負人が置く主任技術者の氏名、その者の有する主任技術者資格及びその者が専任か否かの別

- ・下請負人が、主任技術者以外に施工の技術上の管理をつかさどる者を置く場合は、当該者の氏名、その者がつかさどる工事の内容及びその者が有する主任技術者資格

- ・1次下請負契約を締結した作成建設業者の営業所の名称及び所在地

- ・建設工事に従事する者に関する次に掲げる事項（建設工事に従事する者が希望しない場合においては、（6）に掲げるものを除く。）
  （1）氏名、生年月日及び年齢
  （2）職種
  （3）健康保険法又は国民健康保険による医療保険、国民年金法又は厚生年金保険法による年金及び雇用保険法による雇用保険の加入等の状況
  （4）中小企業退職金共済法第二条第七項に規定する被共済者に該当する者であるか否かの別
  （5）安全衛生に関する教育を受けているときは、その内容
  （6）建設工事に係る知識及び技術又は技能に関する資格

- ・下請契約における一号特定技能外国人、外国人技能実習生の従事の状況

出典：国土交通省「施工体制台帳等のチェックリスト」（https://www.mlit.go.jp/totikensangyo/const/1_6_bt_000191.html）をもとに作成

5

3 建設資材を納入する業者についても施工体制台帳に記載するの？

建設資材を納入する業者も、建設業者と契約をしているわけだから、施工体制台帳に記載した方がよさそうだね

「施工体制」台帳というくらいだから、記載不要じゃないかな？

施工体制台帳の記載対象は？

　施工体制台帳は、建設工事の請負契約における全ての下請負人が記載対象となります。一次下請業者だけでなく、二次、三次、それ以下の下請業者も記載対象となります。

　施工体制台帳は、建設工事の請負契約を締結した業者のみが記載対象となりますので、建設工事の請負契約ではない資材業者や警備業者、運搬業者は記載対象となりません。

▼施工体制台帳の記載対象

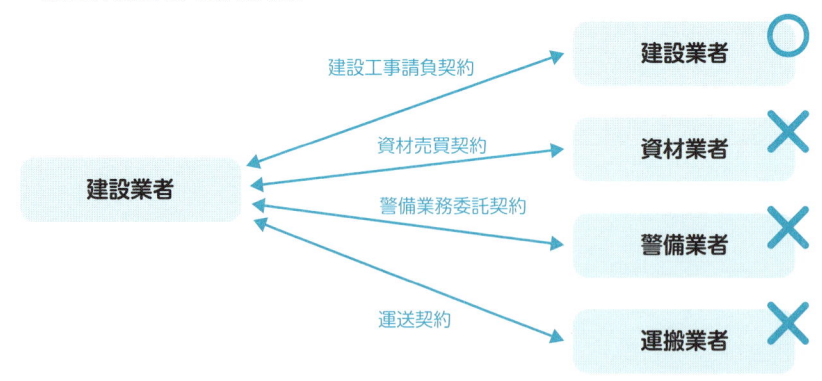

無許可業者も記載する？

　施工体制台帳は「建設工事の請負契約における全ての下請負人」が記載対象ですので、下請負人が無許可業者であったとしても、建設工事の請負契約を締結している以上は記載対象となります。この場合の請負契約は当然、軽微な建設工事ということになります。

▼施工体制台帳の作成範囲

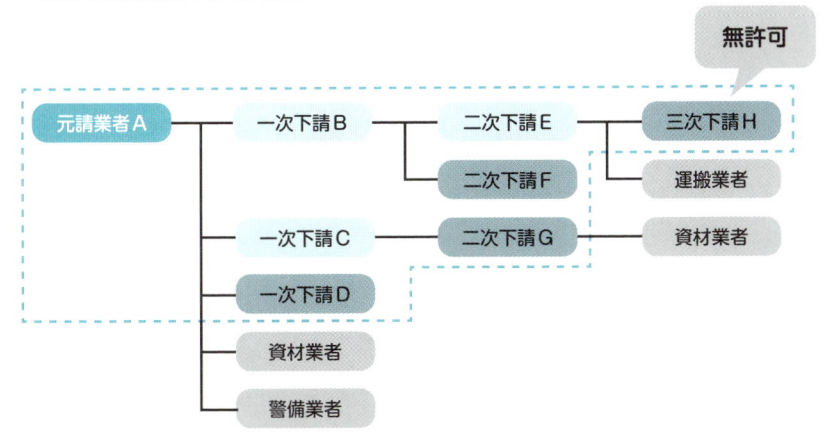

出典：国土交通省中部地方整備局「建設業法に基づく適正な施工の確保に向けて」(https://www.cbr.mlit.go.jp/kensei/info/qa/pdf/R0702/R0702_tekiseinasekounokakuho.pdf) P38をもとに作成

警備業者等の記載が必要になることも

　公共工事の発注者によっては、施工体制台帳に警備業者等の記載を求めていることもあります。国土交通省の場合、「施工体制台帳に係る書類の提出に関する実施要領」において、「一次下請負人となる警備会社の商号又は名称、現場責任者名、工期」の記載を求めています。発注者によって取扱いが異なる場合がありますので、公共工事の場合は、要領等を確認の上、施工体制台帳の適切な記載をするようにしてください。

▼施工体制台帳に係る書類の提出に関する実施要領

（別紙）

施工体制台帳に係る書類の提出に関する実施要領

1. 目的

公共工事の入札及び契約の適正化の促進に関する法律及び建設業法に基づく適正な施工体制の確保等を図るため、発注者から直接建設工事を請け負った建設業者は、施工体制台帳を整備すること等により、的確に建設工事の施工体制を把握するとともに、受注者の施工体制について、発注者が必要と認めた事項について提出させ、発注者においても的確に施工体制を把握することを目的とする。

2. 対象工事

工事を施工するために、下請契約を締結した工事。

3. 記載すべき内容

(1) 建設業法第24条の8第1項及び建設業法施行規則第14条の2に掲げる事項
(2) 安全衛生責任者名、安全衛生推進者名、雇用管理責任者名
(3) 一次下請負人となる警備会社の商号又は名称、現場責任者名、工期

(注1) 提出様式は、別添 様式例を参考とする。
(注2) 施工体制台帳の作成方法等は「施工体制台帳の作成等について（通知）」（平成7年6月20日付け建設省経建発第147号、最終改正令和3年3月2日付け国不建第404～405号）を参考とする。

4. 提出手続き

主任監督員は、受注者に対し、施工体制台帳等を作成後、施工体制台帳等に係る書類を、工事着手までに提出させるものとする。また、施工体制に変更が生じる場合は、そのつど、提出させるものとする。

施工体制台帳等は、原則として、電子データで作成・提出するものとする。

5. 提出根拠

・建設業法第24条の8
・公共工事の入札及び契約の適正化の促進に関する法律第15条

6. 適用

本通知は、令和2年10月1日以降に契約する工事に適用するものとする。

出典：「施工体制台帳に係る書類の提出についての一部改正について」平成13年3月30日国官技第70号・国営技第30号、令和3年3月5日最終改正国官技第319号・国営建技第16号大臣官房技術調査課長、大臣官房官庁営繕部整備課長通達（https://www.mlit.go.jp/tec/content/001442512.pdf）P2より

用語の解説

軽微な建設工事：軽微な建設工事とは次の①②の建設工事のことをいう。
①建築一式工事は、1件の請負代金が1,500万円（消費税及び地方消費税を含む）未満の工事または請負代金の額にかかわらず、木造住宅で延べ面積が150㎡未満の工事。
②建築一式工事以外の工事は、1件の請負代金が500万円（消費税及び地方消費税を含む）未満の工事。

4 施工体制台帳作成対象工事を請け負った下請業者が作成すべき書面はあるの？

施工体制台帳の作成は元請の義務だよね？　下請は何か必要なのかな？

下請は「再下請負通知書」という書類を作成する必要があるよ

再下請負通知書とは？

施工体制台帳の作成対象工事では、下請負人は、さらにその工事を再下請負した場合、「再下請負通知書」を作成して、元請業者に提出しなければなりません。

作成する再下請負通知書は施工体制台帳と同様任意の書式で大丈夫ですが、必要な事項が記載されていなければなりません。

▼再下請負通知書の記載内容

①自社に関する事項
　・名称、住所（自社が建設業者の場合は許可番号）
　・健康保険等の加入状況
②自社が注文者と締結した請負契約に関する事項
　・工事の名称、請負契約を締結した年月日、注文者の名称
　・外国人材の従事の状況
　・従事する者の氏名等
③自社が下請契約を締結した再下請負人に関する事項
　・下請負人の名称、住所（下請負人が建設業者の場合は、許可番号、施工に必要な許可業種）
　・健康保険等の加入状況

5

④ 自社が下請負人と締結した建設工事の請負契約に関する事項

- 工事の名称、内容、工期、請負契約の締結年月日
- 自社が監督員を置く場合は、監督員の氏名等
- 下請負人が現場代理人を置く場合は、現場代理人の氏名等
- 下請負人が建設業者の場合は、その主任技術者の氏名、資格、専任の有無
- 下請負人が専門技術者を置く場合は、その専門技術者の氏名、その者がつかさどる工事の内容、資格

▼再下請負通知書の記入例

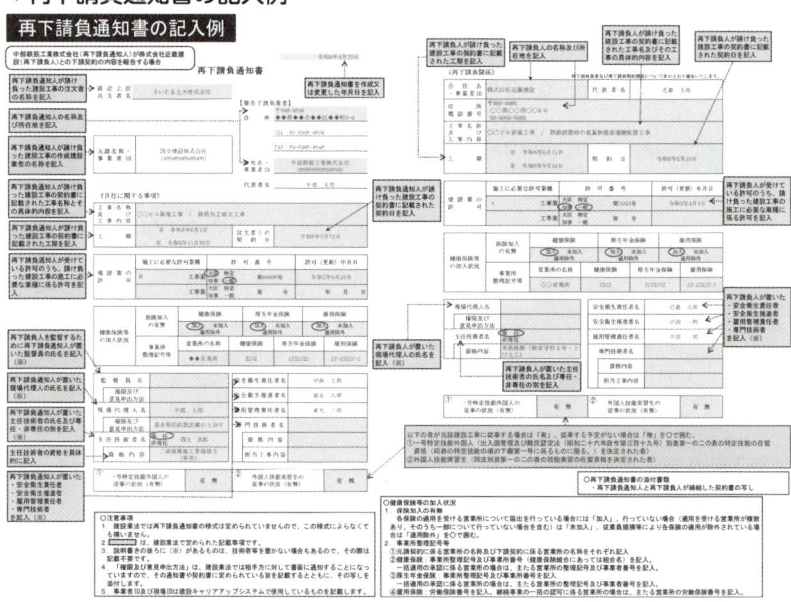

出典：国土交通省関東地方整備局「建設工事の適正な施工を確保するための建設業法（令和7年2月版）（https://www.ktr.mlit.go.jp/ktr_content/content/000699485.pdf）P35 より

関係者への周知義務

　施工体制台帳作成対象工事である場合は、そのことを関係者へ周知しなければなりません。元請業者は現場内の見やすい場所に「再下請負通知書の提出案内」を掲示する必要があります。また、下請業者に工事を発注する全ての建設業者は、下請業者に対して、元請業者の名称、再下請負通知書が必要な旨、再下請負通知書の提出先を書面で通知する必要があります。

▼下請業者への書面通知例

下請負人となった皆様へ

　今回、下請負人として貴社に施工を分担していただく建設工事については、建設業法（昭和24年法律第100号）第24条の８第1項の規定により、施工体制台帳を作成しなければならないこととなっています。
　この建設工事の下請負人（貴社）は、その請け負ったこの建設工事を他の建設業を営む者（建設業の許可を受けていない者を含みます。）に請け負わせたときは、

①　建設業法第24条の８第2項の規定により、遅滞なく、建設業法施行規則（昭和24年建設省令第14号）第14条の4に規定する再下請負通知書を当社あてに次の場所まで提出しなければなりません。また、一度通知いただいた事項や書類に変更が生じたときも、遅滞なく、変更の年月日を付記して同様の通知書を提出しなければなりません。

②　貴社が工事を請け負わせた建設業を営む者に対しても、この書面を複写し交付して、「もしさらに他の者に工事を請け負わせたときは、作成建設業者に対する①の通知書の提出と、その者に対するこの書面の写しの交付が必要である」旨を伝えなければなりません。

作成特定建設業者の商号　　○○建設（株）
再下請負通知書の提出場所　工事現場内建設ステーション／△△営業所

出典：国土交通省関東地方整備局「建設工事の適正な施工を確保するための建設業法（令和7年2月版）（https://www.ktr.mlit.go.jp/ktr_content/content/000699485.pdf）P30より

5

▼現場への掲示文例

　この建設工事の下請負人となり、その請け負った建設工事を他の建設業を営む者に請け負わせた方は、遅滞なく、工事現場内建設ステーション／△△営業所まで、建設業法施行規則（昭和24年建設省令第14号）第14条の4に規定する再下請負通知書を提出してください。
　一度通知した事項や書類に変更が生じたときも変更の年月日を付記して同様の書類を提出してください。

○○建設（株）

出典：国土交通省関東地方整備局「建設工事の適正な施工を確保するための建設業法（令和7年2月版）（https://www.ktr.mlit.go.jp/ktr_content/content/000699485.pdf）P30より

施工体制台帳・再下請負通知書の作成手順

施工体制台帳・再下請負通知書の作成手順は次のとおりです。

①元請業者

元請業者は、作成対象工事となった場合、遅滞なく、一次下請業者に対して施工体制台帳作成対象工事である旨の書面通知を行い、工事現場の見やすい場所に再下請負通知書の提出案内を掲示します。そして、施工体制台帳・施工体系図を整備します。

②一次下請業者

一次下請業者は、元請業者に対し、再下請負通知書及び添付書類を提出し、二次下請業者に対して施工体制台帳作成対象工事である旨の書面通知を行います。元請業者は一次下請業者から提出された再下請負通知書と、自ら把握した情報に基づいて施工体制台帳・施工体系図を整備します。

③二次下請業者

二次下請業者は、元請業者に対し、再下請負通知書及び添付書類を提出（もしくは一次下請業者を経由して提出）し、三次下請業者に対して施工体制台帳作成対象工事である旨の書面通知を行います。元請業者は二次下請業者から提出された再下請負通知書と、自ら把握した情報に基づき施工体制台帳・施工体系図を整備します（再下請負通知書を添付することで整備することも可）。

④三次下請業者以下

二次下請業者と同様です。

▼施工体制台帳作成のフロー図

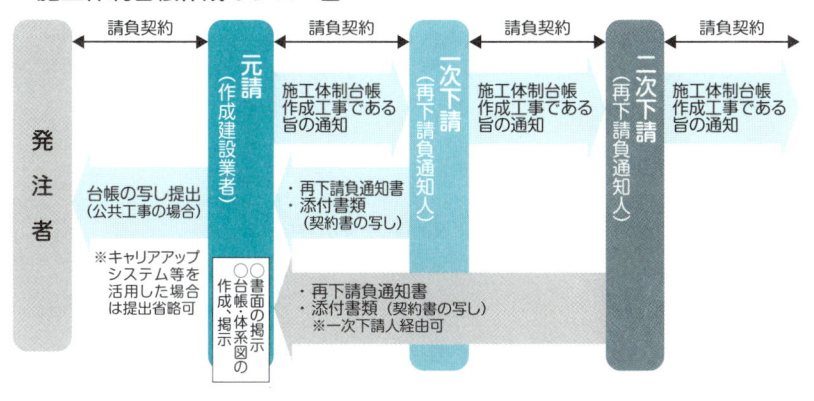

出典：国土交通省中部地方整備局「建設業法に基づく適正な施工の確保に向けて」（hllps://www.cbr.mlit.go.jp/kensei/info/qa/pdf/R0702/R0702_tekiseinasekounokakuho.pdf）P35 をもとに作成

5

5 工事現場にはどんな標識を掲示すればいいの？

施工体制台帳って掲示義務があるの？

施工体制台帳じゃなくて、施工体系図は掲示が必要だよ

施工体系図の掲示

　施工体制台帳の作成対象工事では、元請業者は、各下請負人の施工分担関係がわかるように、施工体制台帳を基に施工体系図を作成し、掲示しなければなりません。

　施工体系図は工事の期間中の掲示が義務付けられています。公共工事については工事現場の工事関係者が見やすい場所及び公衆が見やすい場所に、民間工事については工事関係者が見やすい場所に掲示する必要があります。

▼施工体系図の掲示場所

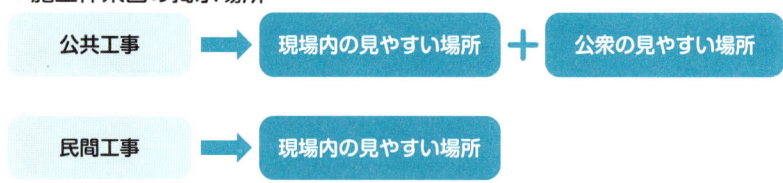

出典：国土交通省中部地方整備局「建設業法に基づく適正な施工の確保に向けて」（https://www.cbr.mlit.go.jp/kensei/info/qa/pdf/R0702/R0702_tekiseinasekounokakuho.pdf）P33 をもとに作成

　なお、工事の進行により、記載すべき下請負人に変更があった場合、速やかに掲示している施工体系図の記載も変更しなければなりません。

建設業の許可票その他掲示が必要な標識

　建設業法では施工体系図の他に、建設業の許可票の掲示も求めています。建設業の営業及び建設工事の施工が、建設業許可を受けた適法な建設業者によってなされていることを対外的に明らかにするため、公衆の見やすい場所への掲示が義務付けられています。

▼工事現場に掲示する建設業の許可票

　建設業の許可を受けた建設業者が標識を建設工事の現場に掲げる場合

建 設 業 の 許 可 票		
商 号 又 は 名 称		
代 表 者 の 氏 名		
主任技術者の氏名	専任の有無	
	資格名　資格者証交付番号	
一般建設業又は特定建設業の別		
許可を受けた建設業		
許 可 番 号	国土交通大臣　許可(　)第　号 知事	
許 可 年 月 日		

25cm以上

35cm以上

記載要領
1. 「主任技術者の氏名」の欄は、法第26条第2項の規定に該当する場合には、「主任技術者の氏名」を「監理技術者の氏名」とし、その監理技術者の氏名を記載すること。
2. 「専任の有無」の欄は、法第26条第3項本文の規定に該当する場合に、「専任」と記載し、同項第1号に該当する場合には、「非専任(情報通信技術利用)」と、同項第2号に該当する場合には、「非専任(監理技術者を補佐する者を配置)」と記載すること。
3. 「資格名」の欄は、当該主任技術者又は監理技術者が法第7条第2号ハ又は法第15条第2号イに該当する者である場合に、その者が有する資格等を記載すること。
4. 「資格者証交付番号」の欄は、法第26条第3項の規定により専任の者でなければならない監理技術者又は同項第1号若しくは第2号に該当する監理技術者を置く場合に、当該監理技術者が有する資格者証の交付番号を記載すること。
5. 「許可を受けた建設業」の欄には、当該建設工事の現場で行っている建設工事に係る許可を受けた建設業を記載すること。
6. 「国土交通大臣 知事」については、不要のものを消すこと。

出典：国土交通省中部地方整備局「建設業法に基づく適正な施工の確保に向けて」(https://www.cbr.mlit.go.jp/kensei/info/qa/pdf/R0702/R0702_tekiseinasekounokakuho.pdf) P41 をもとに作成

5

また、他法令により工事現場への掲示が必要となる標識がありますので、掲示が必要な標識の例を次の表に挙げます。

▼掲示が必要な標識の例

標識	掲示場所
施工体系図	工事関係者が見やすい場所及び公衆の見やすい場所
建設業の許可票	公衆の見やすい場所
解体工事業者登録票	公衆の見やすい場所
建設業退職金共済制度適用事業主の現場標識	現場事務所や工事現場の出入口など見やすい場所
労災関係保険関係成立票	事業場の見やすい場所
施工体制台帳作成建設工事に関する現場掲示	工事現場の見やすい場所
道路占用許可表示板	占用物件（場所）の見やすい場所
作業主任者	作業場の見やすい場所
緊急時連絡表	事務所、詰所等の見やすい場所
産業廃棄物保管場所の掲示	保管施設の出入り口等、見やすい場所
安全管理組織図	安全衛生推進者を選任している場合は、作業場の見やすい場所
石綿除去等工事及び事前調査結果の掲示	工事関係者が見やすい場所及び公衆の見やすい場所

標識の掲示義務の緩和

以前は工事現場には工事に携わる全ての建設業者の建設業の許可票を掲げなければならなかったものが、令和2年10月の改正建設業法の施行により、建設業の許可票の掲示義務が元請業者のみとなりました。

元請業者のみが建設業の許可票を掲示すれば、下請業者の掲示は不要なので、特に規模の大きな工事現場では、建設業の許可票の掲示だけでも場所を取る上に、掲示作業が手間でしたが、改正法の施行により、そのような負担が軽減されました。

▼標識の掲示義務の緩和

○　現場に掲げる建設業許可証の掲示義務を元請のみとする。
○　一方、下請にどのような会社が入っているかを引き続き明らかにする必要があることから、許可証
　　と施工体系図の記載事項の改正を検討。

> （標識の掲示）
> 第四十条　建設業者は、その店舗及び建設工事（発注者から直接請け負つたものに限る。）の現場ごとに、公衆の見や
> すい場所に、国土交通省令の定めるところにより、許可を受けた別表第一の下欄の区分による建設業の名称、一般建
> 設業又は特定建設業の別その他国土交通省令で定める事項を記載した標識を掲げなければならない。

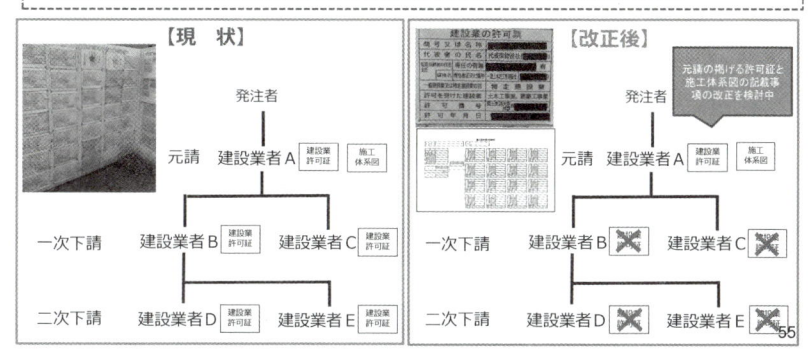

出典：国土交通省「新・担い手三法について〜建設業法、入契法、品確法の一体的改正について〜」
（https://www.mlit.go.jp/totikensangyo/const/content/001367723.pdf）P45 より

5

6 工事が終わったら施工体制台帳は捨ててもいいの？

情報を更新

施工体制台帳は工事のときに整備するものだから、工事が終わったら捨ててもいいかな

捨てるまでしなくても…

施工体制台帳の備置き

　施工体制台帳は、工事を請け負う全ての業者名、各業者の施工範囲、工期、主任技術者・監理技術者名を記載した台帳ですが、この台帳を作成した場合、建設工事の目的物を発注者に引き渡すまでの期間、工事現場ごとに備え置く必要があります。

　なお、請負契約の目的物の引渡しをする前に契約が解除されたこと等により、請負契約に基づく債権債務（目的物を完成させる債務とそれに対する報酬を受け取る債権）が消滅した場合は、債権債務の消滅まで備え置けば良いとされています。

施工体制台帳の提出・閲覧

　公共工事においては、公共工事の入札及び契約の適正化の促進に関する法律（入契法）の規定により、施工体制台帳の写しを発注者に提出する必要があります。ただし、令和6年12月13日の改正入契法の施行により、建設キャリアアップシステム（CCUS）等のシステムを利用することで、発注者が施工体制台帳の記載事項を確認することができる場合には、施工体制台帳の提出が不要となりました。また、民間工事においては、発注者から請求があった場合、CCUS等のシステムを利用して施工体制台帳の記載事項を確認することが出来る体制を整えるか、施工体制台帳を閲覧に供しなければなりません。

▼施工体制台帳の提出・閲覧

公共工事	➡	発注者に写しの提出必要

（キャリアアップシステム等を活用した場合は提出省略可）

民間工事	➡	請求があったときは、発注者の閲覧に供しなければならない

出典：国土交通省中部地方整備局「建設業法に基づく適正な施工の確保に向けて」（https://www.cbr.mlit.go.jp/kensei/info/qa/pdf/R0702/R0702_tekiseinasekounokakuho.pdf）P32をもとに作成

　施工体系図については、掲示が義務付けられているだけで、提出の必要はありません。

施工体制台帳の保存

　建設工事が完了し、目的物を発注者に引き渡した後は、建設業法第40条の3の「帳簿」の添付資料として5年間保存する必要があります（請負契約の目的物の引渡しをする前に契約が解除されたこと等により、請負契約に基づく債権債務が消滅した場合は、債権債務の消滅したときから5年間保存）。そのため、工事完了後も施工体制台帳を完全に廃棄することはできません。

　なお、帳簿への添付は、施工体制台帳の一部とされていますので、施工体制台帳の作成時に、あらかじめ、帳簿に添付する事項を記載した部分と他の事項が記載された部分を別紙に区分して作成しておくと、帳簿への添付を楽に行うことができます。

▼帳簿へ添付する事項

① 当該工事に関し、実際に工事現場に置いた主任技術者又は監理技術者の氏名、有する主任技術者資格又は監理技術者資格

② 監理技術者補佐を置いたときは、その者の氏名、有する監理技術者補佐資格

③ 主任技術者若しくは監理技術者又は監理技術者補佐以外に専門技術者を置いたときは、その者の氏名、その者が管理を担当した建設工事の内容、有する主任技術者資格

④ 下請負人（末端までの全業者を指しています。以下同じ。）の商号、許可番号

⑤ 下請負人に請け負わせた建設工事の内容、工期

⑥ 下請業者が実際に工事現場に置いた主任技術者の氏名、有する主任技術

5

者資格

⑦ 下請負人が主任技術者以外に専門技術者を置いたときは、その者の氏名、その者が管理を担当した建設工事の内容、有する主任技術者資格

▼施工体制台帳の取扱い

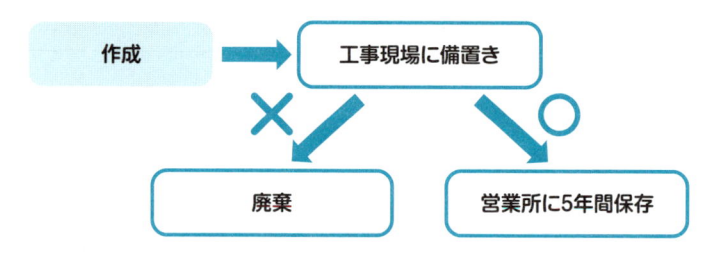

7 作業員名簿って作成が必要なの？

作業員名簿の作成は義務だと聞いたけど、作らないといけないの？

施工体制台帳の一部として作成が義務付けられているよ

作業員名簿とは？

　作業員名簿は、労災が発生したときの緊急連絡や対応のため、現場にどのような作業員が入場しているかを把握・管理するために活用されており、安全衛生管理上重要な書類です。そのため、令和2年10月1日に施行された改正建設業法によって、作業員名簿の作成が義務となりましたが、義務化される前から、元請業者から求められて作成していた建設業者の方は多いと思います。

実は施工体制台帳の記載事項の一部

　作業員名簿は、施工体制台帳の添付書類として作成が義務付けられているわけではなく、施工体制台帳の記載事項の一部（建設工事に従事する者に関する事項）として定められています。実質的に作業員名簿の作成が義務付けられているというのが正しい表現です。

　建設業法施行規則で、建設工事に従事する者に関する事項として記載が求められている事項は次の6つです。これらの情報を作業員名簿に記載して、施工体制台帳に添付することとなります。

(1) 氏名、生年月日及び年齢
(2) 職種

(3) 健康保険法又は国民健康保険法（昭和二十二年法律第百九十二号）による医療保険、国民年金法（昭和三十四年法律第百四十一号）又は厚生年金保険法による年金及び雇用保険法による雇用保険（第四号チ (3) において「社会保険」という。）の加入等の状況

(4) 中小企業退職金共済法（昭和三十四年法律第百六十号）第二条第七項に規定する被共済者に該当する者（第四号チ (4) において単に「被共済者」という。）であるか否かの別

(5) 安全衛生に関する教育を受けているときは、その内容

(6) 建設工事に係る知識及び技術又は技能に関する資格

　このうち「(6) 建設工事に係る知識及び技術又は技能に関する資格」は、作業員が希望しない場合、記載は不要です。

▼建設業法施行規則

（施工体制台帳の記載事項等）
第十四条の二　法第二十四条の八第一項の国土交通省令で定める事項は、次のとおりとする。
　〜中略〜
チ　建設工事に従事する者に関する次に掲げる事項（建設工事に従事する者が希望しない場合においては、(6) に掲げるものを除く。）
　(1) 氏名、生年月日及び年齢
　(2) 職種
　(3) 健康保険法又は国民健康保険法（昭和三十三年法律第百九十二号）による医療保険、国民年金法（昭和三十四年法律第百四十一号）又は厚生年金保険法による年金及び雇用保険法による雇用保険（第四号チ (3) において「社会保険」という。）の加入等の状況
　(4) 中小企業退職金共済法（昭和三十四年法律第百六十号）第二条第七項に規定する被共済者に該当する者（第四号チ (4) において単に「被共済者」という。）であるか否かの別
　(5) 安全衛生に関する教育を受けているときは、その内容
　(6) 建設工事に係る知識及び技術又は技能に関する資格
　〜以下省略〜

作業員名簿の作成例

作業員名簿の作成にあたっては、国土交通省のホームページに作業員名簿の作成例がありますので、そちらをご活用いただくと良いと思います。また、建設キャリアアップシステムを活用している場合は、システムから作業員名簿を出力することも可能です。

一般社団法人全国建設業協会の全建統一様式第5号もよく使われています。国土交通省の様式と比べて記載項目が多いので、使い勝手の良い方をお選びいただければと思います。

▼作業員名簿の作成例

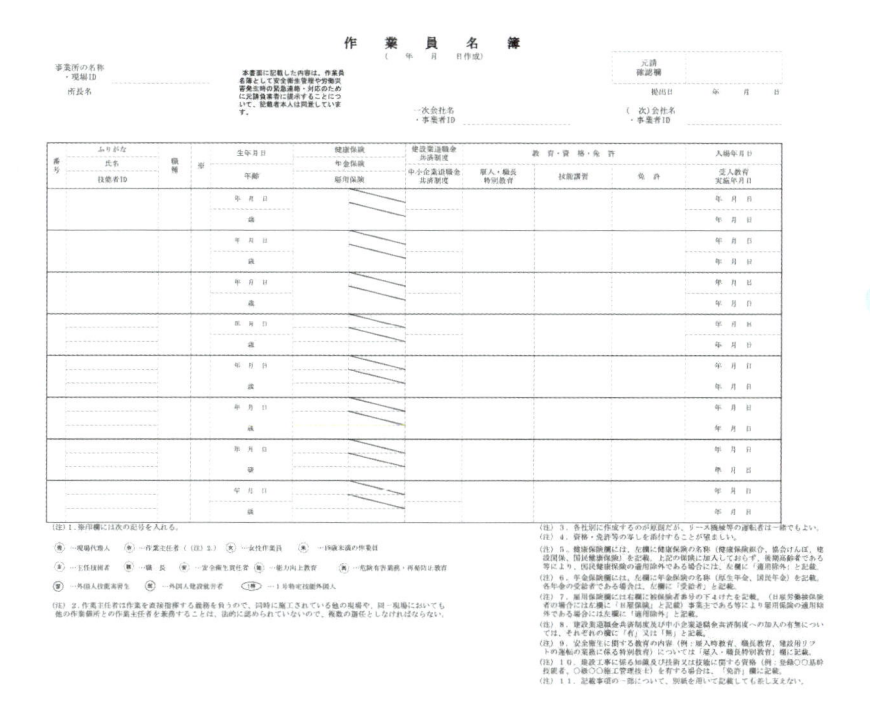

出典：国土交通省「作業員名簿（作成例）」(https://www.mlit.go.jp/tochi_fudousan_kensetsugyo/const/tochi_fudousan_kensetsugyo_const_fr1_000001_00006.html) より

5

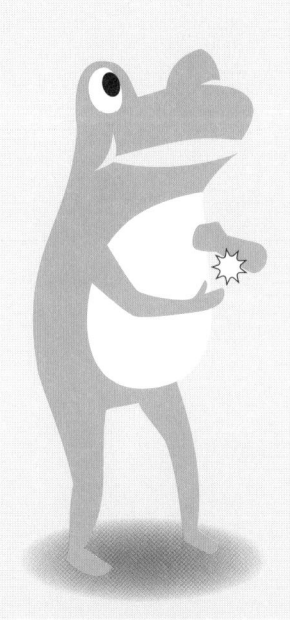

第6章

経営事項審査（経審）について

1 毎年、経営事項審査を受けているんだけど、これって義務なの？

経営事項審査を毎年受けているんだけど、これって必ず受けなければならないの？

経営事項審査は全ての建設業者が受けているわけではないよ

経営事項審査（経審）とは？

　経営事項審査とは、国や地方公共団体等が発注する公共工事を直接請け負おうとする建設業者が受けなければならない審査のことです。略して「経審（けいしん）」と呼ばれています。

　公共工事とは、発注者が国、地方公共団体、特殊法人等の場合で、民間企業や個人等からの発注と区別されています。「公共工事の発注者から直接請け負おうとする建設業者」つまり、元請業者の立場になる建設業者が受けなければならない審査であるということです。下請負人として公共工事に参加する場合には、経審を受ける必要はありません。

　公共工事の発注者は、競争入札に参加しようとする建設業者についての資格審査を行うこととされています。この資格審査にあたっては、欠格要件に該当しないかを審査した上で、「客観的事項」と「発注者別評価」の審査結果を点数化して、格付けが行われています。このうちの「客観的事項」にあたる審査が経審です。

　経審は、建設業法により建設業許可に係る許可行政庁が審査を実施することとされており、国土交通大臣の定めた4つの項目によって審査が行われます。4つの項目で評価され、最終的には許可業種ごとに点数（「総合評定値」（P））が付与されますが、その点数は全国一律の基準によって算出されます。

①経営規模（X1、X2）

工事種類別年間平均完成工事高、自己資本額・平均利益額
② 技術力（Z）
　　工事種類別の技術職員数、工事種類別年間平均元請完成工事高
③ その他の審査項目（社会性等）（W）
　　建設工事の担い手の育成及び確保に関する取組の状況、営業継続の状況、
　　防災協定締結の有無、法令遵守状況等
④ 経営状況（Y）
　　経営状況分析

　上記4つの項目についてそれぞれ評点が算出され、その評点を基に、次の算式によって総合評定値（P）が計算されます。

$$総合評定値（P）= 0.25（X1）+ 0.15（X2）+ 0.20（Y）+ 0.25（Z）+ 0.15（W）$$

　各項目の前にある「0.15」「0.20」「0.25」というのは「ウエイト」と呼ばれています。これは総合評定値（P）への配分のことで、このウエイトの数字が大きいほど、経審における重要度が高いと言えます。

　なお、経審の結果である総合評定値（P）は、審査基準日（決算日）から1年7か月有効です。有効な結果が無くならないよう、事業年度ごとに経審を受けなければなりません。

▼建設業法

（経営事項審査）
第二十七条の二十三　公共性のある施設又は工作物に関する建設工事で政令で定めるものを発注者から直接請け負おうとする建設業者は、国土交通省令で定めるところにより、その経営に関する客観的事項について審査を受けなければならない。
2　前項の審査（以下「経営事項審査」という。）は、次に掲げる事項について、数値による評価をすることにより行うものとする。
一　経営状況
二　経営規模、技術的能力その他の前号に掲げる事項以外の客観的事項
3　前項に定めるもののほか、経営事項審査の項目及び基準は、中央建設業審議会の意見を聴いて国土交通大臣が定める。

公共工事とは？

経審は、国や地方公共団体等が発注する公共工事を直接請け負おうとする建設業者が受けなければならない審査であると説明しましたが、そもそも公共工事の定義は何でしょうか。

公共工事とは、公共性のある施設又は工作物に関する建設工事であって、発注者が国、特殊法人等又は地方公共団体となる工事のことをいいます。「公共性のある施設又は工作物」とは、建設業法施行令第15条で次のとおり具体的に定められています。

① 鉄道、軌道、索道、道路、橋、護岸、堤防、ダム、河川に関する工作物、砂防用工作物、飛行場、港湾施設、漁港施設、運河、上水道又は下水道

② 消防施設、水防施設、学校又は国若しくは地方公共団体が設置する庁舎、工場、研究所若しくは試験所

③ 電気事業用施設（電気事業の用に供する発電、送電、配電又は変電その他の電気施設をいう。）又はガス事業用施設（ガス事業の用に供するガスの製造又は供給のための施設をいう。）

④ 前各号に掲げるもののほか、紛争により当該施設又は工作物に関する工事の工期が遅延することその他適正な施工が妨げられることによつて公共の福祉に著しい障害を及ぼすおそれのある施設又は工作物で国土交通大臣が指定するもの

公共工事の受注には経営事項審査だけでは足りない

経審を受けても、それだけで公共工事が受注できるわけではありません。公共工事では、主に「競争入札」によって発注先が決められますが、その競争入札に参加するためには、建設業者は「入札参加資格」を持っていなければなりません。

建設業者が公共工事の入札参加資格を得るためには、発注者に対して、入札参加資格申請を行う必要があります。入札参加資格は発注者ごとに必要で、建設業者に資格を与えるかどうかの審査は発注者が行います。

発注者は、「客観的事項」である経審の点数（「総合評定値」（P））と「発注者別評価」の合計点によって建設業者の格付けを行います。その格付けにより、入札に参加

できる工事の規模が変わるという仕組みです。

▼建設業者と経審の関係

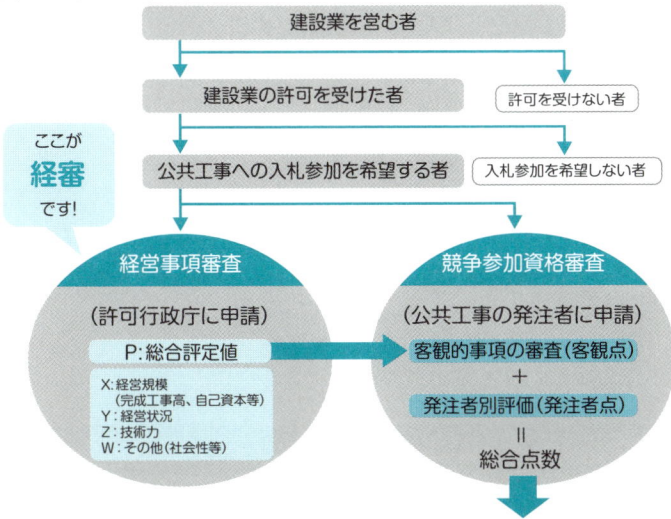

公表工事の多様性を踏まえて、客観点及び発注者点により、総合点数を算出し、発注標準（規模・工種などにより市場をグルーピングしたもの）に適合する企業を仕分ける（格付）

出典：国土交通省関東地方整備局「経営事項審査について」（https://www.ktr.mlit.go.jp/kensan/kensan00000013.html）をもとに作成

6

経審ってどんな事項が審査されるの？

経審ってどんな事項が審査されてるのかな？

審査項目を知ることで、評点アップ対策もできるよ

経営状況分析について

経審は2つの評価によって構成されており、これら2つの評価の結果に係る数値を用いて、経審の評点（「総合評定値」（P））が算出される仕組みです。

（1）経営状況分析
（2）経営規模等評価

「経営状況分析」結果＋「経営規模等評価」結果＝「総合評定値」（P）

前節で、経審は国土交通大臣の定めた次の4つの項目によって審査が行われるとお伝えしましたが、このうち④経営状況（Y）に関する分析のことを「経営状況分析」といい、④経営状況（Y）以外の客観的事項（①経営規模（X1、X2）、②技術力（Z）、その他の審査項目（社会性等）（W））に関する評価のことを「経営規模等評価」といいます。

①経営規模（X1、X2）
　工事種類別年間平均完成工事高、自己資本額・平均利益額
②技術力（Z）
　工事種類別の技術職員数、工事種類別年間平均元請完成工事高

③ その他の審査項目（社会性等）（W）

　労働福祉の状況、営業継続の状況、防災協定締結の有無、法令遵守状況等

④ 経営状況（Y）

　経営状況分析

まず経営状況分析の審査項目を見ていきたいと思います。

経営状況分析には４つの審査項目があり、それぞれ２つずつ、計８つの分析指標があります。次の表の分析指標をご覧いただくとおわかりいただけると思いますが、経営状況分析とは、建設業者の経営状態を会計的な立場から分析するものです。建設業者の決算書に関する分析とお考えいただければわかりやすいと思います。

▼ 経営状況分析の審査項目

審査項目	分析指標	記号	
負債抵抗力	純支払利息比率	X1	
	負債回転期間	X2	
収益性・効率性	総資本売上総利益率	X3	
	売上高経常利益率	X4	Y
財務健全性	自己資本対固定資産比率	X5	
	自己資本比率	X6	
絶対的力量	営業キャッシュフロー	X7	
	利益剰余金	X8	

経審の総合評定値（P）を算出して建設業者に通知するのは、許可行政庁である国土交通大臣又は都道府県知事ですが、経営状況分析の審査機関は、国土交通大臣の登録を受けた登録経営状況分析機関が担っています。

▼ 登録経営状況分析機関一覧

登録番号	機関の名称	事務所の所在地	電話番号
1	（一財）建設業情報管理センター	東京都中央区日本橋大伝馬町14－1	03-6661-6663
2	（株）マネージメント・データ・リサーチ	熊本県熊本市中央区京町２－２－３７	096-278-8330

6

4	ワイズ公共データシステム（株）	長野県長野市田町２１２０－１	026-232-1145
5	（株）九州経営情報分析センター	長崎県長崎市今博多町２２	095-811-1477
7	（株）北海道経営情報センター	北海道札幌市白石区東札幌一条４－８－１	011-820-6111
8	（株）ネットコア	栃木県宇都宮市鶴田２－５－２４	028-649-0111
9	（株）経営状況分析センター	東京都港区三田１－２－22	03-6685-1008
10	経営状況分析センター西日本（株）	山口県宇部市北琴芝１－６－１０	0836-38-3781
11	（株）ＮＫＢ	福岡県北九州市小倉北区重住３－２－１２	093-982-3800
22	（株）建設業経営情報分析センター	東京都立川市柴崎町２－１７－６	042-505-7533

出典：国土交通省「登録経営状況分析機関一覧」（https://www.mlit.go.jp/totikensangyo/const/1_6_bt_000091.html）をもとに作成

　これらの登録経営状況分析機関のうち、建設業者がいずれかの分析機関を選んで経営状況分析の申請を行うことになります。いずれの分析機関を選んでも結果は同じですが、分析機関によって、申請の方法や分析手数料等に違いがありますので、経営状況分析の申請にあたっては、それぞれの機関にご確認ください。

　なお、建設業者が、許可行政庁に対して、総合評定値（P）を請求する場合は、経営状況分析結果通知書の提出が必要となりますので、あらかじめ、経営状況分析を受け、経営状況分析の結果通知書を取得する必要があります。

▼建設業法

> （経営状況分析）
> 第二十七条の二十四　前条第二項第一号に掲げる事項の分析（以下「経営状況分析」という。）については、第二十七条の三十一及び第二十七条の三十二において準用する第二十六条の六の規定により国土交通大臣の登録を受けた者（以下「登録経営状況分析機関」という。）が行うものとする。
> 2　経営状況分析の申請は、国土交通省令で定める事項を記載した申請書を登録経営状況分析機関に提出してしなければならない。
> 3　前項の申請書には、経営状況分析に必要な事実を証する書類として国土交通省令で定める書類を添付しなければならない。
> 4　登録経営状況分析機関は、経営状況分析のため必要があると認めるときは、経営状

況分析の申請をした建設業者に報告又は資料の提出を求めることができる。
（経営状況分析の結果の通知）
第二十七条の二十五　登録経営状況分析機関は、経営状況分析を行つたときは、遅滞なく、国土交通省令で定めるところにより、当該経営状況分析の申請をした建設業者に対して、当該経営状況分析の結果に係る数値を通知しなければならない。

経営規模等評価について

　次に経営規模等評価の審査項目を見ていきたいと思います。

　経営規模等評価には、経営規模（X1、X2）、技術力（Z）、その他の審査項目（社会性等）（W）に関する審査項目があります。

▼経営規模等評価の審査項目

項目区分	審査項目	記号
経営規模	①工事種類別年間平均完成工事高	X1
	①自己資本額	X2
	②利払前税引前償却前利益（平均利益額）	
技術力	①工事種類別技術職員数	Z
	②工事種類別元請完成工事高	
その他の審査項目（社会性等）	①建設工事の担い手の育成及び確保に関する取組の状況	W
	②建設業の営業継続の状況	
	③防災活動への貢献の状況	
	④法令遵守の状況	
	⑤建設業の経理の状況	
	⑥研究開発の状況	
	⑦建設機械の保有状況	
	⑧国又は国際標準化機構が定めた規格による登録状況	

6

　経営状況分析の審査機関は、国土交通大臣の登録を受けた登録経営状況分析機関でしたが、経営規模等評価の審査は、許可行政庁である国土交通大臣又は都道府県知事が行います。国土交通大臣又は都道府県知事は、経営規模等評価を行い、経審の総合評定値（P）を算出して建設業者に通知します。

▼建設業法

　経審全体の手続きの流れは次のとおりです。

▼経審の手続きの流れ

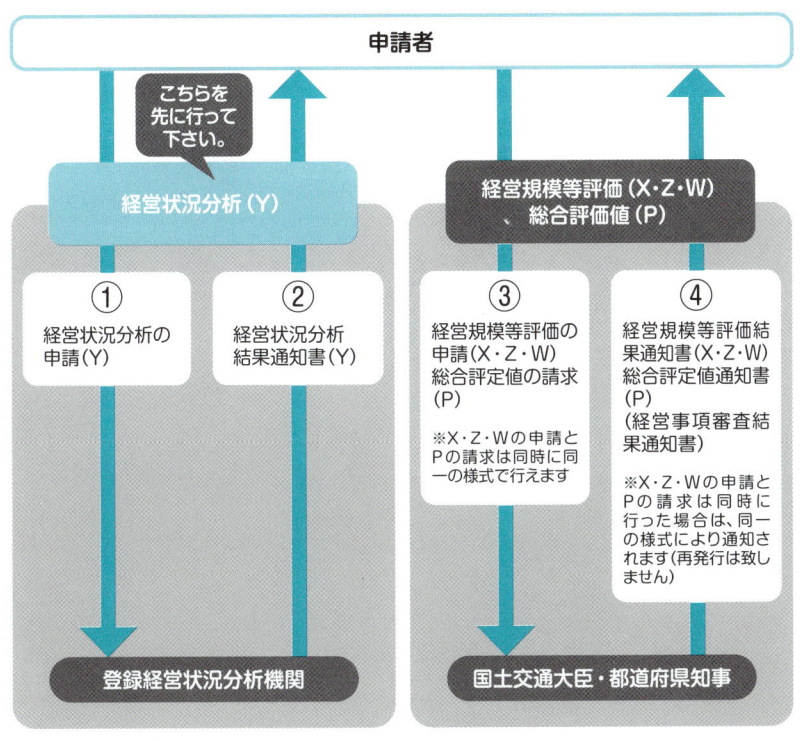

出典：国土交通省中部地方整備局「経営規模等評価申請・総合評定値請求の手引き（経営事項審査の手引き）（https://www.cbr.mlit.go.jp/kensei/info/kensetsu/pdf/R070201tebiki.pdf）P4をもとに作成

経審の審査項目まとめ

経営状況分析と経営規模等評価の審査項目をまとめると次の表のとおりです。

▼ 経審（経営状況分析＋経営規模等評価）の審査項目

項目区分			審査項目	最高点	最低点	ウエイト	審査機関
経営規模等	経営規模	X 1	完成工事高（業種別）	2,309	397	0.25	許可行政庁
		X 2	自己資本額 利払前税引前償却前利益の額	2,280	454	0.15	
	技術力	Z	技術職員数（業種別） 元請完成工事高（業種別）	2,441	456	0.25	
	その他の審査項目（社会性等）	W	①建設業の担い手の育成及び確保に関する取組の状況 ②建設業の営業継続の状況 ③防災活動への貢献の状況 ④法令遵守の状況 ⑤建設業の経理の状況 ⑥研究開発の状況 ⑦建設機械の保有状況 ⑧国際標準化機構又は国が定めた規格による登録又は認証の状況	2,073	▲1,837	0.15	
経営状況	経営状況	Y	①負債抵抗力 　純支払利息比率 　負債回転期間 ②収益性・効率性 　総資本売上総利益率 　売上高経常利益率 ③財務健全性 　自己資本対固定資産比率 　自己資本比率 ④絶対的力量 　営業キャッシュ・フロー 　利益剰余金	1,595	0	0.20	登録経営状況分析機関

出典：国土交通省中部地方整備局「経営規模等評価申請・総合評定値請求の手引き（経営事項審査の手引き）（https://www.cbr.mlit.go.jp/kensei/info/kensetsu/pdf/R070201tebiki.pdf）P3 をもとに作成

　年に1回の経審の総合評定値（P）だけを見て、一喜一憂される建設業者様もいらっしゃると思います。経審の審査項目を知っていただくことで、評点が低い項目については改善の対策を取ることができますし、評点が高い項目については更に評点を上げる方法を考えることができます。毎年経審の結果通知書が届いた後は、上の表の審査項目と見比べて、どこが悪くて、どこが良いかだけでも見ることを意識していただくと良いと思います。

経審の総合評定値（P）は、各項目の評点から、次の式で算出されます。

総合評定値 (P) = 0.25 (X1) + 0.15 (X2) + 0.20 (Y) + 0.25 (Z) + 0.15 (W)

　総合評定値 (P) の最高点は2,159点で、最低点は6点です。経審の各評点は、制度設計時点で700点が平均になるように設計されていますので、これを目安としていただくと、評点アップ対策にも役立つと思います。

6

3 経審の結果通知書の見方を教えて！

経審の結果通知書が届いたけど、見方がわからない…

まずは総合評定値（P）に注目しよう

経審の結果通知書

　経審の申請手続きをすると、国土交通大臣又は都道府県知事が、経営規模等評価を行い、経審の総合評定値（P）を算出して建設業者に通知します。この経審の結果通知書は「総合評定値通知書」といいます。1枚で「経営規模等評価結果通知書」も兼ねていますので、結果通知書のタイトルは「経営規模等評価結果通知書／総合評定値通知書」と2段書きになっています。

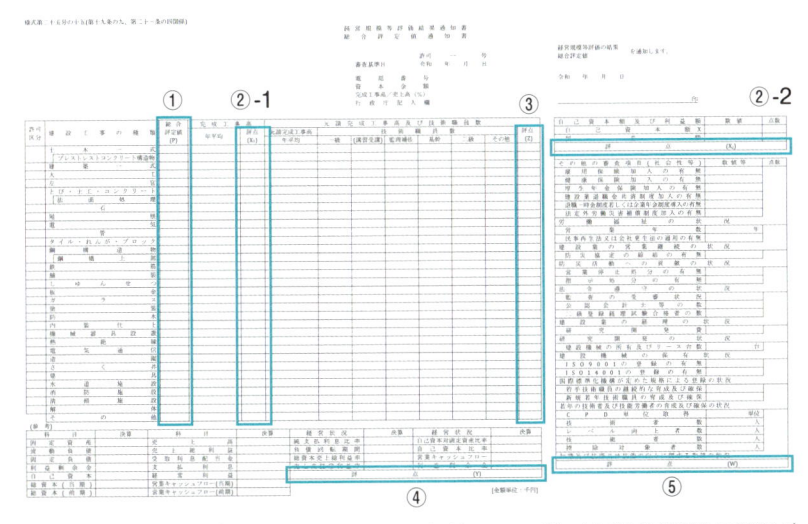

出典：建設業法施行規則（https://elaws.e-gov.go.jp/document?lawid=324M50004000014）
の様式第二十五号の十五をもとに作成

経審の結果通知書から得られる情報

①総合評定値（P）

まず注目すべきは経審の結果である「総合評定値（P）」です。

公共工事の発注者は、競争入札に参加しようとする建設業者についての資格審査にあたって、客観的事項の審査である経審の総合評定値（P）と、発注者別評価の審査結果を点数化して格付けをしていますので、公共工事の入札に参加している建設業者にとっては重要な評点です。

初めて経審を受ける建設業者様など、勘違いしていらっしゃる方もいるのですが、経審の結果は、建設業者として1つの評点が付けられるわけではなく、建設業許可を受けている業種で、かつ、経審を受けた業種ごとに評点が付けられますので、総合評定値（P）は業種ごとに確認をする必要があります。

総合評定値（P）の評点が良いということは、経審の審査項目に関する評点が総合的に良い建設業者であるということがわかります。

▼総合評定値（P）の算式

総合評定値 (P) = 0.25 (X1) + 0.15 (X2) + 0.20 (Y) + 0.25 (Z) + 0.15 (W)

6

●②経営規模（X1、X2）

　前ページの経審の結果通知書の見本②−1がX1に関する評点です。X1は完成工事高評点です。建設業許可業種ごとに、審査基準日の直前2年または3年の平均完成工事高が評価されています。2年平均か、3年平均かは、建設業者が好きな方を選択することができます。

　X1の評点が良いということは、シンプルに売上が良かったということです。結果通知書のX1評点の左隣には「○年平均」と記載されていますが、ここが平均完成工事高を表しています。直前2年または3年の平均となりますが、具体的な金額も知ることができます。

　なお、X1が総合評定値（P）に占めるウエイトは25%と、経審の総合評定値（P）を構成する項目の中で最も大きなウエイトとなっています。

　前ページの経審の結果通知書の見本②−2がX2に関する評点です。X2は自己資本額および平均利益額評点です。自己資本額評点と平均利益額評点を分けて見ると理解しやすいと思います。

　自己資本額評点は、自己資本額の絶対額が評価されています。自己資本額とは、わかりやすくすると資本金と利益剰余金の合計額です。自己資本額評点が良いということは、利益を蓄積している建設業者であるということです。

　平均利益額評点は「営業利益」＋「減価償却費」という利益額の2年平均が評価されています。営業利益に減価償却費が足し戻されて算出されているのですが、建設機械などの固定資産を多く保有する建設業者が有利になるような設計になっています。営業利益とは簡単にいえば、本業の利益です。平均利益額評点が良いということは、本業で利益を生み出している建設業者であるということです。

●③技術力（Z）

　Zは、技術職員数および元請完成工事高評点です。技術職員数は、一定の国家資格保有者と実務経験者の人数が評価の対象となっています。元請完成工事高は、X1の平均完成工事高に合わせて、審査基準日の直前2年または3年の平均額が評価されています。Zの評点におけるそれぞれの配分は、技術職員数が80%、元請完成工事高が20%となっており、技術職員数が重視されています。Zの評点が良いということは、雇用している技術職員が多い、元請業者としての受注実績が多い建設業者であるということがわかります。結果通知書のZ評点の左には「元請

完成工事高○年平均」と「技術職員数」が記載されていますので、元請完成工事高の具体的な金額や技術職員の人数を知ることができます。

なお、Zは、X1と同じく総合評定値（P）に占めるウエイトは25%と、経審の総合評定値（P）を構成する項目の中で最も大きなウエイトとなっています。

●④経営状況（Y）

建設業者の経営状態を会計的な立場から、つまり決算書から分析して評価された結果です。Yの評点が良いということは、経営が安定している建設業者であるということがわかります。

会社の規模が同等の建設業者の間では、経営規模等評価の各評点では差が付きにくいのですが、Yの評点は、良い建設業者とそうでない建設業者の差が顕著に現れます。同業他社に差をつけるにはYの改善が重要です。

●⑤その他の審査項目（社会性等）（W）

建設業者が社会的責任を果たしているかどうかといった観点から評価される項目です。社会保険加入の有無、法定外労働災害補償制度加入の有無、営業年数、法令遵守の状況、建設機械の台数など審査項目が多岐にわたります。Wに関しては、Wの評点のみで判断するのではなく、各審査項目の評価結果を確認するのがおすすめです。結果通知書のW評点の上に、Wの各審査項目の評価結果が記載されています。

6

ここまで経審を構成する各項目を簡単にご説明させていただきましたが、P、X1、X2、Y、Z、Wの各項目の評点は制度設計時点で700点が平均になるように設計されていますので、これを目安として判断していただくと良いでしょう。

経審の結果通知書の活用方法

ご存じでない建設業者様も多いのですが、経審の結果通知書は、インターネットで公表されており、経審を受けている建設業者の結果通知書であれば、どの建設業者のものでも入手することができます。一般財団法人建設業情報管理センター（http://www.ciic.or.jp/）のホームページから入手可能です。

経審は公共工事の入札参加のために必要なものですが、経審の結果通知書からは、建設業者に関する様々な情報を読み取ることができますので、他にも活用方

法があります。

行政書士法人名南経営のお客様の活用事例をご紹介します。

●①同業他社の分析

同業他社の経審の結果通知書を集めて、自社より評点の高い項目を洗い出し、自社の評点アップの対策を検討されている事例です。必要に応じて、許可行政庁の建設業者の許可申請書類閲覧制度を利用して、工事経歴書や財務諸表を閲覧して、詳細な分析をされています。自社のライバル（同等の規模の建設業者）だけではなく、目標とする建設業者の結果通知書を分析され、そこに向かって対策を検討される方もいらっしゃいます。

●②協力会社・下請業者の選定

元請業者の方で、協力会社や下請業者の選定に活用されている事例があります。民間工事では経審の結果通知書は必要ありませんが、協力会社に毎年経審の結果通知書の提出を義務付けている建設業者様もあります。自社で協力会社について、経審と同等の評価をしようと思うとかなり大変ですが、経審の結果通知書を利用すれば簡単です。

ここでは経審の結果通知書の活用方法の一例をご紹介いたしましたが、他にも活用方法はあると思います。情報量が多く、かつ無料で入手できるものですので、ぜひご活用いただければと思います。

4 経審の技術職員は、営業所技術者等や主任技術者・監理技術者とは違うの？

経審の評価対象になる技術職員って、営業所技術者等のこと？

営業所技術者等というわけではないよ。経審の技術職員の定義を確認してみよう！

経審の技術職員とは？

　経審で評価対象となる技術職員は、国土交通省「経営事項審査の事務取扱いについて」の中で、一定の国家資格や実務経験等のある者であって「審査基準日以前に6か月を超える恒常的な雇用関係があり、かつ、雇用期間を特に限定することなく常時雇用されている者」と定義されています。

6

▼経営事項審査の事務取扱いについて

2 許可を受けた建設業の種類別の技術職員の数及び許可を受けた建設業に係る建設工事の種類別年間平均元請完成工事高について（告示第一の三関係）
(1) 許可を受けた建設業の種類別の技術職員の数について
イ　許可を受けた建設業に従事する技術職員は、建設業法第7条第2号イ、ロ若しくはハ又は同法第15条第2号イ若しくはハに該当する者、規則第18条の3第2項第2号に規定する登録基幹技能者講習を修了した者（以下「基幹技能者」という。）、建設業法施行令（昭和31年政令第273号）第28条第1号又は第2号に掲げる者、建設技能者の能力評価制度に関する告示（平成31年国土交通省告示第460号）第3条第2項の規定により同項の認定を受けた能力評価基準（以下「認定能力評価基準」という。）により技能や経験の評価が最上位であるとされた建設技能者（以下「レベル4技能者」という。）又はレベル4技能者に次ぐものとされた建設技能者（以下「レベル3技能者」という。）であって、審査基準日以前に6か月を超える恒常的な雇用関係があり、かつ、雇用期間を特に限定することなく常時雇用されている者（法人である場合においては常勤の役員を、個人である場合においてはこの事業主を含む。）とする。

出典：国土交通省「経営事項審査の事務取扱いについて」(https://www.mlit.go.jp/totikensangyo/const/content/001852368.pdf) P6より

つまり、経審の技術職員として評価されるためには、次の2つの条件をいずれもクリアしている必要があります。

①一定の国家資格や実務経験等を保有する者であること
②審査基準日以前に6か月を超える恒常的な雇用関係があり、かつ、雇用期間を特に限定することなく常時雇用されている者であること

「6か月を超える恒常的な雇用関係がある者」とは？

まず「審査基準日以前に6か月を超える恒常的な雇用関係」とは、審査基準日（決算日）の6か月超前から技術者と建設業者との間に雇用関係が存在していることをいいます。

例えば、審査基準日が令和7年3月31日の建設業者の場合、6か月前の日付は令和6年10月1日ですので、その日より前の令和6年9月30日以前に入社した技術者が評価対象となります。

▼令和7年3月31日決算の建設業者のケース

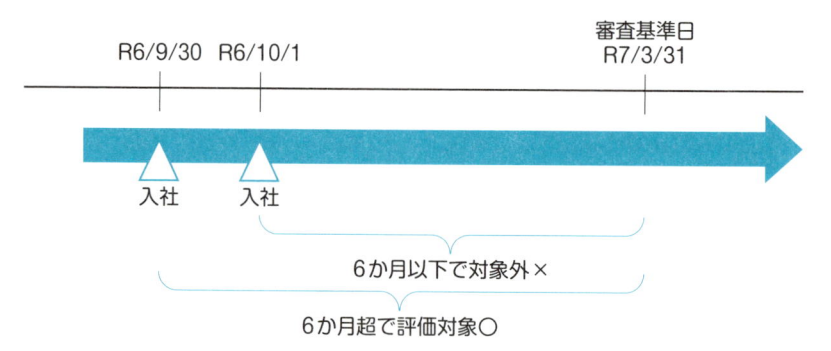

以前の経審では、審査基準日時点で在籍が確認できれば、技術職員として評価されていましたが、技術者の名義借り等の不正が横行したため、平成23年4月施行の経審改正により、今の形となりました。

次に「雇用期間を特に限定することなく常時雇用されている」とは、技術者と建設業者との間に、期間の定めのない雇用契約が存在していることをいいます。

例えば、有期雇用の契約社員やアルバイトは、雇用期間が限定されているため、

経審の技術職員として評価対象とはなりません。また、派遣社員についても評価対象とはなりませんが、出向社員については出向元との雇用関係が明らかであれば評価対象となります。

なお、雇用期間が限定されている者であっても、審査基準日において、65歳以下であって、高年齢者等の雇用の安定等に関する法律第9条第1項第2号に規定する継続雇用制度の適用を受けているものについては、雇用期間を特に限定することなく常時雇用されている者とみなされます。

▼高年齢者等の雇用の安定等に関する法律

（高年齢者雇用確保措置）
第九条　定年（六十五歳未満のものに限る。以下この条において同じ。）の定めをしている事業主は、その雇用する高年齢者の六十五歳までの安定した雇用を確保するため、次の各号に掲げる措置（以下「高年齢者雇用確保措置」という。）のいずれかを講じなければならない。
一　当該定年の引上げ
二　継続雇用制度（現に雇用している高年齢者が希望するときは、当該高年齢者をその定年後も引き続いて雇用する制度をいう。以下同じ。）の導入
三　当該定年の定めの廃止
　〜以下省略〜

営業所技術者等、主任技術者・監理技術者との違い　6

経審の評価対象となる技術職員と、建設業許可要件である営業所技術者等および工事現場に配置される主任技術者・監理技術者は、イコールではありません。

次の表にそれぞれの要件の違いをまとめましたので参考にしてください。許可行政庁によって、取扱いが異なる場合がありますので、実際に申請される際には許可行政庁にご確認ください。

▼「経審の技術職員」「営業所技術者等」「主任技術者・監理技術者」の要件の違い

	監理技術者・主任技術者	営業所技術者等	経営事項審査の加点対象となる技術職員
根拠	監理技術者制度運用マニュアル	建設業許可事務ガイドライン	経営事項審査の事務取扱いについて
要件	**「建設業者と直接的かつ恒常的な雇用関係にある者であることが必要」** 「直接的な雇用関係」とは、監理技術者等とその所属建設業者との間に第三者の介入する余地のない雇用に関する一定の権利義務関係（賃金、労働時間、雇用、権利構成）が存在することをいう。在籍出向者、派遣社員については直接的な雇用関係にあるとはいえない。 「恒常的な雇用関係」とは、一定の期間にわたり当該建設業者に勤務し、日々一定時間以上職務に従事することが担保されていることをいう。公共工事において、発注者から直接請け負う建設業者の専任の主任技術者、専任の監理技術者、特例監理技術者又は監理技術者補佐については、所属建設業者から入札の申込のあった日以前に3ヶ月以上の雇用関係にあることが必要。	**「「専任」の者とは、その営業所に常勤して専らその職務に従事することを要する者をいう」** 会社の社員の場合には、その者の勤務状況、給与の支払状況、その者に対する人事権の状況等により「専任」か否かの判断を行い、これらの判断基準により専任性が認められる場合には、いわゆる出向社員であっても専任の技術者として取り扱う。	**「審査基準日以前に6か月を超える恒常的な雇用関係があり、かつ、雇用期間を特に限定することなく常時雇用されている者（法人である場合においては常勤の役員を、個人である場合においてはこの事業主を含む。）とする」** 雇用期間が限定されている者のうち、審査基準日において高年齢者等の雇用の安定等に関する法律（昭和46年法律第68号）第9条第1項第2号に規定する継続雇用制度の適用を受けているもの（65歳以下の者に限る。）については、雇用期間を特に限定することなく常時雇用されている者とみなす。
在籍出向者について	×認められない（企業集団制度を活用する場合は認められる）	○認められる	○認められる
派遣社員について	×認められない	×認められない	×認められない
有期雇用労働者について	×認められない（雇用期間が限定されている継続雇用制度の適用を受けている者は、常時雇用されている（＝恒常的な雇用関係にある）ものとみなされる）	○認められる	×認められない（65歳以下で継続雇用制度の適用を受けている者は認められる）

※許可行政庁により取り扱いが異なる可能性があります。

5 建設業経理士は講習を受けておかないと評価対象にならないの？

２級建設業経理士の資格を取得したけど、講習は受けてないなぁ

評価対象となるためには、登録された建設業経理士である必要があるよ

建設業経理士とは？

　建設業経理士とは、一般財団法人建設業振興基金が行っている「建設業経理検定試験」に合格した人のことをいいます。

　建設業経理検定試験とは、建設業経理に関する知識と処理能力の向上を図るための資格試験で「建設業経理士検定試験（１級、２級）」は、建設業法施行規則第18条の３に基づく「登録経理試験」として、また「建設業経理事務士検定試験（３級、４級）」は、一般財団法人建設業振興基金独自の試験として実施されている試験です。

一般財団法人建設業振興基金「建設業経理検定」
https://www.keiri-kentei.jp/

　１級及び２級建設業経理士検定試験に合格した者は、経審のその他の審査項目（社会性等）（W）の審査項目「建設業の経理の状況」の「公認会計士等の数」で評価の対象となります。

建設業経理士の登録制度

　企業会計基準が頻繁に変化する中で、継続的な研修の受講等によって最新の会計情報等に関する知識を習得することが重要になってきていることを踏まえ、公認会計士等の数の算出にあたって算入できる者について、令和３年４月施行の経

6

審改正により、次の表のとおり改正されました。

▼**令和3年4月の経審改正の概要**（建設業経理士に係る部分）

改正前	改正後
1級登録経理試験に合格した者（合格すれば、以降継続して経審で評価）	・1級登録経理試験に合格した年度の翌年度の開始の日から5年経過していない者
	・1級登録経理講習を受講した年度の翌年度の開始の日から5年経過していない者
2級登録経理試験に合格した者（合格すれば、以降継続して経審で評価）	・2級登録経理試験に合格した年度の翌年度の開始の日から5年経過していない者
	・2級登録経理講習を受講した年度の翌年度の開始の日から5年経過していない者

出典：国土交通省「経営事項審査の主な改正事項（令和3年4月1日改正）」（http://www.ciic.or.jp/wp-content/uploads/2021/03/20210330_keishinkaiseinaiyou.pdf）をもとに作成

　つまり、1級及び2級建設業経理検定試験に合格した日から5年を経過する日が属する年度の年度末までは、経審の評価対象となり、この期間を経過した後は「登録経理講習」を修了することで評価対象となります。

登録経理講習とは？

　登録経理講習とは、1級建設業経理士および2級建設業経理士の継続教育を目的とした講習で、建設業法施行規則第18条の3第3項第二号に規定されています。

▼**建設業法施行規則**

（経営事項審査の客観的事項）
第十八条の三
　（中略）
3　第一項第四号に規定する事項は、次の各号に掲げる事項により評価することにより審査するものとする。
一　会計監査人又は会計参与の設置の有無
二　建設業の経理に関する業務の責任者のうち次に掲げる者による建設業の経理が適正に行われたことの確認の有無
イ　公認会計士又は税理士であって、国土交通大臣の定めるところにより、建設業の経理に必要な知識を習得させるものとして国土交通大臣が指定する研修を受けたもの
ロ　登録経理試験（建設業の経理に必要な知識を確認するための試験であつて、第十八条の十九、第十八条の二十及び第十八条の二十二において準用する第七条の五の規定により国土交通大臣の登録を受けたものをいう。以下同じ。）に合格した者であつて、合格した日の属する年度の翌年度の開始の日から起算して五年を経過しないもの

ハ　登録経理講習（登録経理試験に合格した者に対する建設業の経理に必要な知識を確認するための講習であつて、第十八条の二十三、第十八条の二十四及び第十九条において準用する第十八条の五の規定により国土交通大臣の登録を受けたものをいう。以下同じ。）を受講した者であつて、受講した日の属する年度の翌年度の開始の日から起算して五年を経過しないもの

ニ　国土交通大臣がイからハまでに掲げる者と同等以上の建設業の経理に必要な知識を有すると認める者

　〜以下省略〜

　登録経理講習の実施機関は、国土交通大臣の登録を受けた機関が実施していますが、令和7年2月の執筆時現在では、登録を受けた機関は1つだけです。

▼登録経理講習の実施機関

登録番号	機関の名称	事務所の所在地	電話番号
1	一般財団法人建設業振興基金	東京都港区虎ノ門4丁目2番12号	03-5473-4581

出典：国土交通省「登録経理講習の実施機関一覧」（https://www.mlit.go.jp/tochi_fudousan_kensetsugyo/const/tochi_fudousan_kensetsugyo_const_tk1_000001_00012.html）より

　登録経理講習の受講をご希望の方は、一般財団法人建設業振興基金のHPにてご確認の上、お申込みください。なお、一般財団法人建設業振興基金では「建設業経理士CPD講習」という名称で実施されています。

6

一般財団法人建設業振興基金「建設業経理士CPD講習」

https://kssc-keiri.com/

6 会社を合併するんだけど、その場合の経審はどうなるの？

合併したからすぐにでも経審を受けたいんだけど、決算日まで待たないといけないの？

「合併時経審」を受けられるよ

合併時経審について

　通常、経審は決算日を審査基準日として受けるものですが、合併の場合は、合併後の実態に即した客観的事項の評価を可能とするため、合併後最初の決算日を待たずに経審を受けることができることとなっています。これを「合併時経審」といいます。なお、会社分割、事業譲渡の場合も同様に「分割時経審」「譲渡時経審」というものがあります。

【参考資料】

国土交通省

・建設業者の合併に係る建設業法上の事務取扱いの円滑化等について
　https://www.mlit.go.jp/common/000142143.pdf

・建設業者の会社分割に係る建設業法上の事務取扱いの円滑化等について
　https://www.mlit.go.jp/common/000142141.pdf

・建設業の譲渡に係る建設業法上の事務取扱いの円滑化等について
　https://www.mlit.go.jp/common/000142144.pdf

　合併とは、2つ以上の会社が1つの会社になることです。2つ以上の既存の会社を、そのうちいずれか1社にまとめる合併を「吸収合併」といい、合併に際して新しい会社を設立し、2つ以上の既存の会社を、その新設会社にまとめる合併を「新設合併」といいます。

合併時経審は「吸収合併」であるか「新設合併」であるかによって、審査基準日や各審査項目の審査方法に違いがあります。また、いずれの場合であっても、消滅会社が合併以前に受けていた建設業許可は合併により当然に承継されるわけではありませんので、建設業許可の事業承継等の認可申請や業種追加申請等により、存続会社・新設会社が建設業許可を取得しなければならないことも注意が必要です。合併により生じた変更等について、変更届等の手続きも忘れないようにしてください。

ここから吸収合併の場合と新設合併の場合の審査基準日や各審査項目の審査方法について、大事なポイントを見ていきたいと思います。詳細部分は省略しておりますので、国土交通省「建設業者の合併に係る建設業法上の事務取扱いの円滑化等について」(https://www.mlit.go.jp/common/000142143.pdf) をご確認ください。

吸収合併の場合

吸収合併の場合、審査基準日は合併期日となります。

ただし、存続会社が合併直前の決算日を審査基準日とする経審（合併直前経審）を受けている場合は、合併時経審を受けることは義務ではありません。

【審査方法の細目について】
①年間平均完成工事高及び年間平均元請完成工事高
審査基準日（合併期日）の翌日の直前2年又は直前3年の存続会社及び消滅会社の完成工事高の合計額で審査されます。

ただし、額の確定までに相当の時間を要する場合で、やむを得ないと認められるときは、別の額を用いることで申請することができます。あらかじめ許可行政庁にご確認ください。

②技術職員数
審査基準日（合併期日）における状況で審査されます。

技術職員は、審査基準日以前に6か月を超える恒常的な雇用関係が必要ですが、消滅会社における雇用期間を含めて考えます。

③自己資本額、利払前税引前償却前利益の額、経営状況及び研究開発費の額

　当期の数値は審査基準日（合併期日）における財務諸表、前期の数値は存続会社の直前の決算日における存続会社及び消滅会社の財務諸表の科目等を合算したもので審査されます。いずれも作成が必要です。

　ただし、額の確定までに相当の時間を要する場合で、やむを得ないと認められるときは、他の方法によるものを当期の数値及び前期の数値として申請することができます。あらかじめ許可行政庁にご確認ください。

④建設業の営業継続の状況

　営業年数は、存続会社の営業年数で審査されます。

⑤法令遵守の状況

　審査基準日（合併期日）の翌日の直前1年における存続会社の法令遵守の状況が審査されます。

⑥監査の受審状況

　存続会社の直前の決算日の状況が審査されます。

⑦その他の項目

　①〜⑥以外の項目については、審査基準日（合併期日）における状況で審査されます。

新設合併の場合

　新設合併の場合、審査基準日は申請会社の設立の日である合併登記の日となります。

【審査方法の細目について】

①年間平均完成工事高及び年間平均元請完成工事高

　新設合併を営業の譲渡とみなして、経審課長通知記Ⅰ1（1）リの建設業を譲り受けることにより建設業を開始する場合の取扱いに準拠して算定した額が審査されます。「建設業を譲り受けることにより建設業を開始する場合の取扱い」とは、次の算式です。

▼建設業を譲り受けることにより建設業を開始する場合の取扱い

(Aの完成工事高)＋(Xの完成工事高)＋(Yの完成工事高)＋(Zの完成工事高)×

$$\frac{24\text{か月}- A、X及びYに含まれる月数}{Z\text{に含まれる月数}(12月)}$$

＝直前2年の完成工事高

(乙社の年間平均完成工事高の算定基礎)

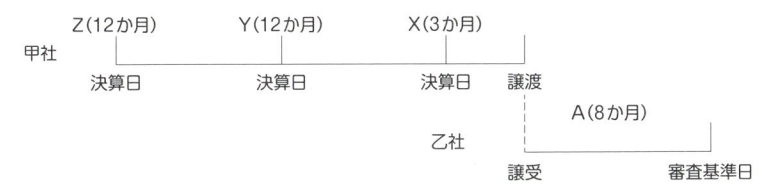

直前3年

(Aの完成工事高)＋(Xの完成工事高)＋(Yの完成工事高)＋(Zの完成工事高)×

$$\frac{36\text{か月}- A、X及びYに含まれる月数}{Z\text{に含まれる月数}(12月)}$$

＝直前3年の完成工事高

(乙社の年間平均完成工事高の算定基礎)

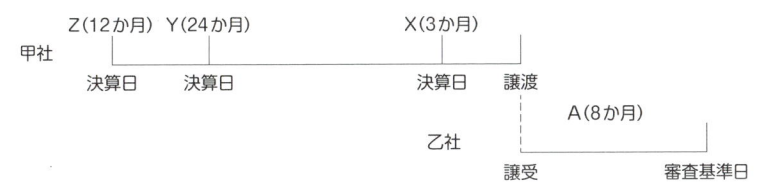

出典：国土交通省「経営事項審査の事務取扱いについて」(https://www.mlit.go.jp/totikensangyo/const/content/001852368.pdf) P5 をもとに作成

6

　なお、額の確定までに相当の時間を要する場合で、やむを得ないと認められるときは、吸収合併の場合と同様に別の額を用いることで申請することができます。あらかじめ許可行政庁にご確認ください。

②技術職員数

　審査基準日（設立日）における状況で審査されます。

　技術職員は、審査基準日以前に6か月を超える恒常的な雇用関係が必要ですが、消滅会社における雇用期間を含めて考えます。

③自己資本額、利払前税引前償却前利益の額、経営状況及び研究開発費の額

＜当期の数値＞

　自己資本額については設立時の開始貸借対照表の自己資本額、利払前税引前償却前利益、経営状況及び研究開発費の額については消滅会社の最終の事業年度に係る決算に基づき各社の数値を合算したものが審査されます。

＜前期の数値＞

　消滅会社の任意の一社を存続会社とみなした上で、当該存続会社の最終の事業年度に係る決算の前期の決算日における各社の財務諸表の科目等を合算したものが審査されます。なお、技術職員数を算出する際に存続会社とみなした消滅会社がある場合は、その消滅会社と同一の会社を存続会社とみなすことになります。

　当期の数値、前期の数値ともに作成が必要です。ただし、額の確定までに相当の時間を要する場合で、やむを得ないと認められるときは、吸収合併の場合と同様に他の方法によるものを当期の数値及び前期の数値として申請することができますあらかじめ許可行政庁にご確認ください。

④建設業の営業継続の状況

　営業年数は、消滅会社の営業年数の算術平均により得た年数が審査されます。

⑤法令遵守の状況

　消滅会社が審査基準日（設立日）から１年以内に指示処分、または、営業停止処分を受けていた場合でも、新設会社においては減点されずに審査されます。

　ただし、これはあくまでも既に終わった監督処分についての話です。消滅会社が、営業停止処分を受け、営業停止の期間中の合併であれば、当然新設会社はそれを引き継ぐことになりますし、不正行為等を行った消滅会社が、監督処分を受ける前に合併した場合は、新設会社に対して監督処分が行われることになりますので注意が必要です。

⑥監査の受審状況

　すべての消滅会社が、直前の決算日において監査を受審している場合に加点されます。

⑦その他の項目

①～⑥以外の項目については、吸収合併における取扱いと同様です。

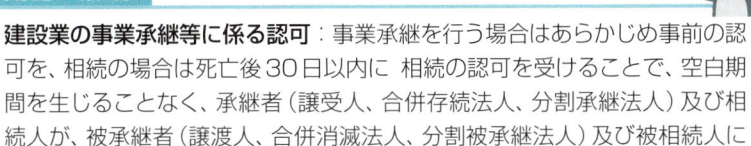

用語の解説

建設業の事業承継等に係る認可：事業承継を行う場合はあらかじめ事前の認可を、相続の場合は死亡後30日以内に 相続の認可を受けることで、空白期間を生じることなく、承継者（譲受人、合併存続法人、分割承継法人）及び相続人が、被承継者（譲渡人、合併消滅法人、分割被承継法人）及び被相続人における建設業者としての地位を承継することができるというもの。

6

7 経審の受け直しはできるの？

経審の申請を間違えてしまったから受け直したいよ…

経審は原則としてそういう理由では受け直しできないよ

経審は受け直しができない？

公共工事の発注者は、競争入札に参加しようとする建設業者についての資格審査にあたって、客観的事項の審査である経審の総合評定値（P）と、発注者別評価の審査結果を点数化して格付けをしていますので、経審の評点は、公共工事の入札に参加している建設業者の方にとっては重要な評点です。そのため、申請を間違えてしまったことにより、本来加点されるはずの項目が加点対象とならなかった場合や、評点を上げるため、申請内容を変更したくなった場合には、受け直したいと思われることもあると思います。しかしながら、原則として申請者側の理由による経審の受け直しは認められていません。

再審査の申立てができるケース

建設業法では、再審査の申立てができるケースが2つあります。

①経営規模等評価の結果について異議がある場合
②経審の改正があった場合

●①経営規模等評価の結果について異議がある場合

計算間違いなど行政庁側の処理誤りにより経営規模等評価結果通知書の記載に

誤りがあったときは、経営規模等評価を行った国土交通大臣又は都道府県知事に対して、再審査を申し立てることができます。その結果通知書を受け取った日から起算して30日以内に再審査の申立てをしなければなりません。あくまでも行政庁側の誤りによるもので、申請者側の誤りによるものは再審査の申立ての対象となりませんので、注意が必要です。

●②経審の改正があった場合

経審の審査項目の改正があった場合、経審の再審査の申立てが可能です。改正に伴う再審査の申立ては義務ではありません。改正前の基準による結果通知書がそのまま有効なものとして扱われます。ただし、改正に伴う再審査の申立ては義務ではありませんが、公共工事の発注者によっては、改正後の経審の結果通知書を求めるところもありますので、注意が必要です。

また、改正項目に関する部分のみ審査が行われるため、結果通知書の内容に変動がない場合や、誤り部分の修正や技術職員等の追加など、受審済みの経審結果通知書の内容を修正しようとする目的では再審査を受けることはできません。

このケースでは、改正の日から120日以内に再審査の申立てをしなければなりません。最近では、令和5年1月1日に経審の改正があり、令和5年5月1日まで再審査の申立てが受け付けられていました。

▼建設業法

> （再審査の申立）
> 第二十七条の二十八　経営規模等評価の結果について異議のある建設業者は、当該経営規模等評価を行つた国土交通大臣又は都道府県知事に対して、再審査を申し立てることができる。

▼建設業法施行規則

> （再審査の申立て）
> 第二十条　法第二十七条の二十八に規定する再審査（以下「再審査」という。）の申立ては、法第二十七条の二十七の規定による審査の結果の通知を受けた日から三十日以内にしなければならない。
> 2　法第二十七条の二十三第三項の経営事項審査の基準その他の評価方法（経営規模等評価に係るものに限る。）が改正された場合において、当該改正前の評価方法に基づく法第二十七条の二十七の規定による審査の結果の通知を受けた者は、前項の規定にかかわらず、当該改正の日から百二十日以内に限り、再審査（当該改正に係る事項についての再審査に限る。）を申し立てることができる。
> 　〜以下省略〜

6

他の理由で経審の受け直しを認めるケースもある？

建設業法には再審査の申立ての規定はありませんが、他の理由で経審の受け直しを認めているケースもありますのでご紹介します。

●①業種追加をした場合

直近の審査基準日で経審を受けた後、業種追加により許可業種が増えた場合、次の審査基準日までに業種追加によって増えた業種も含めて、経審を受け直すことができるケースがあります。

概ねどの許可行政庁でもこの取扱いをされていると思いますが、確認が取れているわけではありませんので、業種追加による経審の受け直しをお考えの際は、あらかじめ、許可行政庁にご確認ください。

●②申請者側の理由による場合

大阪府の取扱いをご紹介します。大阪府では「技術職員の担当業種を誤った」「防災協定を締結しているにもかかわらず無で申請した」「4業種申請するところを3業種しか申請しなかった」など、申請者が誤って申請した場合であっても、以下の条件をすべて満たす場合は、1回を限度として受け直しが認められています。

【条件1】

既に受け取った経営規模等評価結果・総合評定値通知書を入札・契約に関して官公庁に提示又は提出していないこと

【条件2】

経営規模等評価結果・総合評定値通知書の発行日から起算して1か月以内で、かつ、次の決算期が到来していないこと

このように、経審の結果通知書が届いてから受け直しを認めるという取り扱いは稀なケースだと思いますが、許可行政庁によっては、申請者側の理由であっても受け直しを認めているケースもありますので、うっかり申請ミスをしてしまったという建設業者様は諦めずにご確認いただくと良いかもしれません。

第7章 監督処分と罰則について

1 建設業法に違反するとどうなるの？

建設業法違反しちゃっても、軽い罰で済むといいんだけど…

いやいや、まず建設業法違反をしないことが一番だよ

罰則とは？

　建設業に関連する法令は多岐にわたり、建設業者は、建設業法だけでなく建設業に関連する様々な法令を遵守する必要がありますが、建設業の営業を規制する法律は建設業法であり、やはり建設業者にとって中心となる法律は建設業法といえます。この建設業法に違反した場合には、「罰則」と「監督処分」という制裁が用意されています。建設業法違反による罰則は次の表のとおりです。

▼建設業法違反による罰則

3年以下の懲役又は300万円以下の罰金※・法人に対しては1億円以下の罰金	・建設業許可を受けないで建設業を営んだ場合 ・特定建設業許可がないにも関わらず、元請業者となり、5,000万円（建築一式工事の場合8,000万円）以上となる下請契約を締結した場合 ・営業停止中に営業した場合 ・営業禁止中に営業した場合 ・虚偽又は不正の事実に基づいて許可を受けた場合
6ヶ月以下の懲役又は100万円以下の罰金※	・建設業許可申請書に虚偽の記載をして提出した場合 ・変更等の届出を提出しなかった場合 ・変更等の届出に虚偽の記載をして提出した場合 ・経営状況分析申請書又は経営規模等評価申請書に虚偽の記載をして提出した場合

100万円以下の罰金	・工事現場に主任技術者又は監理技術者を置かなかった場合 ・土木一式工事又は建築一式工事を施工する場合において、専門技術者の配置等を行わなかった場合 ・許可取消処分や営業停止処分を受けたにも関わらず、2週間以内に注文者に通知しなかった場合 ・登録経営状況分析機関から報告又は資料を求められ、報告若しくは資料の提出をしなかった場合又は虚偽の報告若しくは虚偽の資料の提出をした場合 ・許可行政庁から報告を求められ、報告をしなかった場合又は虚偽の報告をした場合 ・許可行政庁から検査を求められ、検査を拒否、妨害、忌避した場合
10万円以下の過料	・廃業等の届出を怠った場合 ・調停の出頭要求に応じなかった場合 ・店舗や工事現場に建設業の許可票を掲げなかった場合 ・無許可業者が建設業者であると誤認される表示をした場合 ・帳簿を作成しなかった場合、虚偽の記載等をした場合

※情状により、懲役及び罰金を併科。

　なお、建設業法違反により罰金以上の刑罰を受けると、建設業許可の欠格要件に該当することとなり、許可の取消しがなされる上、その取消しの日から5年間は建設業許可を取得することができなくなります。建設業法違反による罰則の影響は大きく、「罰金刑くらい怖くない」と考えていると、許可を取り消され再起を図ることも難しくなってしまいますので、十分注意してください。

監督処分とは？

　建設業者が、建設業法により課せられた義務を履行しない場合や建設業法の規定に違反した場合には、刑罰とは別に許可行政庁による監督処分が用意されています。監督処分の種類は次の表のとおりです。

▼建設業法違反による監督処分

指示処分	建設業法に違反すると、指示処分の対象となる。法令違反を是正するために監督行政庁が行う命令。
営業停止処分	指示処分に従わないときは、営業停止処分の対象となる。指示処分なしで直接営業停止処分となることもある。1年以内の期間で、監督行政庁が決定する。
許可取消処分	不正手段で許可を受けたり、営業停止処分に違反して営業したりすると、許可取消処分の対象となる。情状が特に重いと判断されると、指示処分や営業停止処分なしで直ちに許可取消となる場合もある。

なお、どのような監督処分等を行うかは、不正行為等の内容・程度、社会的影響、情状等を総合的に勘案して判断されることとなります。許可行政庁は監督処分基準を定めており、どのようなケースでどのような処分が行われるか記載されていますので、確認をしておくのが良いでしょう。

▼建設業者の不正行為等に対する監督処分の基準 (抜粋)

監督処分事例

先述のとおり、建設業法違反には「罰則」と「監督処分」という制裁が用意されています。「罰則」の対象となる行為は建設業法の中で明確になっていますが、「監督処分」は不正行為等の内容・程度、社会的影響、情状等によるため、線引きが難しいケースがあります。過去にどのようなケースが監督処分になっているか事例を知ることで、建設業法違反対策が取りやすくなりますので、処分事例をご紹介させていただきます。

【指示処分事例】

①高知県S社（配置技術者の専任義務違反）

処分年月日	2024年8月26日
処分を行った者	高知県知事
根拠法令	建設業法第28条第1項（第2号該当）
処分の内容	建設業法第28条第1項に基づく指示 1　今回の違反行為の再発を防ぐため、少なくとも、次の事項について必要な措置を講じること (1)　建設業法に規定されている専任を要する工事の主任技術者や監理技術者が兼務とならないよう、技術者の適正な配置について業務運営の点検を行うとともに、社内の業務管理体制のより一層の整備及び強化を行うこと。 (2) 今回の違反行為の内容及びこれに対する処分内容等について、役職員に速やかに周知徹底すること。 (3)　建設業法及び関係法令の遵守を社内に徹底するため、研修及び教育（以下「研修等」という。）の計画を作成し、役職員に対し継続的に必要な研修等を行うこと。 2　前項各号について講じた措置（貴社において前項に係る措置以外に講じた措置がある場合にはこれを含む。）を速やかに文書でもって報告すること。
処分の原因	建設業法第26条第3項及び建設業法施行令第27条により専任の主任技術者等の配置が義務づけられている、民間発注の鋼構造物工事に、建設業法第7条第2号に規定される営業所の専任技術者を主任技術者等として配置していたことが判明した。このことは、建設業法第26条第3項に違反し、同法第28条第1項第2号に該当すると認められる。

7

②神奈川県Ｋ社（一括下請負）

処分年月日	2024年9月26日
処分を行った者	神奈川県知事
根拠法令	建設業法第28条第1項（第2号及び第4号該当）
処分の内容	1　今回の違反行為の再発を防ぐため、少なくとも、以下の事項について必要な措置を講じること （1）今回の違反行為の内容及びこれに対する処分内容について、役職員に速やかに周知徹底すること。 （2）建設業法及び関係法令の遵守を社内に徹底するため、研修及び教育（以下、「研修等」という。）の計画を作成し、役職員に対し継続的に必要な研修等を行うこと。 （3）適正な業務活動が行われるよう、業務運営方法の調査点検を行うとともに、社内の業務監督体制の整備を行うこと。 2　前項各号について講じた措置（同社において前項に係る措置以外に講じた措置がある場合にはこれを含む。）について、文書をもって報告すること。
処分の原因	Ｋ社は、令和6年4月14日に施工した、神奈川県川崎市における「床下漏水補修工事」において、設業法第22条第1項の規定に違反して、請け負った建設工事を一括して他人に請け負わせた。また、建設業法第26条第1項の規定に違反して、同社と直接的かつ恒常的な雇用関係にある主任技術者を適切に配置しなかった。このことは建設業法第28条第1項第2号及び第4号に該当する。

【営業停止処分事例】

①大阪府Ａ社（無許可業者等との下請契約）

処分年月日	2024年11月13日
処分を行った者	大阪府知事
根拠法令	建設業法第28条第3項
処分の内容	建設業法第28条第3項に基づく営業停止処分 営業停止期間：令和6年11月28日から同年12月11日までの14日間 営業停止範囲：建設業に係る営業の全部
処分の原因	Ａ社は、兵庫県神戸市内の民間発注の工事において、建設業法第3条第1項の規定に違反して同項の許可を受けないで建設業を営むI社と下請契約を締結した。また、当該建設業者は、本件工事において、建設業法第3条第1項の規定に違反して防水工事業に係る同項の許可を受けないで建設業を営むＴ社と下請契約を締結した。

②東京都Ｓ社（直接的かつ恒常的な雇用関係にない主任技術者の配置）

処分年月日	2023年10月31日
処分を行った者	東京都知事
根拠法令	建設業法第28条第3項（同条第1項第2号該当）

処分の内容	建設業法第28条第3項に基づく営業停止処分 営業停止期間：令和5年11月15日から同年12月6日までの22日間 営業停止範囲：建設業に係る営業の全部
処分の原因	S社は岡山県岡山市内の工事外9件の工事において、直接的雇用関係のない出向者を主任技術者として配置した。このことが、建設業法第26条第1項に違反し、第28条第1項第2号及び同条第3項に該当する。

【許可取消処分事例】

大阪府T社（許可基準を満たさなくなった）

処分年月日	2024年8月24日
処分を行った者	大阪府知事
根拠法令	建設業法第29条第1項
処分の内容	建設業法第29条第1項に基づく建設業許可の取消し（建築工事業及び解体工事業に係る一般建設業の許可の取消し）
処分の原因	T社は、建設業法第7条第2号に規定する営業所の専任の技術者である者が、令和5年11月30日付けで当該建設業者を退職し、別の場所で事業を行っているなど、当該建設業者の営業所に常勤して専らその職務に従事しておらず、同号に掲げる許可の基準を満たさなくなった。T社は、建設業法第7条第1号及び建設業法施行規則第7条第1号の規定に基づく経営業務の管理責任者である者が、令和5年11月14日に当該建設業者の取締役に就任したものの、同日からしばらくの間、当該建設業者の本店に出勤しないなど、当該建設業者の常勤の役員として職務に従事しておらず、同法第7条第1号に掲げる許可の基準を満たさなくなった。

7

　ここでご紹介させていただいた事例は、国土交通省の「国土交通省ネガティブ情報等検索サイト」（http://www.mlit.go.jp/nega-inf/）にて、誰でも簡単に検索をすることができます。「ネガティブ情報」とは、過去の処分歴など、事業者にとって有利に働かない情報のことをいいます。

　このような過去の建設業者の監督処分事例を参考にしながら、自社の法令遵守体制の構築に役立てていくことが重要です。

2 役員が交通事故を起こしたら、建設業許可は取り消されるの？

交通事故は建設業法違反じゃないから許可には影響ないよね？

人身事故とか重大なものだと影響あるんじゃないかな？

監督処分の対象になるか？

　建設業者で役員を務める人が起こした交通事故は、許可行政庁による監督処分の対象になるのでしょうか？　国土交通省の監督処分基準から、監督処分の具体的基準を見ていきたいと思います。

【具体的基準】

(1) 公衆危害
(2) 建設業者の業務に関する談合・贈賄等（刑法違反（公契約関係競売等妨害罪、談合罪、贈賄罪、詐欺罪）、補助金等適正化法違反、独占禁止法違反）
(3) 請負契約に関する不誠実な行為
　①虚偽申請
　②主任技術者等の不設置等
　③粗雑工事等による重大な瑕疵
　④施工体制台帳等の不作成
(4) 建設工事の施工等に関する他法令違反
　①労働安全衛生法違反等（工事関係者事故等）
　②建設工事の施工等に関する法令違反
　　i 建築基準法違反等
　　ii 労働基準法違反等

ⅲ宅地造成及び特定盛土等規制法違反、廃棄物処理法違反

　　　ⅳ特定商取引に関する法律違反

　　　ⅴ賃貸住宅の管理業務等の適正化に関する法律違反

　　③信用失墜行為等

　　　ⅰ法人税法、消費税法等の税法違反

　　　ⅱ暴力団員による不当な行為の防止等に関する法律違反（第32条の3第
　　　　7項の規定を除く。）等

　　④健康保険法違反、厚生年金保険違反、雇用保険法違反

（5）一括下請負当

（6）主任技術者等の変更

（7）無許可業者等との下請契約

（8）履行確保法違反

　交通事故は、「(4) 建設工事の施工等に関する他法令違反③信用失墜行為等」に該当しそうですが、この対象は法人税法、消費税等の税法違反、暴力団員による不当な行為の防止等に関する法律違反に限定されています。監督処分基準を見る限りでは、役員が交通事故を起こしただけでは、許可行政庁の監督処分の対象とはならなさそうです。

建設業許可の欠格要件

　建設業許可には「欠格要件」という要件があります。欠格要件に該当すると、建設業許可を受けることができません。建設業許可を受けて営業する建設業者が欠格要件に該当することになれば、許可が取り消されることとなります。交通事故を起こした場合も、この欠格要件に該当し、許可が取り消される可能性があります。

【欠格要件】

　許可を受けようとする者が次の(1)から(14)のいずれか（許可の更新を受けようとする者にあっては、(1)又は(7)から(14)までのいずれか）に該当するときは、許可を受けることができません。

(1) 破産者で復権を得ないもの

(2) 一般建設業の許可又は特定建設業の許可を取り消され、その取消しの日から5年を経過しない者

(3) 一般建設業の許可又は特定建設業の許可の取消しの処分に係る通知が
あった日から当該処分があった日又は処分をしないことの決定があった
日までの間に廃止の届出をした者で当該届出の日から5年を経過しない
もの

(4) 前号に規定する期間内に廃止の届出があった場合において、前号の通知
の日前60日以内に当該届出に係る法人の役員等若しくは政令で定める
使用人であった者又は当該届出に係る個人の政令で定める使用人であっ
た者で、当該届出の日から5年を経過しないもの

(5) 営業の停止を命ぜられ、その停止の期間が経過しない者

(6) 許可を受けようとする建設業について営業を禁止され、その禁止の期間
が経過しない者

(7) 禁錮以上の刑に処せられ、その刑の執行を終わり、又はその刑の執行を
受けることがなくなった日から5年を経過しない者

(8) 建設業法、建設工事の施工若しくは建設工事に従事する労働者の使用に
関する法令の規定で政令で定めるもの若しくは暴力団員による不当な行
為の防止等に関する法律の規定に違反したことにより、又は刑法第204
条、第206条、第208条、第208条の2、第222条若しくは第247条の
罪若しくは暴力行為等処罰に関する法律の罪を犯したことにより、罰金
の刑に処せられ、その刑の執行を終わり、又はその刑の執行を受けるこ
とがなくなった日から5年を経過しない者

(9) 暴力団員又は同号に規定する暴力団員でなくなった日から5年を経過し
ない者 ((14)において「暴力団員等」という。)

(10) 精神の機能の障害により建設業を適正に営むに当たって必要な認知、
判断及び意思疎通を適切に行うことができない者

(11) 営業に関し成年者と同一の能力を有しない未成年者でその法定代理人
が前各号又は次号 (法人でその役員等のうちに(1)から(4)まで又は(6)
から(10)までのいずれかに該当する者のあるものにかかる部分に限
る) のいずれかに該当するもの

(12) 法人でその役員等又は政令で定める使用人のうちに、(1)から(4)まで
又は(6)から(10)までのいずれかに該当する者 ((2)に該当する者につ
いてはその者が第29条第1項の規定により許可を取り消される以前か
ら、(3)又は(4)に該当する者についてはその者が廃止の届出がされる
以前から、(6)に該当する者についてはその者が営業を禁止される以前

から、建設業者である当該法人の役員等又は政令で定める使用人であった者を除く。) のあるもの

(13) 個人で政令で定める使用人のうちに、(1) から (4) まで又は (6) から (10) までのいずれかに該当する者 ((2) に該当する者についてはその者が許可を取り消される以前から、(3) 又は (4) に該当する者についてはその者が廃止の届出がされる以前から、(6) に該当する者についてはその者が営業を禁止される以前から、建設業者である当該個人の政令で定める使用人であった者を除く。) のあるもの

(14) 暴力団員等がその事業活動を支配する者

※ここでいう役員等とは、以下の者が該当します。
・株式会社又は有限会社の取締役
・指名委員会等設置会社の執行役
・持分会社の業務を執行する社員
・法人格のある各種の組合等の理事等
・その他、相談役、顧問、株主等、法人に対し業務を執行する社員 (取締役、執行役若しくは法人格のある各種の組合等の理事等) と同等以上の支配力を有するものと認められる者か否かを個別に判断される者

欠格要件では、直接的に交通事故＝許可取消、と規定されているわけではありません。交通事故について欠格要件で関係するのは「(7) 禁錮以上の刑に処せられ、その刑の執行を終わり、又はその刑の執行を受けることがなくなった日から5年を経過しない者」です。交通事故は、刑法及び自動車の運転により人を死傷させる行為等の処罰に関する法律 (自動車運転処罰法) などにより刑罰が規定されています。役員が交通事故を起こし、これらの法律の規定により、禁錮以上の刑を受けることになれば、欠格要件に該当し、許可が取り消されることとなります。

どのような交通事故だと「禁錮以上の刑」になる？

交通事故には、「人身事故」と「物損事故」がありますが、刑罰の対象となっているのは、ほとんどが「人身事故」です。

例えば、飲酒をして正常な運転が困難な状態で自動車を運転して、人身事故を起こした場合は自動車運転処罰法の規定により「危険運転致死傷罪」となり、人を

負傷させた場合は15年以下の懲役、人を死亡させた場合は1年以上20年以下の懲役が科されます。その他にも「過失運転致死傷罪」等、自動車運処罰法の規定により、禁錮以上の刑が科されるものがあります。

　仮に、建設業者の役員がこれらの刑罰を受けることとなれば、建設業許可の欠格要件に該当し、許可が取り消されることとなります。建設業許可を維持し、会社を存続させるためには、建設業法令の遵守だけでなく、日常から様々な法令を意識しなければなりませんし、会社だけでなく、役職員個々人もコンプライアンスを意識することが大事であることが良くわかります。

3 建設業許可を取得すると、定期的に立入検査があるの？

情報を更新

立入検査があるって聞いたけど、定期的にあるのかな…

定期的に来られたら何か困ることでも？

立入検査とは？

　立入検査とは、建設業法第31条第1項に基づいて、国土交通省の職員や都道府県の職員により行われる立入検査のことです。元請負人と下請負人との対等な関係の構築及び公正かつ透明な取引の実現等が主な目的として行われています。

▼建設業法

> （報告及び検査）
> 第三十一条　国土交通大臣は、建設業を営むすべての者に対して、都道府県知事は、当該都道府県の区域内で建設業を営む者に対して、特に必要があると認めるときは、その業務、財産若しくは工事施工の状況につき、必要な報告を徴し、又は当該職員をして営業所その他営業に関係のある場所に立ち入り、帳簿書類その他の物件を検査させることができる。
> 2　第二十六条の二十一第二項及び第三項の規定は、前項の規定による立入検査について準用する。

　立入検査は、新規に建設業許可を取得した建設業者や、過去に監督処分又は行政指導を受けた建設業者、「駆け込みホットライン」等の各種相談窓口に多く通報が寄せられる建設業者、下請取引等実態調査において未回答又は不適正回答の多い建設業者、不正行為等を繰り返し行っているおそれのある建設業者を中心に実施されています。

7

立入検査の頻度

　立入検査はどのくらいの頻度で行われるか気になるところですが、頻度については明確に定められているわけではなく、定期的に実施されるものではありません。建設業法第31条第1項にも「特に必要があると認めるときは」と記載されているとおり、許可行政庁が必要と認める場合に実施されている状況です。

　ちなみに、国土交通省は毎年度の立入検査等の実施件数を公表しています（「令和5年度「建設業法令遵守推進本部」の活動結果及び令和6年度の活動方針」https://www.mlit.go.jp/totikensangyo/const/content/001752644.pdf）。

　公表された情報によると、令和5年度の実施件数は806件、令和4年度は884件でした。令和3年度は858件でした。令和4年3月現在の大臣許可業者数は10,373業者ですので、10年に一度くらいは立入検査等が行われることになると考えられます。

立入検査で何がチェックされる？

　立入検査は、元請負人と下請負人との対等な関係の構築及び公正かつ透明な取引の実現等が目的として行われていますので、主に契約関係書類がチェックされます。行政書士法人名南経営のお客様が対象として実施された立入検査でチェックされた書類は以下のとおりです。

【立入検査でチェックされた書類】

①発注者との契約関係書類
- ・契約書（追加・変更分を含む）
- ・検査結果通知書等（完成日、検査日及び引渡日が確認できる書類）
- ・工程表
- ・施工体系図
- ・施工体制台帳（添付書類、再下請負通知書を含む）
- ・配置技術者に必要な資格を有することを証する書類（監理技術者資格者証、合格証等）
- ・発注者からの入金が確認できる会計帳簿

②下請負人との契約関係書類

　上記のとおり、その作成自体が建設業法で義務付けられている書類であったり、建設業法の規定（検査や支払いの期限等）が守られているかを確認できる書類がチェックされることになります。建設業法の規定が守られているかどうかの検査ですので、日頃から建設業法を遵守している建設業者の方であれば、立入検査は何も怖くありません。

　参考までに、立入検査が行われる場合、最初は国土交通省各地方整備局や都道府県の職員から電話連絡等があると思いますが、正式な通知としては、次のような書面が届くこととなります。

7

▼立入検査の通知書面

（立入検査の通知書面サンプル）

国○整建産第○○号
令和○○年○○月○○日

株式会社○○○○
代表取締役○○○○　殿

国土交通省○○地方整備局長
　　　　○○○○　　　　㊞

建設業法第３１条第１項に基づく立入検査について

　当局では、建設業法（昭和２４年法律第１００号）等の法令遵守、建設工事の請負契約の適正化及び下請代金等の支払の適正化を図るため、管内の建設業者に対し建設業法第３１条第１項の規定に基づく立入検査を実施しております。

　このたび、貴社に対し同検査を下記のとおり実施することとしましたので、通知します。

記

１．実施日時　：　令和○○年○○月○○日　　○○：○○～○○：○○
２．実施場所　：　貴社本社
３．検査員　　：　国土交通省○○地方整備局　建政部　職員
４．検査内容　：　検査１及び検査２のとおり
　（１）検査１：下請契約に係る見積・契約締結・下請代金の支払の方法及び時期等について

	検査対象工事	貴社請負代金	工期	注文者
①				
②				

　（２）検査２：会社としての取組について
５．検査立会者
　　貴社の行った請負契約・支払、技術者の配置等について説明が行える貴社の担当責任者
６．資料
　　検査においては、下記の資料により行います。（該当しない物を除く）
　　また、検査当日に別紙の「準備資料一覧表」を添付し、可能な限り提出していただきますようにお願いします。なお、提出して頂いた資料は公にせず、検査の確認以外には使用しないこととさせて頂きます。

用語の解説

駆け込みホットライン：建設業法に違反している建設業者の情報を通報する窓口。国土交通省の各地方整備局等の建設業許可行政部局に設置されている。
http://www.mlit.go.jp/totikensangyo/const/1_6_bt_000178.html

4 立入検査のときに、「帳簿」を見せて欲しいと言われたんだけど、「帳簿」って何？

帳簿って会計帳簿でいいのかな？

いや、建設業法で定められている帳簿は全く別物だよ

帳簿とは？

　建設業者は、営業所ごとに営業に関する事項を記載した帳簿を備え、保存しなければならないというルールがあります。帳簿の作成が建設業法で義務付けられていることをご存じでない方も多いので、本書を読んでいただいた方は、これを機に、帳簿の作成・保存の徹底をお願いします。

　なお、帳簿の保存期間は5年間（発注者と直接締結した住宅を新築する建設工事に係るものは10年間）とされています。帳簿は任意の書式で問題ありませんが、建設業法で定められた事項が記載されている必要があります。また、電磁的記録によることも可能です。

　帳簿の記載事項は次のとおりです。

【帳簿の記載事項】

1. 営業所の代表者の氏名・就任年月日
2. 注文者と締結した建設工事の請負契約に関する次の事項
   - ①請け負った建設工事の名称と現場所在地
   - ②注文者との契約締結日
   - ③注文者の商号・所在地（注文者が建設業者のときは、許可番号）
   - ④注文者から受けた完成検査の年月日
   - ⑤工事目的物を注文者に引き渡した年月日

7

3. 発注者と締結した住宅の新築工事の請負契約に関する次の事項

　　①当該住宅の床面積

　　②建設業者の建設瑕疵負担割合

　　③発注者に交付している住宅瑕疵担保責任保険法人 (資力確保措置を保険により行った場合)

4. 下請契約に関する事項

　　①下請負人に請け負わせた建設工事の名称と現場所在地

　　②下請負人との契約締結日

　　③下請負人の商号・所在地 (下請負人が建設業者のときは、許可番号)

　　④下請工事の完成を確認するために自社が行った検査の年月日

　　⑤下請工事の目的物について、下請業者から引き渡しを受けた年月日

※特定建設業の許可を受けている者が注文者 (元請工事に限らない。) となって、一般建設業者 (資本金が4,000万円以上の法人企業を除く。) に建設工事を下請負した場合は、以下の事項についても記載が必要となります。

(1) 支払った下請代金の額、支払った年月日及び支払手段

(2) 支払手形を交付したときは、その手形の金額、交付年月日、手形の満期

(3) 代金の一部を支払ったときは、その後の下請代金の支払残額

(4) 遅延利息の額・支払日 (下請負人からの引き渡しの申出から50日を経過した場合に発生する遅延利息 (年14.6%) の支払いに係るもの)

▼帳簿の作成例

建設業法第40条の3に基づく帳簿様式

注意：この様式は参考様式であり、法定書式ではありません。

出典：国土交通省近畿地方整備局「建設業法第40条の3の規定に基づく帳簿様式」（https://www.cgr.mlit.go.jp/chiki/kensei/shidou/data/kensetugyouhou.xls）より

帳簿の添付書類

建設業法では、帳簿に添付しなければならない書類についても定められています。

立入検査の際に、「帳簿を見せて欲しい」と言われることがありますが、それは、帳簿に、契約書や施工体制台帳、主任技術者・監理技術者に関する資料など、立入検査時にチェックされる書類が添付されているため、帳簿を確認することが手っ取り早いためです。帳簿が適正に作成・保存されていれば、立入検査の際に慌てて資料を準備するということにはなりません。帳簿の添付書類は次のとおりです。

【帳簿の添付書類】

1. 契約書又はその写し
2. 特定建設業の許可を受けている者が注文者（元請工事に限らない。）となって、一般建設業者（資本金が4,000万円以上の法人企業を除く。）に建設工事を下請負した場合には、下請代金の支払済額、支払った年月日及び支払手段を証明する書類（領収書等）又はその写し
3. 建設業者が施工体制台帳を作成したときは（元請工事に限る。）、工事現

場に据え付ける施工体制台帳の以下の部分。（工事完了後に施工体制台帳から必要な部分のみを抜粋する。）

①当該工事に関し、実際に工事現場に置いた監理技術者の氏名と、その者が有する監理技術者資格

②監理技術者以外に専門技術者を置いたときは、その者の氏名と、その者が管理を担当した建設工事の内容、有する主任技術者資格

③下請負人（末端までの全業者を指しています。以下同じ。）の商号・名称、許可番号

④下請負人に請け負わせた建設工事の内容、工期

⑤下請業者が実際に工事現場に置いた主任技術者の氏名と、その者の主任技術者資格

⑥下請負人が主任技術者以外に専門技術者を置いたときは、その者の氏名と、その者が管理を担当した建設工事の内容、有する主任技術者資格

これらの添付書類は、スキャナで読み取る方法等による電磁的記録による保存も認められています。

営業に関する図書とは？

帳簿とは別に、営業に関する図書の保存も義務付けられています。帳簿と同様に、保存は電磁的記録によることも可能です。営業に関する図書は、帳簿の保存期間よりも長く、10年間の保存義務があります。営業に関する図書の保存義務があるのは、発注者から直接工事を請け負った元請業者に限定されています。

営業に関する図書とは、次の書類です。

【営業に関する図書】

①完成図
　建設工事の目的物の完成時の状況を表したもの
②発注者との打合せ記録
　工事内容に関するものであって、当事者間で相互に交付されたもの
③施工体系図（作成義務のある工事のみが対象）

建設工事では、目的物の引渡し後に目的物の欠陥等を巡って紛争になることが多いので、施工に関する事実関係の証拠となる営業に関する図書の保存が求められています。営業に関する図書も、電磁的記録によることが可能です。

7

5 監督処分を受けた建設業者が合併や分割をしたら、監督処分も承継されるの？

不正行為等をしても、合併して別の会社になれば、監督処分を回避できるのかな？

そういう考えはやめた方がいいね……

監督処分は承継される

　不正行為等を行った建設業者が合併や分割をして、他の建設業者に承継された場合、実は監督処分も承継されてしまいます。監督処分とは、許可行政庁による監督処分のことで、指示処分、営業停止処分、許可取消処分のことです。

　建設業者が事業譲渡・合併・分割（事業承継）を行う場合はあらかじめ事前の認可を、相続の場合は死亡後30日以内に相続の認可を受けることで、空白期間を生じることなく、承継者（譲受人、合併存続法人、分割承継法人）及び相続人が、被承継者（譲渡人、合併消滅法人、分割被承継法人）及び被相続人における建設業者としての地位を承継することができますが、この事業承継等に係る事前の認可を受けて承継した場合と、事前の認可を受けずに承継した場合で違いがありますので、2つのケースに分けて見ていきたいと思います。

事業承継等に係る事前の認可を受けて承継した場合

　不正行為等を行った建設業者（行為者）が、不正行為等の後に事業承継等に係る事前の認可を受けて、合併や分割を行うケースでは、行為者の建設業者としての地位を承継した建設業者（承継者）に対して監督処分が行われることになります。

【建設業者の不正行為等に対する監督処分の基準】

> 7 不正行為等を行った企業に合併等があったときの監督処分
>
> 　不正行為等を行った建設業者（以下「行為者」という。）が、不正行為等の後に建設業法第17条の2の規定による建設業の譲渡及び譲受け又は合併若しくは分割を行った場合又は同法第17条の3の規定による相続をした場合は、行為者の建設業者としての地位を承継した建設業者（以下「承継者」という。）に対して監督処分を行う。
>
> 　〜以下省略〜

出典：国土交通省「建設業者の不正行為等に対する監督処分の基準」（最終改正　令和5年3月3日国不建第578号）（https://www.mlit.go.jp/totikensangyo/const/content/001589956.pdf）より

　また、行為者が営業停止中など、現に監督処分を受けている最中である場合も、当然にその監督処分は承継者に承継されることになります。
　一方、建設業法第45条から第55条までに規定される罰則については、建設業者としての立場に関わらず、罰則の構成要件を満たす違反行為を行った法人（もしくは個人）そのものに対して刑罰を科すものであるため、当該刑罰については、承継されるものではないとされています。

【建設業許可事務ガイドライン】

> 【第17条の2関係】
> 1. 譲渡及び譲受け又は合併若しくは分割（この【第17条の2関係】において「事業承継」という。）について
> 　〜中略〜
> 「建設業者としての地位を承継する」とは、法第3条の規定による建設業の許可（更新を含む。）を受けたことによって発生する権利と義務の総体をいい、承継人は被承継人と同じ地位に立つこととなる。このため、建設業者としての地位の承継人は被承継人の受けた法に基づく監督処分や経営

事項審査の結果についても、当然に承継することとなる。一方、法第45条から第55条までに規定される罰則については、建設業者としての立場にかかわらず、罰則の構成要件を満たす違反行為を行った被承継人という法人（個人）そのものに対して刑罰を科すものであるため、当該刑罰については、承継人に承継されるものではない。

出典：国土交通省「建設業許可事務ガイドライン」(https://www.mlit.go.jp/totikensangyo/const/content/001860019.pdf) より

事前の認可を受けずに承継した場合

合併や分割において、必要を生じた変更等について、変更届等の手続きを行うだけで、事業承継等に係る事前の認可を受けずに承継するケースもあります。この場合、承継者の建設業の営業が、行為者の建設業の営業と継続性及び同一性を有すると認められるときは、次のとおりに監督処分が行われることになります。

①行為者が建設業を廃業している場合には、承継者に対して監督処分を行う。
②行為者及び承継者がともに建設業を営んでいる場合には、両社に対して監督処分を行う。

▼建設業者の不正行為等に対する監督処分の基準

7　不正行為等を行った企業に合併等があったときの監督処分
　〜中略〜
　また、行為者の営業を同法第17条の2又は同法第17条の3の規定によらずに承継した場合であっても承継者の建設業の営業が、行為者の建設業の営業と継続性及び同一性を有すると認められるときは、
①　行為者が当該建設業を廃業している場合には、承継者に対して監督処分を行う。
②　行為者及び承継者がともに当該建設業を営んでいる場合には、両者に対して監督処分を行う。

出典：国土交通省「建設業者の不正行為等に対する監督処分の基準」（最終改正　令和5年3月3日 国不建第578号）(https://www.mlit.go.jp/totikensangyo/const/content/001589956.pdf) P4より

第8章 その他、コレも押さえておこう

1 建設業法の変遷を教えて

情報を更新

これまでの建設業法の変遷が知りたいな

最近では、25年ぶりの大改正と言われた改正があったね

建設業法の変遷

建設業法に関する主要な制定・改正についてまとめると次の表のとおりです。

▼建設業法の変遷

主要な制定・改正	主要な制定・改正事項
「建設業法」(昭和24年)	・登録制の導入 ・請負契約の原則（契約内容、見積り期間等）の規定 ・主任技術者の設置義務
「公共工事の前払金保証事業に関する法律」(昭和27年)	・公共工事に前払金支払制度を導入
「建設業法の一部を改正する法律」(昭和28年)	・建設業者の登録要件の強化（各営業所への担当者の設置） ・一括下請負の禁止の強化（無許可業者への一括下請も禁止に）
「建設業法の一部を改正する法律」(昭和31年)	・建設工事紛争審査会を設置し、紛争処理の手続等を整備
「建設業法の一部を改正する法律」(昭和35年)	・施工技術向上のため技術検定制度を創設
「建設業法の一部を改正する法律」(昭和36年)	・総合工事業者（現在の一式工事に相当）の創設 ・経営事項審査制度の法制化

法律	内容
「建設業法の一部を改正する法律」(昭和46年)	・登録制から許可制へ移行 ・請負契約の適正化に関する規定の整備(不当な請負契約の禁止) ・下請保護に関する規定の新設(下請代金の支払等)
「建設業法の一部を改正する法律」(昭和62年)	・指定建設業を設定し、技術者を国家資格に限定 ・技術検定に係る指定試験機関制度の導入 ・経営事項審査制度の整備
「建設業法の一部を改正する法律」(平成6年)	・建設業の欠格要件の強化(禁固以上の刑に処せられた者に拡大等) ・経営事項審査制度の改善(公共工事入札に係る業者への受審義務化、虚偽記載への罰則の設置)
「公共工事の入札及び契約の適正化の促進に関する法律」(平成12年)	・入札契約に係る情報の公表や施工体制の適正化 ・発注見通しを公表し建設業者の健全な発達を図る
「公共工事の品質確保の促進に関する法律」(平成17年)	・公共工事の品質確保に関する基本理念、発注者責務の明確化 ・価格と品質で総合的に優れた調達への転換 ・発注者をサポートする仕組みの明確化
「建築士法等の一部を改正する法律」(平成18年)	・共同住宅を新築する建設工事について一括下請負を全面的禁止
「建設業法等の一部を改正する法律」(平成26年)	・担い手の育成及び確保に関する責務の追加 ・業種区分に解体工事業を追加 ・公共工事における施工体制台帳の作成の義務化
「建設業法及び公共工事の入札及び契約の適正化の促進に関する法律の一部を改正する法律」(令和元年)	・中央建設業審議会が、工期に関する基準を作成・勧告 ・社会保険の加入を許可要件化 ・補佐する者(技士補)を配置する場合、監理技術者の兼任を容認 ・一定の要件を満たす場合、下請の主任技術者の配置不要に ・経営管理責任者に関する規制を合理化 ・建設業の許可に係る承継に関する規定を整備
「建設業法及び公共工事の入札及び契約の適正化の促進に関する法律の一部を改正する法律」(令和六年)	・中央建設業審議会が労務費の基準を作成・勧告 ・著しく短い労務費等による見積・見積依頼の禁止 ・工期・請負代金等に影響を及ぼす事象(リスク)の情報の提供義務化 ・一定の要件を満たす場合、監理技術者等の専任義務の緩和

8

出典:国土交通省「建設業法の構成、変遷等」(https://www.mlit.go.jp/common/001172147.pdf) P2をもとに作成

建設業法等の制定時・主な改正時の提案理由

　建設業法は、その当時の建設業界の状況や時代背景を受けて、制定・改正がされてきました。国会で法律案が提出された際に説明された提案理由が、当時の状況を反映しており、建設業法の変遷を知る上ではとても参考になります。

▼建設業法等の制定時・主な改正時の提案理由

昭和24年建設業法制定時	・建設事業は、公共の福祉に至大の関連のある産業でありますと共に、殊に現下におきましては、国民経済の再建に重要な責務を有しております関係上、国、公共団体の工事予算或いは民間の工事業も膨大な金額を示しております。（中略）これを施工する業者の資質は、誠に重要なものと申すことが出来るのであります。しかるに、終戦後における建設業者の乱立と、近時における経済事情の逼迫に伴う経営難、資金難等により、現在建設業界には幾多の弊害を生じておりますと共に、現行の請負契約には種々不合理な点が存じ、工事の適正な施工を阻害している状況であります。これらの現状を放任いたしますときは、建設事業の適正な実施及びこれが強力な推進は到底望みがたいものと思料されますので、（中略）建設業法案を提案致しまして、建設工事の適正な施工の確保と建設業の健全な発達に資し、公共の福祉に寄与せんとするものであります。
昭和46年建設業法改正時提案理由	近年における我が国の経済の発展と国民生活の向上に伴い、建設投資は国民総生産の約2割に達し、これを担当する建設業界も、登録者数約14万、従業者数約350万人を数えるに至り、今や建設業はわが国における重要産業の一つに成長しました。（中略）しかるに建設業界の現状を見えると、施工能力、資力、信用に問題のある建設業者が輩出して、粗雑粗漏工事、各種の労働災害、公衆災害等を発生させるとともに、公正な競争が阻害され、業社の倒産の著しい増加を招いております。（中略）いかにして経営を近代化し、施工の合理化を達成するかは今日の建設業界が緊急に解決しなければならない幾多の問題を抱えております。このような問題に対処するため、（中略）本法律案を提案するに至ったものであります。
昭和62年建設業法改正時提案理由	近年の建設業は、需要が低迷する中で競争が激化し、また、施工能力、資力信用に問題のある建設業者が不当に参入するなど早急に解決しなければならない問題を抱えております。（中略）建設業の健全な発達を促進するため、本法律案を提案するに至ったものであります。
平成6年建設業法改正時提案理由	二十一世紀を目前に控え、住宅・社会資本の整備に対する国民のニーズは多様化、高度化しており、その担い手である建設業者の責務はますます重大になっております。一方、今般の公共工事をめぐる一連の不祥事を契機として、公共工事の入札・契約制度の改革が進められているところであります。（中略）この法律案は、このような状況にかんがみ、（中略）所要の措置を講じようとするものであります。

平成12年入契法制定時提案理由	公共工事の入札及び契約については、近年、受注者の選定や工事の施工に関して不正行為が多数発生しており、その結果、我が国の公共工事に対する国民の信頼が大きく揺らぐ（中略）ところであります。公共工事は、国民の税金を原資として、経済活動や国民生活の基盤となる社会資本の整備を行うものであることから、受注者の選定等に関していやしくも国民の疑惑を招くことのないようにするとともに、適正な施工を確保し、そして、良質な社会資本の整備が効率的に推進されるようにすることが求められております。この法律案は、（中略）公共工事に対する国民の信頼の確保とこれを請け負う建設業の健全な発達を図ろうとするものであります。
平成26年建設業法・入契法改正時提案理由	建設業は、東日本大震災に係る復興事業や防災・減災、老朽化対策、耐震化、インフラの維持管理などの担い手として、その果たすべき役割はますます増大しております。一方、建設投資の急激な減少や競争の激化により、建設業の経営を取り巻く環境が悪化し、いわゆるダンピング受注などにより、建設企業の疲弊や下請企業へのしわ寄せ、現場の技能労働者等の就労環境の悪化といった構造的な問題が発生しております。（中略）中長期的には、建設工事の担い手が不足することが懸念されるところです。また、維持管理・更新に関する工事の増加に伴い、これらの工事の適正な施工の確保を徹底する必要性も高まっております。このような趣旨から、この度この法律案を提案することとした次第です。
令和元年建設業法・入契法改正時提案理由	建設業は、我が国の国土づくりの担い手であると同時に、地域の経済や雇用を支え、災害時には最前線で地域社会の安全、安心を確保するなど、地域の守り手として、国民生活や社会経済を支える上で重要な役割を担っております。一方で、建設業においては、長時間労働が常態化していることから、工期の適正化などを通じた建設業の働き方改革を促進する必要があります。また、現場の急速な高齢化と若者離れが進んでいることから、限りある人材の有効活用などを通じた建設現場の生産性の向上を促進する必要があります。さらに、平時におけるインフラの整備のみならず、災害時においてその地域における復旧復興を担うなど、地域の守り手として活躍する建設業者が今後とも活躍し続けることができるよう事業環境を確保する必要があります。このような趣旨から、このたびこの法律案を提案することとした次第であります。
令和六年建設業法・入契法改正時提案理由	建設業は、他産業より賃金が低く、就労時間も長い傾向にあり、担い手の確保が困難な状況となっております。また、建設業が「地域の守り手」としての役割を将来にわたって果たしていけるよう、時間外労働規制等にも対応しつつ、処遇改善、働き方改革、生産性向上に取り組む必要があります。このような趣旨から、このたびこの法律案を提案することとした次第であります。

8

出典：国土交通省「建設業法の構成、変遷等」(https://www.mlit.go.jp/common/001172147.pdf) P4,5 をもとに作成

出典：国土交通省「建設業法、入契法の改正について」(https://www.mlit.go.jp/totikensangyo/const/totikensangyo_const_tk1_000176.html) 及び国土交通省「建設業法及び公共工事の入札及び契約の適正化の促進に関する法律の一部を改正する法律案「法律案・理由」(https://www.mlit.go.jp/common/001280328.pdf) P37 をもとに作成

出典：国土交通省「「建設業法及び公共工事の入札及び契約の適正化の促進に関する法律の一部を改正する法律案」を閣議決定〜建設業の担い手を確保するため、契約取引に係るルールを整備〜」(https://www.mlit.go.jp/report/press/tochi_fudousan_kensetsugyo13_hh_000001_00221.html) 及び国土交通省「建設業法及び公共工事の入札及び契約の適正化の促進に関する法律の一部を改正する法律案「法律案・理由」」(https://www.mlit.go.jp/policy/content/001728473.pdf) P 25 をもとに作成

建設業法の目的規定の改正経緯

現行の建設業法の目的は4つあります。

一つ目の目的は、建設工事の適正な施工を確保すること。

二つ目の目的は、発注者を保護すること。

三つ目の目的は、建設業の健全な発達を促進すること。

四つ目の目的は、公共の福祉の増進に寄与すること。

▼建設業法

（目的）
第一条　この法律は、建設業を営む者の資質の向上、建設工事の請負契約の適正化等を図ることによって、建設工事の適正な施工を確保し、発注者を保護するとともに、建設業の健全な発達を促進し、もつて公共の福祉の増進に寄与することを目的とする。

▼建設業法の目的

＜究極の目的＞
公共の福祉の増進

＜目的＞
・建設工事の適正な施工を確保
・発注者を保護
・建設業の健全な発達を促進

＜手段＞
・建設業を営む者の資質の向上
・建設工事の請負契約の適正化

この目的は、昭和46年の改正時に変わりました。

昭和24年の制定時〜昭和46年の改正時までの目的は次のとおりです。

> この法律は、建設業を営む者の登録の実施、建設工事の請負契約の適正、技術者の設置等により、建設工事の適正な施工を確保するとともに、建設業の健全な発達に資することを目的とする。

　現行の建設業法の目的になった経緯も知っておくとより理解が深まると思いますので、ご紹介させていただきます。

▼建設業法の目的規定の改正経緯

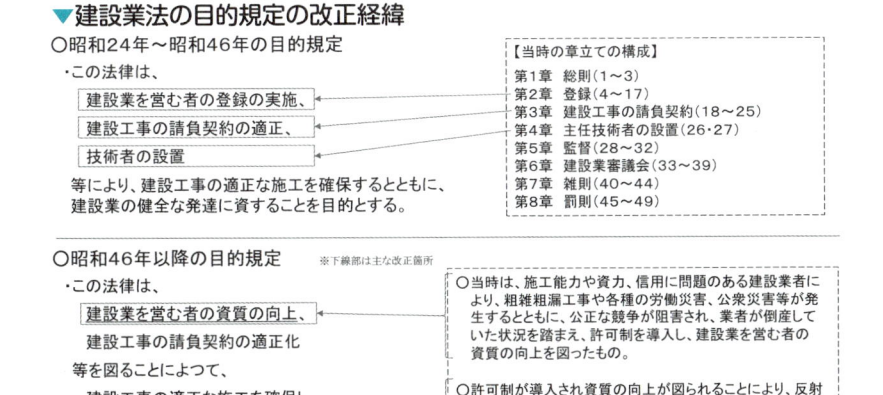

出典：国土交通省「建設業法の構成、変遷等」(https://www.mlit.go.jp/common/001172147.pdf) P7 より

8

　建設業法はこれまでの変遷を見ると、数年〜10年に一度くらいの頻度で改正されています。近年では資材の高騰や、建設業従事者の確保のため、建設業法施行令や施行規則が1〜2年の頻度で改正が行われています。今後も改正があると思いますが、その際には、その時代における建設業界の状況や時代背景に着目していただくと良いと思います。

2 建設キャリアアップシステムって何？

最近よく聞く「建設キャリアアップシステム」って何だろう？

技能者の処遇の改善や技能の研鑽を図ることを目指した仕組みだよ

建設キャリアアップシステムとは？

建設キャリアアップシステム（CCUS）とは、平成31年4月から本格運用が始まった、技能者の資格、社会保険加入状況、現場の就業履歴等を業界横断的に登録・蓄積する仕組みです。建設キャリアアップシステムの運営協議会が、システムの構築及び運営に向けた具体的な検討を行っています。

建設業界では、現場の急速な高齢化と若者離れといった課題があります。建設業が将来にわたって重要な役割を果たしていくためには、この課題への対応を推進し、また優秀な担い手を確保・育成していく必要があります。

建設業の技能者は、様々な建設業者の現場で経験を積んでいくため、個々の技能者の能力が統一的に評価されにくく、役割や能力が処遇に反映されにくいという環境にあります。技能者の技能と経験に応じた適正な評価や処遇を受けられる環境を整備しなければならないことから、技能者の資格、現場の就業履歴等が登録・蓄積される建設キャリアアップシステムが構築されることとなりました。

建設キャリアアップシステムのメリット

建設キャリアアップシステムの利用は、建設業者と技能者の双方にメリットがあります。それぞれのメリットについて、次の表にまとめました。建設キャリアアップシステムの導入により、建設業者としては現場管理の効率化、技能者としては処遇改善に繋がることが期待できます。

▼建設キャリアアップシステム導入のメリット

建設業者のメリット （現場管理の効率化）	技能者のメリット （処遇改善）
・社会保険加入状況などの確認の効率化 　現場に入場する技能者ひとりひとりについて、社会保険の加入状況等の確認が効率化される。 ・書類作成の簡素化・効率化 　施工体制台帳や作業員名簿の作成の手間やミスが削減される。 ・建設業退職金共済制度関係事務の効率化 　技能者に証紙を交付する際の事務作業が軽減される。	・技能や経験の簡易で客観的な蓄積 　建設キャリアアップカードをカードリーダーにかざすだけで、どこの現場でも共通のルールで自動的に就業履歴が蓄積できる。 ・技能や経験の確認や証明の簡易化 　取得した資格やこれまでの経歴を簡易に確認・証明できる。 ・建退共証紙の貼付状況の容易な確認 　就業履歴を活用し、建退共証紙の貼付状況の確認が容易になる。

　そして、建設キャリアアップシステムが建設業界全体に普及されることで、若い世代への建設業のイメ―ジアップ、施主に対する価格交渉力アップ（エビデンスに基づく請求が可能）、真に実力がある企業が選ばれる透明性の高い建設市場への変革、といったことが期待されています。

建設キャリアアップシステムの利用手順

　建設キャリアアップシステムの利用にあたり、建設業者と技能者の両者が情報の登録を行い、IDを取得する必要があります。技能者は登録完了後に「建設キャリアアップカード」を入手することができます。

　組織情報登録等の事前準備が完了したら、現場ごとに現場・契約情報や施工体制、作業員名簿等の登録を行い、現場での運用をしていきます。

　現場では、元請業者がインターネット環境とパソコン等、カードリーダーを設置します。技能者が建設キャリアアップカードをカードリーダーにタッチすることで、就業履歴が蓄積されていくこととなります。

8

▼建設キャリアアップシステムを利用するために必要なもの

　①事業者ID、技能者ID（建設キャリアアップカード）

　②現場運用マニュアル

　③建レコ（就業履歴登録アプリ）

　④カードリーダー

　⑤パソコン又はiPad、iPhone

登録申請手続きやご利用に関する詳しい情報は、一般社団法人建設業振興基金の建設キャリアアップシステムの専用サイト (https://www.ccus.jp/) に掲載されていますので、そちらをご確認ください。

3 能力評価制度って何？

CCUSで能力評価制度というものがあると聞いたけど、どんな制度なの？

CCUSに登録している技能者のレベル認定を行う制度だよ

能力評価制度とは？

　能力評価制度とは、建設キャリアアップシステム（CCUS）に登録された保有資格や現場の就業履歴などを活用し、技能者一人ひとりの経験や、知識・技能、マネジメント能力等を正しく評価する制度です。この制度の活用により、取引先や顧客に対して技能水準を対外的にPRし、技能に見合った評価や処遇を実現することや、キャリアアップに必要な経験や技能を職種毎に明らかにすることで、建設技能者のキャリアパスの明確化を図り、若年層の入職者数増加・定着等が目的とされています。

　CCUSの技能者登録（詳細型）を行っている技術者が能力評価申請を行うことで、レベル1からレベル4までの4段階で能力評価が行われます。

8

▼技能者の技能レベルに応じた４段階のカードを発行

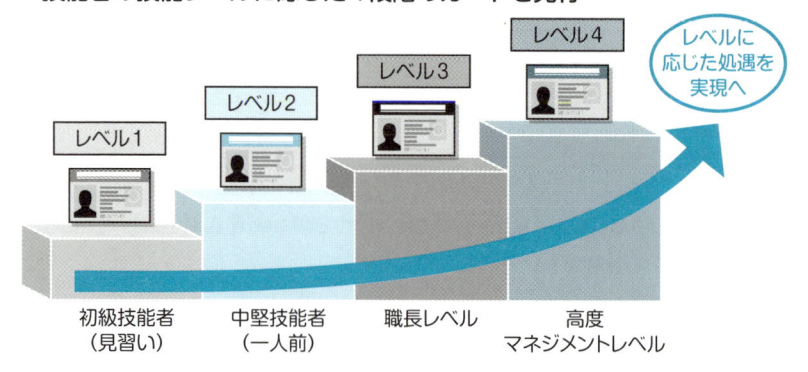

出典：国土交通省 「【技能者の能力評価】能力評価制度の概要」(https://www.mlit.go.jp/totikensangyo/const/content/001477116.pdf) P1 をもとに作成

　４段階の目安としては、レベル１を初級技能者（見習いの技能者）、レベル２を中堅技能者（一人前の技能者）、レベル３を職長として現場に従事できる技能者、レベル４を高度なマネジメント能力を有する技能者（登録基幹技能者等）となっています。

　CCUS登録技能者の平均賃金は、レベルが高ければ高いほど、全建設技能者の平均賃金より高いという調査結果があります。

▼CCUS登録技能者は他の技能者より処遇が改善

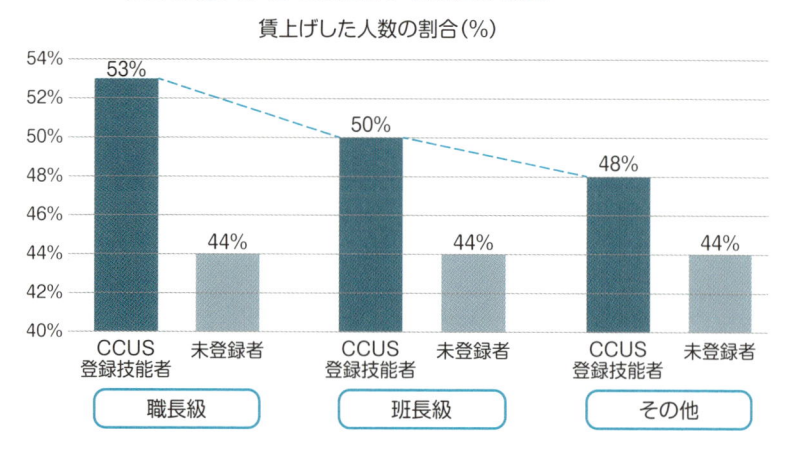

出典：公共事業労務費調査（2020年10月）より
出典：国土交通省「能力評価制度の概要」(https://www.mlit.go.jp/totikensangyo/const/content/001477116.pdf) P2 をもとに作成

能力評価申請の申請方法

　技能者の能力評価は、能力評価制度推進協議会で定められた職種ごとの能力評価実施団体が行います。評価の申請は、職種ごとの能力評価実施団体に対して建設技能者の方（申請者）が行うこととなりますが、所属事業者等が代行して行うことも可能です。

▼能力評価の実施フロー

○ 技能者の能力評価は、能力評価制度推進協議会のもと、職種ごとの能力評価実施団体が行います。評価の申請は、職種ごとの能力評価実施団体に対して建設技能者の方(注)が行っていただくこととなります。
　(注)評価の申請は所属事業者等が代行して行うことが可能です

○ 評価の対象職種及び能力評価の申請手続は、国交省HPを確認の上、各能力評価実施団体HPの手続きに沿ってご確認ください。
　※国交省HP https://www.mlit.go.jp/totikensangyo/const/totikensangyo_const_fr2_000040.html

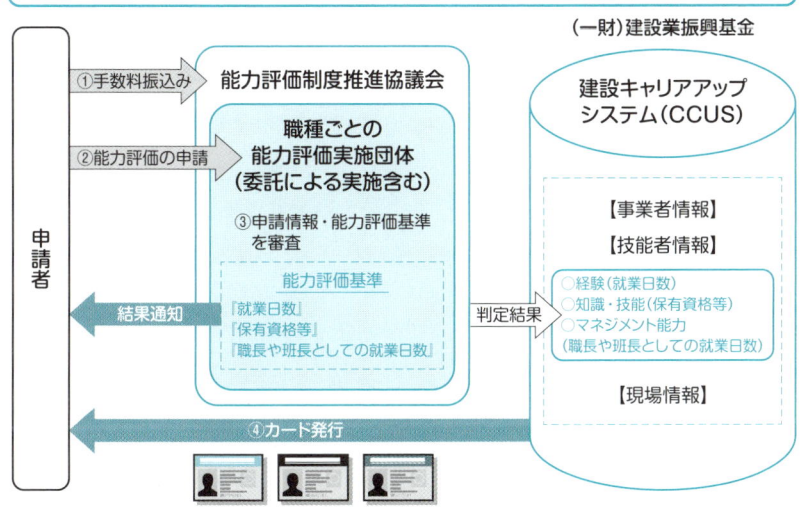

出典：国土交通省「「技能者の能力評価」 能力評価制度の概要」(https://www.mlit.go.jp/totikensangyo/const/content/001477116.pdf) P5 をもとに作成

8

▼能力評価実施団体の一覧

評価分野	団体番号	能力評価実施団体名
電気工事	1	（一社）日本電設工業協会
橋梁	2	（一社）日本橋梁建設協会
造園	3	（一社）日本造園建設業協会
	4	（一社）日本造園組合連合会

コンクリート圧送	5	(一社) 全国コンクリート圧送事業団体連合会
防水	6	(一社) 全国防水工事業協会
トンネル	7	(一社) 日本トンネル専門工事業協会
建設塗装	8	(一社) 日本塗装工業会
左官	9	(一社) 日本左官業組合連合会
機械土工	10	(一社) 日本機械土工協会
海上起重	11	(一社) 日本海上起重技術協会
PC	12	(一社) プレストレスト・コンクリート工事業協会
鉄筋	13	(公社) 全国鉄筋工事業協会
圧接	14	全国圧接業協同組合連合会
型枠	15	(一社) 日本型枠工事業協会
配管	16	(一社) 日本空調衛生工事業協会
	17	(一社) 日本配管工事業団体連合会
	18	全国管工事業協同組合連合会
とび	19	(一社) 日本建設躯体工事業団体連合会
	20	(一社) 日本鳶工業連合会
切断穿孔	21	ダイヤモンド工事業協同組合
内装仕上工事	22	(一社) 全国建設室内工事業協会
	23	日本建設インテリア事業協同組合連合会
	24	日本室内装飾事業協同組合連合会
サッシ・カーテンウォール	25	(一社) 日本サッシ協会
	26	(一社) 建築開口部協会
エクステリア	27	(公社) 日本エクステリア建設業協会
建築板金	28	(一社) 日本建築板金協会
外壁仕上	29	日本外壁仕上業協同組合連合会
ダクト	30	(一社) 全国ダクト工業団体連合会
	16	(一社) 日本空調衛生工事業協会
保温保冷	31	(一社) 日本保温保冷工業協会
グラウト	32	(一社) 日本グラウト協会
冷凍空調	33	(一社) 日本冷凍空調設備工業連合会
運動施設	34	(一社) 日本運動施設建設業協会

基礎ぐい工事	35	(一社) 全国基礎工事業団体連合会
	36	(一社) 日本基礎建設協会
タイル張り	37	(一社) 日本タイル煉瓦工事工業会
道路標識・路面標示	38	(一社) 全国道路標識標示業協会
消防施設	39	(一社) 消防施設工事協会
	41	全国建設労働組合総連合
	40	(一社) ＪＢＮ・全国工務店協会
建築大工	42	(一社) 全国住宅産業地域活性化協議会
	45	(一社) 日本ログハウス協会
	46	(一社) プレハブ建築協会
硝子	47	全国板硝子工事協同組合連合会
	48	全国板硝子商工協同組合連合会
ＡＬＣ	49	(一社) ＡＬＣ協会
土工	10	(一社) 日本機械土工協会
ウレタン断熱	51	(一社) 日本ウレタン断熱協会
発破・破砕	52	(一社) 日本発破・破砕協会
建築測量	53	(一社) 全国建築測量協会
圧入	54	(一社) 全国圧入協会
さく井	55	(一社) 全国さく井協会
解体	56	(公社) 全国解体工事業団体連合会
計装工事	57	(一社) 日本計装工業会

能力評価の基準

各レベルの評価は主に以下の３つの点で審査が行われます。

①就業日数
②保有資格
③職長・班長としての就業日数

　具体的な評価基準は、就業した職種・能力評価実施団体ごとに異なります。参考までに内装仕上技能者の能力評価基準は次の通りになっています。

▼内装仕上　能力評価基準

レベル	カード	就業日数	保有資格	職長・班長としての就業日数
レベル4	ゴールド	就業日数が2,150日（10年）以上であること。	●登録内装仕上工事基幹技能者 ●優秀施工者国土交通大臣顕彰 ●安全優良職長厚生労働大臣顕彰 ●1級建築施工管理技士 ●卓越した技能者（現代の名工） 　・レベル2、レベル3の基準に示す保有資格	職長としての就業日数が645日（3年）以上であること
レベル3	シルバー	就業日数が1,075日（5年）以上であること。	●1級技能士（内装仕上げ施工職種または表装職種） ●青年優秀施工士土地・建設産業局長顕彰 ●2級建築施工管理技士 　・レベル2の基準に示す保有資格	職長又は班長としての就業日数の合計が645日（3年）以上であること
レベル2	ブルー	就業日数が645日（3年）以上であること。	●2級技能士（内装仕上げ施工職種または表装職種） ●足場の組立等作業従事者特別教育 ●自由研削といしの取替え等の業務特別教育 ●有機溶剤作業主任者技能講習 ●丸のこ等取扱作業車安全教育 ●玉掛け技能講習	
レベル1	白	建設キャリアアップシステムに技能者登録をされ、かつ、レベル2から4までの判定を受けていない技能者		

※●の保有資格については、いずれかの保有で申請が可能
出典：一般社団法人　全国建設室内工事業協会「CCUS登録技能者の能力評価（レベル判定）について」（http://zsk.or.jp/career_up/）をもとに作成

　CCUSは令和元年から運用開始された仕組みであるため、経過措置として就業日数と職長・班長としての就業日数については、CCUSのシステムに蓄積された情報に加えて、所属事業者等による経歴の証明も活用して能力評価申請を行うことが可能です。なお、所属事業者等による経歴の証明が可能な範囲は、技能者が建設業に就業開始した時点から令和6年3月31日までであり、令和6年4月1日以降はCCUSに蓄積された情報をもってのみ評価が行われます。所属事業者等による経歴証明は令和11年3月31日までは、能力評価実施団体に提出することが出来ます。

4 建設分野における特定技能制度って何？

外国人が建設現場で働ける「特定技能」という在留資格があると聞いたよ

建設分野における特定技能制度について見てみよう

建設分野における特定技能制度とは？

平成30年12月14日に出入国管理及び難民認定法及び法務省設置法の一部を改正する法律が公布され、平成31年4月1日から新たな在留資格「特定技能」がスタートしました。

特定技能制度は、深刻化する人手不足に対応するため、生産性向上や国内人材の確保のための取組を行ってもなお人材を確保することが困難な状況にある産業分野において、一定の専門性・技能を有し即戦力となる外国人を受け入れていく制度です。

技能者の高齢化が進む建設業では、将来にわたって担い手を確保していくことが課題です。国内人材の確保の取組を行っても不足する分を、外国人材の受け入れによって、中長期的に建設業の担い手を確保するため、建設分野も特定技能制度の対象となっています。

建設業であれば、どの職種も特定技能外国人の受け入れができるというわけではありません。令和7年2月の執筆時現在では、「土木区分」「建築区分」「ライフライン・設備区分」の3つの区分で特定技能外国人の受入れが可能です。従来は業務区分が19区分に細分化されており、特定技能外国人が担当できる業務範囲が限定的であったこと、建設業に係る作業の中で特定技能の区分に含まれない作業があったことから、令和4年8月30日に3つの区分へ統合が行われました。この業務区分は、作業の性質をもとにした分類となっており、作業現場の種類による分類ではないため、認定を受けた在留資格区分に含まれる工事であれば、現場の種類を問わ

8

ず従事することができます。

▼業務区分のイメージ

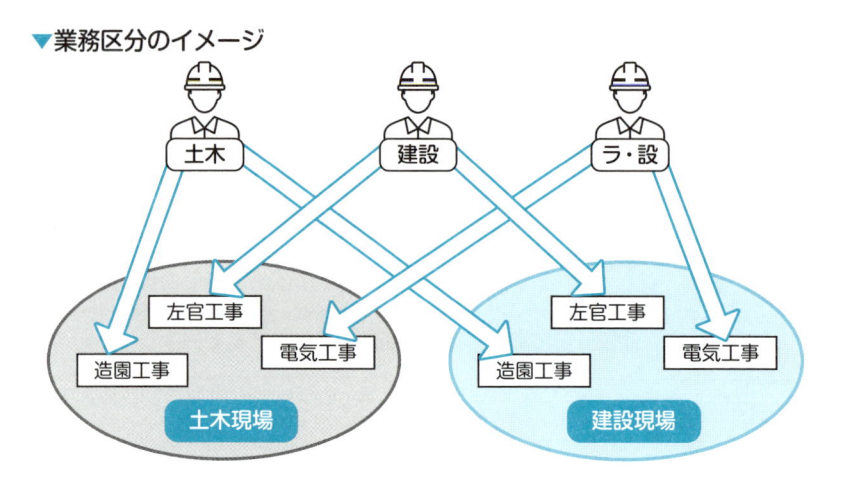

▼各在留資格で実施できる工事の範囲

区分	従事することが可能な範囲
土木	大・と・石・鋼・筋・舗・しゅ・塗・防・機・園・井
建築	大・左・と・石・屋・管・タ・鋼・筋・板・ガ・塗・防・内・機・絶・具・清・解
ライフライン・設備	電・管・板・絶・通・水・消

在留資格「特定技能」について

　外国人が日本に在留するためには、在留目的等を出入国在留管理庁に申請し、在留資格を取得する必要があります。「特定技能」という在留資格には次の2種類があります。

特定技能1号
　　相当程度の知識又は経験を必要とする技能を要する業務に従事する外国人向けの在留資格
特定技能2号
　　熟練した技能を要する業務に従事する外国人向けの在留資格

特定技能1号と特定技能2号は、それぞれ求められる技能水準や日本語能力水準が異なります。また、特定技能2号については、在留期間の更新上限がなく、家族帯同も可能な在留資格となっています。

基本的には特定技能1号からスタートすることになります。建設分野において、外国人が特定技能1号の在留資格を得るルートは2つあります。外国人が技能実習等を経験しているか否かによってルートが異なります。

●ルート1（技能実習等未経験者）

技能実習2号を良好に修了していない外国人が1号特定技能外国人になるためには、技能検定3級の水準に相当する技能評価試験と日本語試験の両方の試験に合格することが必要です。

技能評価試験については、「技能検定3級」又は一般社団法人建設技能人材機構（JAC）が実施する技能検定3級の水準に相当する「建設分野特定技能1号評価試験」のいずれかに合格することが必要で、日本語試験については、国際交流基金日本語基礎テスト又は日本語能力試験N4以上のいずれかに合格することが必要です。

●ルート2（技能実習等経験者）

技能実習2号を良好に修了した外国人、技能実習3号を修了した外国人については、技能評価試験及び日本語試験が免除されます。そのため、試験免除で1号特定技能外国人になることが可能です。

ルート1、ルート2のいずれかの要件をクリアした外国人は、当該外国人の受入れを希望する建設企業と特定技能雇用契約を締結し、一定の手続きを経た後に在留資格の特定技能1号が付与されます。

もう1つの特定技能2号の在留資格を得るためのルートですが、班長としての一定の実務経験に加えて、JACが実施する建設分野特定技能2号評価試験又は技能検定1級に合格すれば、在留資格の審査を経て付与されることとなります。なお、特定技能2号で定める技能水準を有していると認められる者であれば特定技能1号を経なくても特定技能2号の在留資格を取得することは可能です。

8

▼特定技能制度における外国人材のキャリアパス（イメージ）

〇特定技能1号となるには、試験合格ルートと技能実習等からの切替ルートの2パターン存在。
〇特定技能2号は、在留期間の更新上限がなく、家族帯同も可能な在留資格であり、班長として一定の実務経験等が必要。

【】は在留資格名

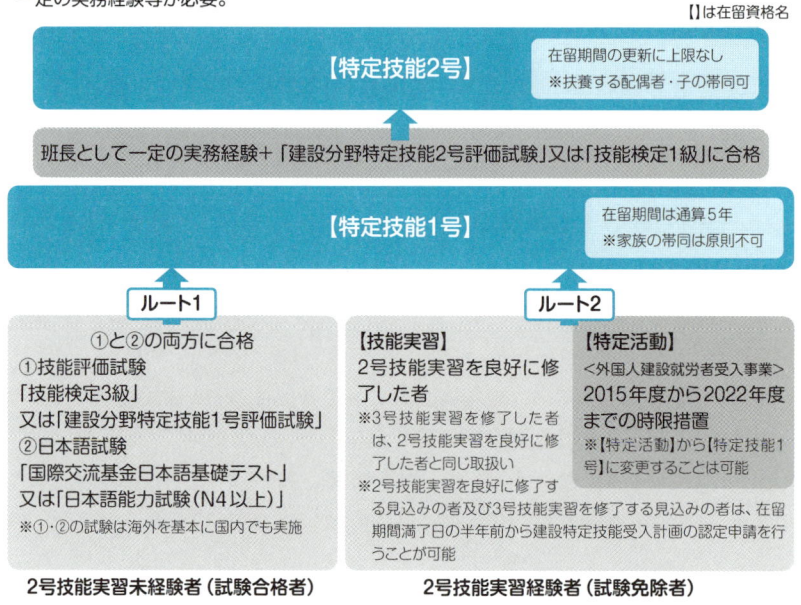

出典：国土交通省「建設分野における外国人材の受入れ」（https://www.mlit.go.jp/tochi_fudousan_kensetsugyo/content/001481316.pdf）P3をもとに作成

「特定技能」の外国人材を受け入れるには？

　特定技能外国人を受け入れる企業のことを「特定技能所属機関」（または受入れ機関）といいます。受入れ機関が特定技能外国人を受け入れるためには一定の基準をクリアしなければなりませんが、建設分野においては、特定技能に関する業種横断の基準に加え、国土交通省が定める建設分野独自の基準が設定されています。この基準において、建設分野の特定技能の受入れ機関は、受入計画を作成し、国土交通大臣の認定を受けることが求められています。

　特定建設技能受入計画の認定基準は次のとおりです。

　①受入れ機関は建設業法第3条の許可を受けていること
　②受入れ機関及び1号特定技能外国人の建設キャリアアップシステムへの

登録

③特定技能外国人受入事業実施法人（JAC）への加入及び当該法人が策定する行動規範の遵守

④特定技能外国人の報酬額が同等の技能を有する日本人と同等額以上、安定的な賃金支払い、技能習熟に応じた昇給

⑤賃金等の契約上の重要事項の書面での事前説明（外国人が十分に理解できる言語）

⑥1号特定技能外国人に対し、受入れ後、国土交通大臣が指定する講習または研修を受講させること

⑦国又は適正就労監理機関による受入計画の適正な履行に係る巡回指導の受入れ　　等

　建設特定技能受入計画の認定申請を含め、1号特定技能外国人の受入れ機関が在留資格取得までにすべきことは以下のとおりです。

▼受入れ機関が1号特定技能外国人の在留資格取得までにすべきこと

1	JACに加入
2	建設キャリアアップシステムへの登録
3	特定技能雇用契約に係る重要事項説明
4	特定技能雇用契約の締結
5	建設特定技能受入計画の認定申請
6	1号特定技能外国人支援計画の作成
7	在留資格変更許可申請または在留資格認定証明書交付申請

8

　「5建設特定技能受入計画の認定申請」はオンライン申請で、国土交通省の外国人就労管理システム（https://www.mlit.go.jp/tochi_fudousan_kensetsugyo/tochi_fudousan_kensetsugyo_tk3_000001_00007.html）から申請をすることができます。

▼ JACへの加入イメージ

○ JACは、正会員（議決権あり）と賛助会員（議決権なし）により構成
○ 特定技能外国人を受け入れるに当たり、受入企業は、JACの正会員である建設業者団体の会員となるか、JACの賛助会員となることが必要（いずれになるかは選択可）

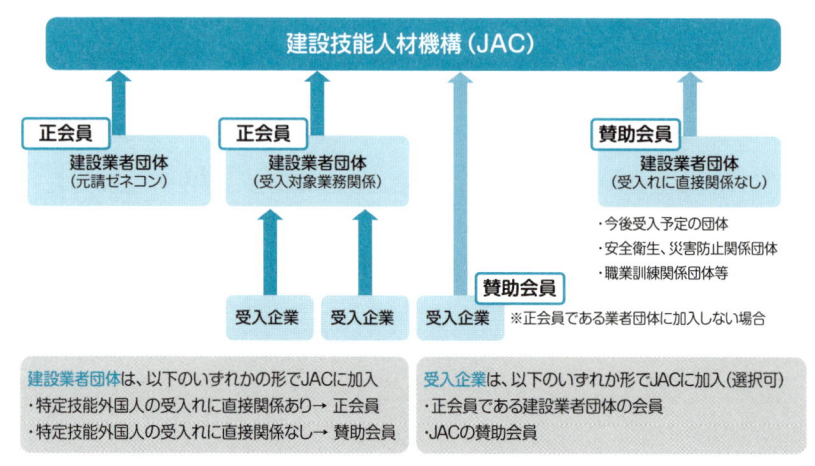

出典：国土交通省「建設分野における外国人材の受入れ」(https://www.mlit.go.jp/tochi_fudousan_kensetsugyo/content/001481316.pdf) P10をもとに作成

　これらの手順を踏んで、ようやく1号特定技能外国人を受け入れることができます。受入れ後にも「1号特定技能外国人受入報告書の提出」や「受入れ後講習の受講」など、受入れ機関としてすべきことがありますので注意してください。

用語の解説

一般社団法人建設技能人材機構（JAC）：特定技能外国人の受入れに関する専門工事業団体及び元請建設業者団体により、令和元年4月1日に設立された組織。国土交通大臣により特定技能外国人受入事業実施法人として登録されており、特定技能外国人の受入れサポート、技能評価試験の実施、職業紹介や環境の整備、さらには受入れ機関のサポートを行っている。

5 新たに追加される在留資格：育成就労ってどんな資格？

新たに「育成就労」という在留資格ができると聞いたよ

現在の「技能実習制度」を廃止し、新たに始まるのが「育成就労制度」だよ

育成就労制度とは

　令和6年6月14日に「出入国管理及び難民認定法等の一部を改正する法律」及び「出入国管理及び難民認定法及び外国人の技能実習の適正な実施及び技能実習生の保護に関する法律の一部を改正する法律」が成立し、同月21日に公布され、交付日から起算して3年以内となる令和9年6月20日までに施行及び新たな在留資格「育成就労」の開始が予定されています。

　育成就労制度とは、日本国内での3年間の就労を通じて特定技能1号水準の技能を有する人材を育成するとともに、当該分野における外国人材を確保することを目的とした制度です。現在の技能実習制度は、日本での技能等の修得を通じた人材育成により国際貢献を行うことを目的とするであるのに対し、運用実態は外国人材の確保のための制度として運用されつつあること、技能実習生の転籍が原則不可となっていること等から技能実習制度を廃止し、新たに育成就労制度の開始が決定されました。

8

▼育成就労制度及び特定技能制度のイメージ

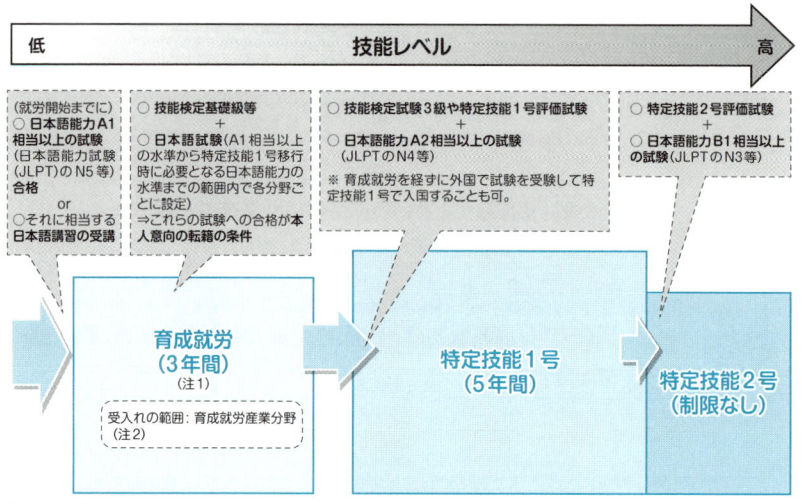

(注1) 特定技能1号の試験不合格となった者には再受験のための最長1年の在留継続を認める。
(注2) 育成就労制度の受入れ対象分野は特定技能制度と原則一致させるが、特定技能の受入れ対象分野でありつつも、国内での育成になじまない分野については、育成就労の対象外。

出典：厚生労働省「育成就労制度の概要」(https://www.mhlw.go.jp/content/11601000/001301676.pdf) P12をもとに作成

▼技能実習制度と育成就労制度の違い

	技能実習制度	育成就労制度
目的	外国人の技能の習得・国際貢献	外国人材の確保・育成
在留資格	技能実習	育成就労
在留期間	技能実習1号　1年 技能実習2号　2年 技能実習3号　2年 (通算最大5年)	原則3年
転籍	原則不可	可能

　現在の技能実習制度と育成就労制度で大きく異なるのは、外国人労働者の転籍が可能になる点です。技能実習制度において外国人労働者が転籍することが出来るのは、技能実習3号の在留資格を取得した場合、もしくは暴行やハラスメントを受けている場合や、重大悪質な法令違反・契約違反行為があった場合等の「やむを得ない事情」がある場合に限られています。一方育成就労制度の場合には、技能

実習制度同様に「やむを得ない事情」がある場合の他、就労後1年以上2年以下の期間が経過しており、技能検定試験や日本語能力試験の合格等を条件に、本人の意向で転籍が可能になる予定です。

　日本での就労を行うのであれば、どのような職種も外国人労働者の受け入れが出来るというわけではなく、受け入れが可能なのは「育成就労産業分野」（特定産業分野（生産性向上や国内人材確保を行ってもなお外国人の受入れが必要な分野）のうち就労を通じて技能を修得させることが相当なもの）に限られます。育成就労産業分野の設定は、技能実習2号対象職種のうち、特定産業分野があるものは原則受入れ対象分野として認める方向で検討がされており、技能実習が行われている職種のうち、対応する特定産業分野がないものは、現行制度が当該職種に係る分野において果たしてきた人材確保の機能の実態を確認した上で、特定産業分野への追加がそれぞれの分野を所管する省庁を中心に検討が進められています。

　令和7年2月の執筆時現在では、建設業において特定技能制度の受け入れ対象となっているのは「土木区分」「建築区分」「ライフライン・設備区分」の3つの区分です（8-4節参照）。

在留資格「育成就労」について

　外国人が日本に在留するためには、在留目的等を出入国在留管理庁に申請し、在留資格を取得する必要があります。「育成就労」という在留資格を取得するためには、就労開始前までに、日本語能力にかかる次のいずれかの要件を満たしている必要があります。技能にかかる要件はありません。

- ・日本語能力A1相当以上の試験（日本語能力試験N5等）合格
- ・日本語講習を認定日本語教育機関等において受講

　日本語能力にかかる要件については、技能実習制度における取扱いを踏まえ、育成就労産業分野ごとに、より高い水準とされる可能性もあります。

「育成就労」の外国人材を受け入れるには？

　育成就労外国人を受け入れる企業のことを「育成就労実施者」（又は受入れ機関）と言います。受入れ機関が育成就労外国人を受け入れるためには、育成就労外国

8

人ごとに、育成就労の期間（3年以内）、育成就労の目標（業務、技能、日本語能力等）、内容等を策定した「育成就労計画」を作成し、外国人育成就労機構の認定を受けなければならないとされています。詳しい要件や申請方法については、令和7年2月執筆時現在では未定ですが、技能実習制度と異なり特定技能制度との連続性を持たせる観点から、特定技能制度と同じく、受入れ対象分野別の協議会への加入等の要件が新たに設けられる予定です。一方で、技能実習制度の要件とされていた前職要件や帰国後の業務従事要件等の国際貢献に由来するものは、育成就労制度では廃止される予定です。

6 建設工事紛争審査会って何？

建設工事の請負契約に関して、元請と紛争になっちゃったよ

建設工事紛争審査会を活用したらどうかな？

建設工事紛争審査会とは？

　建設工事紛争審査会とは、あっせん・調停・仲裁により、建設工事の請負契約に関する紛争の簡易・迅速・妥当な解決を図るために国土交通省及び各都道府県に設置されている ADR（裁判外紛争処理）機関です。国土交通省に設置されているものが中央建設工事紛争審査会で、各都道府県に設置されているものが都道府県建設工事紛争審査会です。それぞれ担当する事件の管轄区分が決められています。

　技術的な事項を多く含む、早期に工事代金の支払いを受けて事業資金を確保しなければならない等の建設工事紛争の特徴から、法律、建築・土木、行政等の専門家の委員の知見を活かして解決が図られます。

8

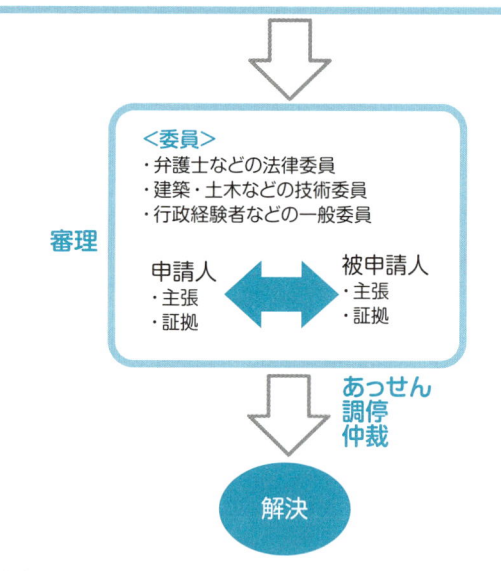

出典：国土交通省「1. 建設工事紛争審査会の概要」(https://www.mlit.go.jp/totikensangyo/const/totikensangyo_const_tk1_000071.html) をもとに作成

　建設工事紛争審査会は、あっせん・調停・仲裁のいずれかによって紛争の解決を図りますが、それぞれの違いは次の表のとおりです。なお、建設工事紛争審査会の行う、あっせん・調停・仲裁の手続きは原則として非公開です。

	あっせん	調停	仲裁
趣旨	当事者の歩み寄りにより解決を目指す		裁判所に代わって判断を下す
担当委員	原則1名	3名	3名
審理回数	1〜2回	3〜5回程度	必要な回数
解決した場合の効力	民法上の和解としての効力（別途公正証書を作成したり確定判決を得たりしないと強制執行ができない）		裁判所の確定判決と同じような効力（執行決定を得て強制執行ができる）
特徴	調停の手続を簡略にしたもので、技術的・法律的な争点が少ない場合に適する	技術的・法律的な争点が多い場合い適する。場合によっては、調停案を示すこともある	裁判に代わる手続で、一審制。仲裁判断の内容については裁判所でも争えない
その他			仲裁合意が必要

出典：国土交通省「4. 建設工事紛争審査会での紛争処理手続 〜あっせん・調停・仲裁〜」(https://www.mlit.go.jp/totikensangyo/const/totikensangyo_const_tk1_000075.html) をもとに作成

建設工事紛争審査会で取り扱う事件

　建設工事紛争審査会は、「建設工事の請負契約に関する紛争」について、解決を図るために設置されている機関です。

　建設工事の請負契約に関する紛争とは、当事者の一方又は双方が建設業者である場合の紛争のうち工事の瑕疵（不具合）、請負代金の未払い等のような工事請負契約の解釈又は実施をめぐる紛争のことをいいます。不動産の売買契約に関する紛争や建築物の設計管理契約に関する紛争、建設業者との雇用契約に関する紛争等は、建設工事紛争審査会で取り扱えるものではありません。

　また、対象は契約当事者間の紛争に限定されています。発注者・元請業者間、元請業者・一次下請業者間、一次下請業者・二次下請業者間など、直接契約の当事者となっている者の間の紛争です。直接の契約関係にない元請・二次下請間、元請・近隣住民間等の紛争は、建設工事紛争審査会で取り扱えるものではありません。

　国土交通省のホームページ (https://www.mlit.go.jp/totikensangyo/const/1_6_bt_000160.html) で、中央建設工事紛争審査会での紛争解決事例が紹介されていますので、抜粋してご紹介します。

8

1. 注文住宅等で一般の方が申請した事例

   新築住宅工事の請負契約に基づく紛争で、申請人（個人）から、「被申請人（請負人）が、両者合意の工事請負契約と異なる内容の契約書に詐言を用いて申請人に押印させたうえ、本件契約の履行に当たっても言葉を左右し、再三にわたり誠意ある対応に欠けることがあったので、申請人としては本件契約を解約し、被申請人に対し、仮契約金として申請人が交付した金100万円を返却せよ」とのあっせん申請があった。被申請人は、「契約内容を一方的に変更した事実は存在せず、また、着工時期に建築に着手出来なかったのは、契約金の入金が遅延し、最終の建築プランが未確定だったためであり、主張している経緯は事実に反する」との答弁をした。最終的には、「申請人及び被申請人は本件請負契約を合意解除し、また、申請人は既払いの100万のうち60万円は本件契約に関する諸経費と認め、残りの40万円を支払う」旨の和解が成立した。

2. 発注者・請負人間の紛争解決事例

   マンション新築工事の請負契約に関する紛争で、申請人（請負人）から、「被申請人（発注者）は、申請人に対し、工事残代金4億9,000万円等を支払え」との仲裁申請があった。被申請人は、「申請の趣旨は認めるが、会社が事実上の倒産状態にあるため、具体的な支払い計画を提示できない、平成13年中には返済計画を作成したい」旨の答弁をした。なお、被申請人は審理に一度も出席しなかった。最終的には、申請人の主張どおりの仲裁判断がなされた。

3. 元請業者・下請負人間等の紛争解決事例

   公共下水道幹線工事の請負契約に基づく紛争で、「元請負人は、下請負人に対し瑕疵補修代金及び立替金として2,500万円を支払え」、「下請負人は、元請負人に対し工事残代金800万円等を支払え」と両当事者から調停申請があった。最終的には、「和解として元請負人が下請負人に200万円支払うとともに、従前の主張、紛争の一切を水に流し、今後の取引関係の円滑な進展のために相互に協力する」旨の調停が成立した。

出典：国土交通省「紛争解決事例（中央建設工事紛争審査会）」(https://www.mlit.go.jp/totikensangyo/const/1_6_bt_000160.html) の内容を抜粋

建設工事紛争審査会を利用する

　建設工事紛争審査会を利用するには、各審査会の管轄区分に従って、管轄する審査会に申請を行います。国土交通省のホームページに、全国の建設工事紛争審査会（事務局）一覧（https://www.mlit.go.jp/totikensangyo/const/totikensangyo_const_tk1_000084.html）が掲載されていますのでご確認ください。

○中央建設工事紛争審査会
- ・当事者の一方又は双方が国土交通大臣の許可を受けた建設業者である場合
- ・当事者の双方が建設業者で、許可をした都道府県知事が異なる場合

○都道府県建設工事紛争審査会
- ・当事者の一方のみが建設業者で、当該都道府県の知事の許可を受けたものである場合
- ・当事者の双方が当該都道府県知事の許可を受けた建設業者である場合
- ・当事者の双方が許可を受けた建設業者でなく、その紛争に係る建設工事の現場が当該都道府県の区域内にある場合

　※上記の区分に関わらず、当事者双方の合意により、自由に審査会を決めることが可能です。

　紛争処理の申請は、申請人が①必要書類、②申請手数料、③通信運搬費を、管轄する審査会の事務局に提出して行います。郵送も可ですが、不備があった場合は受理されませんので、事務局窓口へ持参し提出することをおすすめします。

8

①必要書類
- ・申請書
- ・添付書類（登記事項証明書、仲裁合意書、管轄合意書等）
- ・証拠書類（契約書、設計図、現場写真等）

②申請手数料

（あっせん申請手数料）

請求する事項の価額	あっせん申請手数料の額
100万円まで	10,000円
500万円まで	価額（1万円単位）×20円＋8,000円
2,500万円まで	価額（1万円単位）×15円＋10,500円
2,500万円を超えるとき	価額（1万円単位）×10円＋23,000円

（調停申請手数料）

請求する事項の価額	調停申請手数料の額
100万円まで	20,000円
500万円まで	価額（1万円単位）×40円＋16,000円
1億円まで	価額（1万円単位）×25円＋23,500円
1億円を超えるとき	価額（1万円単位）×15円＋123,500円

（仲裁申請手数料）

請求する事項の価額	仲裁申請手数料の額
100万円まで	50,000円
500万円まで	価額（1万円単位）×100円＋40,000円
1億円まで	価額（1万円単位）×60円＋60,000円
1億円を超えるとき	価額（1万円単位）×20円＋460,000円

③通信運搬費

	通信運搬費の予納額
あっせん	10,000円
調停	30,000円
仲裁	50,000円

　その他の費用として、審査会に提出する準備書面、見積書、鑑定書その他の書類や証拠の作成に要する費用は、それぞれの当事者が負担します。また、必要に応じて立入検査（現地調査）、鑑定、証人尋問等を実施することとなった場合の費用は、両当事者の合意により双方が折半で負担するのが通例とされています。

情報を更新

7 国土交通省の建設業法令遵守推進本部って何？

建設業法令遵守推進本部というのがあるらしいね。法令違反をした建設業者を取り締まったりしているのかな…

建設業における法令遵守に関する取組みを行っているよ

建設業法令遵守推進本部とは？

　建設業法令遵守推進本部は、建設業の法令遵守体制の充実を図るため、平成19年4月1日に国土交通省各地方整備局等に創設されたものです。創設以降、建設業における法令遵守に関する各種の取組みを行っています。

　令和5年度までは72名だった人員が令和6年度は135名と倍増されており、令和6年9月の建設業法改正により、下請取引等実態調査やモニタリング調査を通して、工事請負契約の締結状況などの調査権限が法的に付与されることになりました。

活動の内容

8

　建設業法令遵守推進本部の活動については、国土交通省が毎年度の活動方針と活動結果を公表しています。令和6年7月に、国土交通省より公表された「令和5年度「建設業法令遵守推進本部」の活動結果及び令和6年度の活動方針」（https://www.mlit.go.jp/totikensangyo/const/content/001752644.pdf）の活動方針の内容から、建設業法令遵守推進本部の活動内容について抜粋してご紹介します。

1. 建設Gメンの実地調査
   建設Gメンの実地調査は、広く取引実態を把握した上で、その後の改善指導等に繋げていく観点から、特定の規模の工事や建設業者、時期に限

定することなく、業界全体を対象に実施していく。その上で、実地調査を
より効率的に行うため、書面調査を大幅に拡大し、そこで把握した疑義
情報や、「駆け込みホットライン」に寄せられた通報を活用して、違反の
疑いのあるものを優先して実施し、注意喚起などの改善指導を行ってい
く。また、確度の高い疑義情報を収集すること等を目的に、下請Gメン
等と連携を図り、取組をより効果的に行っていく。実地調査により違反
のおそれを把握した場合には、建設業許可部局による強制力のある立入
検査等に繋げていくなど、運用の工夫を行いながら、実効性を確保して
いく。

2. 法令違反疑義情報の収集

地方整備局等に設置されている「駆け込みホットライン」や「建設業フォ
ローアップ相談ダイヤル」は、相談窓口としての役割に加え、法令違反疑
義情報の通報窓口としての役割も担っている。これまでも、法令違反の
早期発見を図る観点から、相談通報窓口の周知を図っているところであ
るが、引き続き、建設業許可通知書や経営事項審査結果通知書を送付す
る際にリーフレットを同封するなど、その周知を図っていく。

3. 立入検査の実施

相談通報窓口への通報により法令違反が疑われる建設業者や、建設Gメ
ンの実地調査等により法令違反のおそれを把握した建設業者、営業所の
実態に疑義のある建設業者、必要な実務経験等を有する技術者の配置に
疑義のある建設業者、過去に指導監督を受けた建設業者等を中心に、立
入検査を機動的に実施していく。

4. 建設業取引適正化推進期間

令和2年度以降、毎年10月から12月の3ヶ月間を「建設業取引適正化
推進期間」と位置付け、講習会の開催をはじめ、取引適正化に向けた普及
啓発に関する活動等を重点的に行っている。今年度は、改正建設業法が
公布されたことを踏まえ、普及啓発に関する活動の強化に努めるものと
する。また、建設Gメンについても、当該期間を「集中月間」と位置づけ、
とりわけ重点的に取組を行うものとする。

5. 関係機関との連携

(1) 時間外労働規制の適用が始まったことも踏まえ、昨年度に引き続き、
都道府県労働局や労働基準監督署と連携して、「都道府県建設業関

係労働時間削減推進協議会」や「建設業に対する労働時間等説明会」の開催などを通じ、民間発注者等に対して、適正な工期設定を働きかけていく。

(2) 建設関係団体との情報・意見の交換を積極的に行い、そのなかで、改正建設業法により措置された、新ルールを踏まえた適切な対応を強く求めていくとともに、研修会を合同で開催するなど、新ルールの周知に努める。

(3) 不良・不適格業者に対しては、情報を確知した場合の速やかな情報共有や合同立入検査の実施、営業状況の継続的な把握等について、国土交通省と都道府県の建設業許可部局間で連携・協力して対応するほか、必要に応じて、関係部署と連携して適切な対応を図る。

6. その他

(1) 建設工事の請負契約を巡る元下間のトラブルや苦情相談等に応じる「建設業取引適正化センター」について、引き続き周知を図る。

(2) 技能労働者がその技能と経験に応じた適正な評価や処遇を受けられる環境整備等を図る観点から、建設キャリアアップシステムや建設業退職金共済制度の普及に向けた必要な周知を行う。

(3) 資源有効利用促進法の省令改正により、対象工事の元請業者に対して、建設発生土の搬出先等を記載した再生資源利用 (促進) 計画書の発注者への説明と建設現場への掲示、搬出先が盛土規制法の許可地であるか等の事前確認及び最終搬出先までの確認等が義務化されたことを受け、当該制度の周知を図るとともに、適切な対応を促す。

(4) 規制逃れを目的とした一人親方対策として、元請負人 (施工体制台帳等の作成が義務付けられている工事を発注者から直接請け負った建設業者) は、当該工事の施工に従事する全ての下請負人に対して、一人親方との再下請負通知書や請負契約書 (写し) の提出を求めるとともに、適切な施工体制台帳等を作成しなければならないことなど、法令遵守の徹底に向けた必要な周知を実施する。周知には「社会保険の加入に関する下請指導ガイドライン」やリーフレット「みんなで目指すクリーンな雇用・クリーンな請負の建設業界」を活用する。

8

出典：国土交通省「令和5年度「建設業法令遵守推進本部」の活動結果及び令和6年度の活動方針」(https://www.mlit.go.jp/totikensangyo/const/content/001752644.pdf) の活動方針の内容について抜粋

建設業法令遵守推進本部が、様々な取組みをしていることがわかりますが、建設業者にとって特に直接的に大きな影響のある取組みとしては、「3. 立入検査の実施」です。立入検査がきっかけで、行政指導（勧告）や監督処分を受ける建設業者も一定数ありますので、立入検査を避けたいという建設業者の方も多いと思います。

日頃から建設業法令遵守をしている建設業者であれば、立入検査は全く怖いものではありません。公表されている活動方針の中では、立入検査の検査対象となる建設業者や、重点的に検査を行う事項等について記載されており、年度ごとの特徴が良く表れています。建設業法令遵守推進本部の活動方針を踏まえて、自社の法令遵守に対する年度ごとの取組みの実施方針等を決めるのも一つの方法かと思います。

立入検査等、監督処分・勧告の実施について

先述の「令和5年度「建設業法令遵守推進本部」の活動結果及び令和6 年度の活動方針」(https://www.mlit.go.jp/totikensangyo/const/content/001752644.pdf) から、令和5年度の建設業法令遵守推進本部の活動状況、活動結果を抜粋してご紹介します。

▼立入検査等、監督処分・勧告の実施件数

1. 法令違反疑義情報の受付件数

	令和5年度	令和4年度
法令違反疑義情報受付件数	3,834件	3,492件
【うち「駆け込みホットライン」の受付件数】	【1,516件】	【1,189件】

2. 建設業者に対する立入検査等の実施件数

	令和5年度	令和4年度
立入検査等の実施	806件	884件

3. 建設業の法令遵守に関する講習会の開催件数

	令和5年度	令和4年度
講習会の開催（都道府県との共同開催含む）	72回	45回

※ 講習会の開催のほか、以下の建設業法令遵守に関する説明動画を国土交通省の YouTube チャンネルに掲載
・建設業法令遵守ガイドライン改訂に関する説明動画：視聴回数約 37,436 回（令和6年6月28日現在）
・建設企業のための適正取引ハンドブック（第3版）説明動画：視聴回数約 14,674 回（令和6年6月28日現在）

4．監督処分・勧告の実施概要

	令和5年度	令和4年度	主な処分事由（令和5年度）
許可取消	1業者	0業者	営業所の実態なし1件
営業停止	14業者	13業者	請負契約に関し不誠実1件、官製談合防止法・公契約関係競売等妨害等3件、無許可業者との下請契約1件、資格要件を満たさない技術者の監理技術者・主任技術者配置4件、経営事項審査の虚偽申請（資格要件を満たさない技術者の申請）2件など
指示	12業者	6業者	労働安全衛生法違反9件、資格要件を満たさない技術者の営業所専任技術者配置3件
勧告	68業者	36業者	下請契約の締結について47件、追加・変更契約について20件、下請代金の見積・決定について10件など
口頭・文書指導等	388業者	190業者	

※「大臣許可業者」に対する監督処分等の件数
※ 1件の監督処分等に複数の処分事由が含まれることがあるため、監督処分等の件数とその内訳の件数とは一致しない場合がある

出典：国土交通省「令和5年度「建設業法令遵守推進本部」の活動結果及び令和6年度の活動方針」（https://www.mlit.go.jp/totikensangyo/const/content/001752644.pdf）
「令和4年度「建設業法令遵守推進本部」の活動結果及び令和5年度の活動方針」（https://www.mlit.go.jp/common/001615414.pdf）をもとに作成

　令和5年度の立入検査等の実施件数806件に対して、監督処分、勧告、文書指導等の実施件数は483件です。約60%程度の建設業者は、何らかの建設業法違反の指摘を受けたということになります。なお、令和4年度は約28%です。

　監督処分・勧告を受けた建設業者が、全て立入検査等をきっかけとして法令違反が見つかったわけではないと思いますが、「駆け込みホットラインへの通報」→「立入検査等の実施」→「監督処分・勧告の実施」のような流れで監督処分・勧告を受けるというケースは多いかと思います。立入検査等で法令違反が見つからないようにするのではなく、下請負人や他社から通報されないような法令遵守体制の構築、つまりは日頃の法令遵守に対する取組みが大事だと言えます。

8

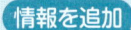

8 国土交通省の中央建設業審議会って何？

 中央建設業審議会というのがあるらしいね。何をしているのかな？

 建設業を適正に運営するための基準や指針を作成しているよ

中央建設業審議会とは？

中央建設業審議会は「建設業法」、「公共工事の入札及び契約の適正化の促進に関する法律」等に基づき、経営事項審査や建設工事の適正な契約や施工について審議を行うため昭和24年8月20日に国土交通省に設置された機関です。創設以降、建設業の適正な運営を行うための様々な基準や指針の作成を行っています。

活動の内容

中央建設業審議会の活動内容は主に次の5つの項目です。

(1) 経営事項審査の項目と基準の策定（建設業法第27条の23第3項）

公共工事を受注しようとする建設業者の経営の規模と経営状況を審査する経営事項審査において、その項目と基準の制定において意見を述べること

(2) 建設工事の標準請負契約約款の作成（建設業法第34条第2項）

公正な立場から、請負契約の当事者間の具体的な権利義務関係の内容を律するものとして標準請負契約約款を決定し、当事者にその採用を勧告すること

(3) 工期に関する基準の策定（建設業法第34条第2項）

著しく短い工期による請負契約の締結を禁止するため、工期に関する基準を作成し、請負契約の当事者に勧告すること

(4) 労務費に関する基準の策定 (建設業法第34条第2項)

　建設業の担い手確保に必要不可欠な技能労働者の処遇改善のため、建設工事の労務費に関する基準を作成し、請負契約の当事者に勧告すること

(5) 公共工事の入札・契約に関する「適正化指針」の策定 (公共工事の入札及び契約の適正化の促進に関する法律第17条第5項)

　公共工事の入札・契約の適正化を図るための措置に関する指針である適正化指針の案の作成において意見を述べること

　このうち (4) 労務費の基準の策定は、令和6年9月の改正建設業法の施行により新たに中央建設業審議会で所掌することとなった事務です。

中央建設業審議会の部会

　建設業法施行令第47条において、中央建設業審議会は、中央建設業審議会が定めることにより、部会を設置することができるとされています。部会は、学識経験のある者、建設工事の需要者、建設業者である委員のうちから、会長が指名した者で構成されることになっています。

　中央建設業審議会には次の部会があります。
1.　基本問題小委員会 (2011年9月30日設置)
2.　中央建設業審議会建設工事標準請負契約約款改正ワーキンググループ (2019年4月16日設置)
　　・改正民法の内容を踏まえた約款の見直しの検討
　　・建設産業の請負契約の現状を踏まえた約款改正事項の検討
3.　工期に関する基準の作成に関するワーキンググループ (2019年9月13日設置)
　　・建設工事の工期に関する基準に盛り込むべき事項の検討
4.　労務費の基準に関するワーキンググループ (2024年9月10日設置)
　　・建設工事の労務費の基準作成に向けた検討

8

9 建設業退職金共済制度って何？

経営事項審査の加点対象だから加入してるんだけど、制度がよくわかってないよ

建設業退職金共済事業は、工事現場で働く人たちのための退職金制度だよ

建設業退職金共済制度（建退共）とは？

　工事現場で働く人たちのために、中小企業退職金共済法に基づいて国が作った退職金制度です。事業主が、現場で働く労働者の共済手帳に、働いた日数に応じて掛金となる共済証紙を貼り、その労働者が建設業で働くことをやめたときに、独立行政法人勤労者退職金共済機構から退職金が支払われるという制度です。

　建退共加入のメリットとして、次の6つが挙げられます。

①安全かつ簡単
　退職金は国で定められた基準により確実に支払われます。
②通算制度
　雇用される事業主が建退共に加入している場合、雇用される事業主が変わっても、それぞれの期間全部が通算されます。
③掛金の補助
　「建設業退職金共済手帳」が労働者に最初に交付される際、共済証紙の50日分が国から補助されます。
④掛金は損金扱い
　掛金は全額、法人では損金、個人では必要経費として扱われます。
⑤経営事項審査で加点
　公共工事の入札に参加するための経営事項審査において加点評価されます。

⑥加入者還元サービス

建退共と提携しているホテル・旅館・レンタカーなどが割引料金で利用できます。

建退共への加入

事業者は、建設業を営む者であれば誰でも建退共に加入することができます。元請・下請の別を問わず、建設業許可を受けているといないとに関わらず、全ての事業者が加入することができます。

労働者についても、建設業の工事現場で働く労働者のほとんど全てが建退共の対象者になることができます。ただし、役員報酬を受けている方や事務職員は加入することができませんので注意が必要です。また、一人親方であっても、任意組合を利用し、対象者となることができます。

建退共に加入する場合、各都道府県建設業協会内にある建退共の支部で「共済契約申込書」「共済手帳申込書」の必要事項を記入して申し込みます。都道府県支部の情報は、独立行政法人勤労者退職金共済機構建設業退職金共済事業本部のホームページ (http://www.kentaikyo.taisyokukin.go.jp/shozaichi/shozaichi03.html) に掲載されています。

加入後は、事業主には「建設業退職金共済契約者証」、労働者には「建設業退職金共済手帳」が交付されます。

なお、建退共制度における掛金の納付は、共済証紙を共済手帳に貼付することにより行われます。共済証紙は共済証紙取扱金融機関で共済契約者証を提示して購入することができます。元請業者が工事に必要な労働者の掛金に相当する金額で共済証紙をまとめて一括で購入し、その共済証紙を下請業者の延べ労働者数に応じてそれぞれの下請業者に現物交付します。

事業主は、労働者に賃金を支払う都度（少なくとも月1回）、その労働者が働いた日数分の共済証紙を共済手帳に貼って消印をすることで、掛金の納付を行います。

8

電子申請方式について

令和2年10月に改正中小企業退職金共済法が施行され、建退共の掛金納付方式に、従来の「証紙貼付方式」に加えて「電子申請方式」が追加されました。

電子申請方式とは、証紙貼付方式における共済証紙の代わりとなる「退職金ポイント（電子掛金）」をあらかじめペイシ―または口座振替により購入し、月に一度、共済契約者（建設業者）が被共済者の就労日数を「電子申請専用サイト」に登録することで、登録された就労日数に応じて保有している退職金ポイントを掛金として納付する方式です。

電子申請方式は、建設キャリアアップシステムとの連携が可能で、建設キャリアアップシステムの就業履歴データを電子申請方式の就労実績ツールに取り込むことで入力作業を軽減することができます。

なお、電子申請方式の利用申込をしても、すべての工事で電子申請納付をしなければならないわけではありません。

▼建退共における電子申請方式の導入について

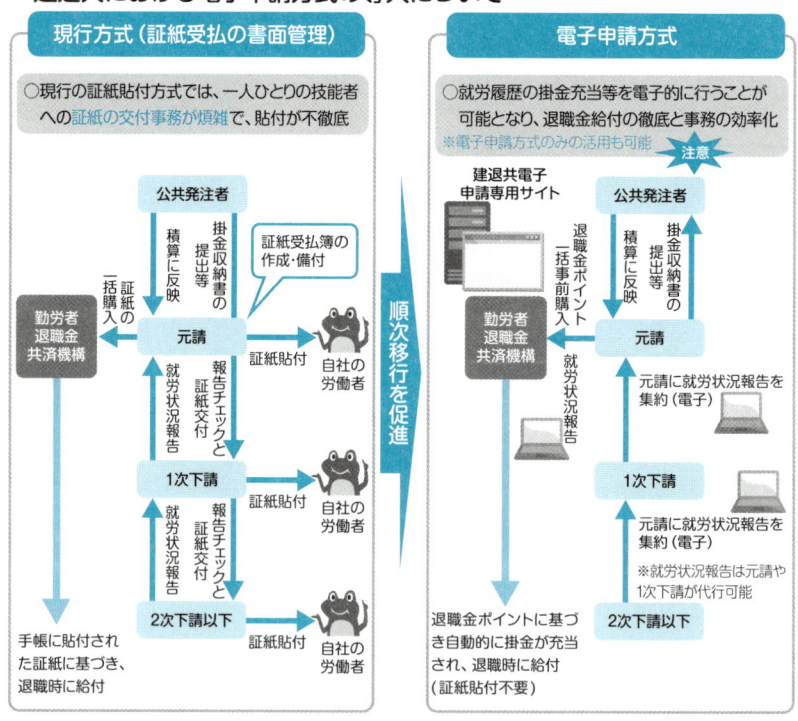

出典：国土交通省「建退共における電子申請方式の導入について」（https://www.mlit.go.jp/ tochi_fudousan_kensetsugyo/const/content/ccus_kentaikyo_about.pdf）P1 をもとに作成

10 建設業許可と経審の申請は電子化されて何が変わったの？

 電子化されたと聞いたんだけど、何が変わったのかな？

 建設業者・許可行政庁双方の事務負担を軽減し、生産性が向上することになったよ

建設業許可・経営事項審査電子申請システム（JCIP）

　建設業許可、経営事項審査（経営規模等評価）の申請は、従来は書面での申請のみであり、申請準備や審査が建設業者及び許可行政庁双方にとって過大な負担となっていました。建設業の働き方改革推進の一環として、事務負担を軽減し、生産性の向上を図るとともに、新型コロナウイルス感染症の拡大等を踏まえ、非対面での申請手続を行うことができる環境を整備することを目的とし、全国統一の電子申請支援システム（JCIP）が開発されました。

　令和5年1月より、建設業許可や経営事項審査の電子申請受付が開始され、令和7年2月の執筆現在では、大阪府、福岡県を除く行政庁で電子申請受付が可能となっています。

電子化のポイント

　建設業許可・経営事項審査の電子化におけるポイントをピックアップしてご紹介します。

●①申請者のユーザー認証にはGビズIDを使用

　GビズIDは、経済産業省が提供している法人・個人事業主のための共通認証システムです。1つのGビズIDアカウントで、許認可申請や補助金申請、社会保険の手続きなどがインターネットでできるようになります。

GビズIDには3種類のアカウント（プライム・メンバー・エントリー）がありますが、建設業許可・経営事項審査の電子申請には「gbizID プライム・メンバー」が必要です。

●②申請書類は画面入力、確認資料等はアップロード

電子申請なので当然ですが、建設業法施行規則で様式化されている建設業許可申請書類や変更届出書類は電子申請システムでの画面入力となります。過去の申請データの引用や、各種申請書類作成ソフトなどで作成されたデータの取込み機能も整備されています。システム上で入力項目のエラーチェックや、書類不備・不足がチェックもされます。また、様式のない確認資料等は、PDF等でシステムにアップロードして提出をすることになります。

●③バックヤード連携

電子申請システムでは、他省庁とのバックヤード連携が行われます。証明書の取得や添付作業の省略ができるため、申請者の負担が軽減されることになります。令和7年2月執筆現在、バックヤード連携が行われているのは、以下の8つの証明書です。

- ・登記事項証明書（法務省）
- ・納税証明書（国税庁）
- ・技術検定合格証明書（国土交通省）
- ・経営状況分析結果通知書（登録経営状況分析機関）
- ・監理技術者資格者証（（一財）建設業技術者センター）
- ・監理技術者講習修了証（国土交通省）
- ・建設業経理士登録証（（一財）建設業振興基金）
- ・建設業経理士CPD講習修了証（（一財）建設業振興基金）

都道府県の事業税の納税証明書は、バックヤード連携が行われていないため、申請者が取得を行いPDFを添付する必要があります。

▼電子申請システムの概要

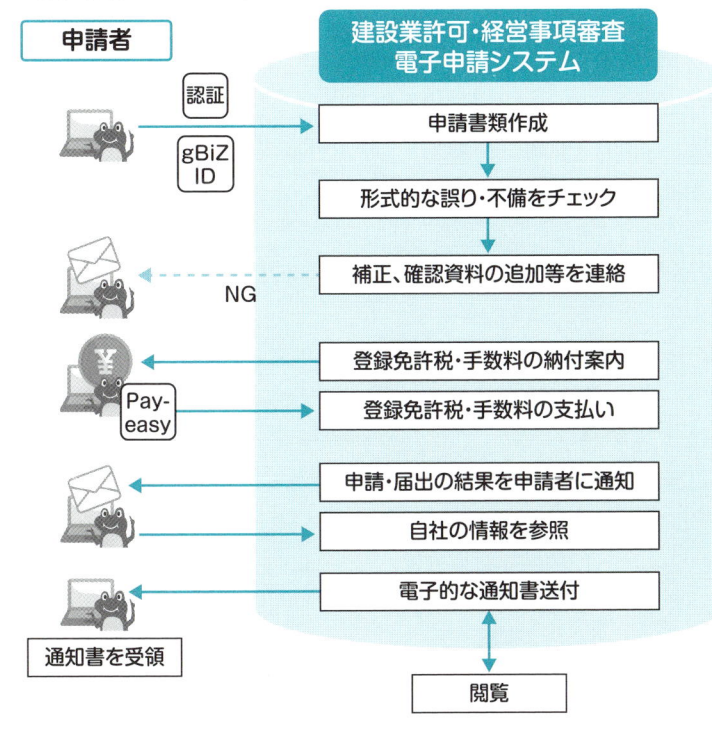

出典：国土交通省「建設業許可・経営事項審査電子申請システム」(https://www.mlit.go.jp/tochi_fudousan_kensetsugyo/const/content/001519393.pdf) P5をもとに作成

電子化の対象となる手続の範囲

JCIPでは、以下の申請手続等について、電子申請をすることが可能です。

▼電子申請が可能な手続き

建設業許可関係	許可申請 （新規許可、許可換え、般特許可、業種追加、更新） 変更等の届出 （事業者の基本情報、経営業務管理責任者、営業所技術者等、営業所の代表者等） 廃業等の届出 決算報告 許可通知書等の電子送付 ※各行政庁により取扱いは異なる。
経営事項審査関係	経営事項審査申請（経営規模等評価、総合評定値） 再審査申請（経営規模等評価、総合評定値） 結果通知書等の電子送付 ※各行政庁により取扱いは異なる。

また、JCIP で作成できる様式、作成できない様式は次のとおりです。

【作成できる様式】

〇省令様式

〇許可事務ガイドラインの下記様式

・経管経験の認定調書 各種（別紙 6 × 3 種類）

・変更届出書＜事業年度終了報告時＞（別紙 8 ）

〇「経営事項審査の事務取扱について（通知）」の下記様式

・工事種類別完成工事高付表（様式第 1 号）

・継続雇用制度の適用を受けている技術職員名簿（様式第 3 号）

・CPD 単位を取得した技術職員名簿（技術職員名簿に記載のある者を除く）（様式第 4 号）

・技能者名簿（様式第 5 号）

・建設工事に従事する者の就業履歴を蓄積するために必要な措置の実施状況

【作成できない様式】

〇許可事務ガイドラインの下記様式

・許可申請取下げ願（別紙 4 ）

・許可拒否通知書（別紙 5 ）

・登録免許税還付願（別紙 7 ）

・許可取消通知書（別紙 9 ）

・承継の書類提出依頼書（別紙 1 0 ）

・承継認可申請取下げ願（別紙 1 1 、別紙 1 4 ）

・承継拒否通知書（別紙 1 2 、別紙 1 7 ）

・承継認可通知書（別紙 1 3 、別紙 1 8 ）

・相続の書類提出依頼書（別紙 1 5 ）

・承継認可申請取下げ願（別紙 1 6 ）

〇「経営事項審査の事務取扱について（通知）」の下記様式

・経理処理の適正を確認した旨の書類（様式第 2 号）

11 国土交通省の実施するモニタリング調査って何？

建設業の「モニタリング調査」って何だろう？

建設工事の取引状況について国土交通省が行う調査のことだよ

モニタリング調査とは？

　モニタリング調査とは、適正な請負代金・工期での請負契約の締結、適正な請負代金の支払いを確保する観点から、受発注者間・元下請間の建設工事の取引状況について国土交通省が行う調査のことです。なお、モニタリング調査の結果等を踏まえ、必要に応じて発注者、音吐請け業者に対して事実確認や注意喚起等が行われることもあります。

　このモニタリング調査に当たるのは、国土交通省本省や北海道開発局、地方整備局に配置された「建設Ｇメン」と呼ばれる人たちです。建設Ｇメンは2024年度予算成立を受け、地方整備局などに計10名が新規配置されました。また、建設業関係部署からの応援を加えて、建設Ｇメンの人員体制は、2023年度の72名からほぼ倍増の135名体制をとなっています。

8

調査内容は？

　モニタリング調査の調査内容は、そのときの建設業の状況により異なります。本書では令和4年度に実施された元下請間の調査を基に見ていきます。

・調査対象業者
　完成工事高上位の建設業者を中心に選定（令和3,4年度の合計229か所）。結果

として、令和3年度は完工高1,000億円以上を中心に80か所、令和4年度は完工高1,000億円未満を中心に149か所を実施

・調査対象工事

公共・民間問わず、元請として発注者から令和元年度〜4年度中に直接請け負った工事で、中規模案件と言われる「工期が1〜3年程度、工事費が1〜50億円程度のもの（小中学校、大学、公共施設、マンション、病院、ホテル、河川災害復旧工事、道路改良工事など）」を対象

・調査方法

調査対象業者から、上記調査対象工事の中から「労務費率の高い工事」や「材料費率の高い工事」を合計575件選定し、それぞれの工事の契約を行っている支店等の長や現場所長等に対するヒアリングを令和4年5月から令和5年2月に実施

・調査項目

①物価等の変動に基づく契約変更条項の有無

②契約金額の変更に係る申出の状況

③契約金額の変更に係る申出を行った際の発注者の対応状況

④下請負人に対する標準見積書の働きかけ状況

⑤法定福利費の明示状況

⑥国交省における取組・施策の認知状況 など

モニタリング調査の結果は？

国土交通省は令和4年度のモニタリング調査の結果を踏まえ、元請業者に対して不適切なおそれのある事案として次の8点をあげています。

1. 標準見積書の活用等の働きかけについて

建設業法（昭和24年法律第100号。以下「法」という。）第20条第1項において、建設業者は建設工事の請負契約を締結するに際し、経費の内訳を明らかにして建設工事の見積りを行うよう努めなければならないこととされています。

一方、当該調査では、①下請負人への標準見積書の活用等の働きかけを行っていないもの、②標準見積書以外の様式を使用している場合で、下請負人から交付された見積書に法定福利費が内訳明示されていないもの、③法定

福利費が明示されているものの、その根拠となる労務費総額等の算出根拠が不明確なもの、など標準見積書の活用等が適切に行われていないおそれのある事案が見受けられました。

2. 契約書・見積書における法定福利費の内訳明示について

『社会保険の加入に関する下請指導ガイドライン』では、元請負人に対し、見積条件の提示の際、適正な法定福利費を内訳明示した見積書を提出するよう下請負人に明示することを求めています。加えて、社会保険の加入に必要な法定福利費については、提出された見積書を尊重し、各々の対等な立場における合意に基づいて請負金額に適切に反映することも必要です。

一方、当該調査では、①当該工種における契約金額に占める労務費から想定して、法定福利費が適正に設定されていないおそれのあるもの、②下請負人が見積書において、法定福利費を内訳明示したにもかかわらず、工事費に含めた上で、さらに、下請負人が見積もった単価を大幅に減額することにより、法定福利費が適正に設定されていないおそれのあるもの、など建設業者の義務的経費である法定福利費が適正に設定されていないおそれのある事案が見受けられました。

3. 適切な社会保険に加入していることを確認できない作業員の現場入場について

『社会保険の加入に関する下請指導ガイドライン』では、平成 29 年度以降については、元請企業に対し、社会保険に未加入である建設企業を下請企業として選定しないよう要請するとともに、適切な社会保険に加入していることを確認できない作業員について、特段の理由がない限り現場入場を認めない取扱いを求めるなど、対策の強化を図ってきたところです。

一方、当該調査では、設定された法定福利費から想定して、適切な保険に加入していない作業員（偽装一人親方を含む。）を現場に入場させているおそれのあるものなど、技能者単位における社会保険の加入確認が厳格に行われていないおそれのある事案が見受けられました。

4. 合理的根拠のない一方的な値引き（指値発注）について

標準見積書の活用等による労務費及び法定福利費の確保の推進について（令和3年 12 月1日付け通知）では、法定福利費そのものや労務費については、下請企業の見積額を踏まえて適切に確保した体裁となっていても、請負金額を構成する他の費用で減額調整を行ない、その他の費用が見積額を下回

る額で下請契約を締結し、実質的には法定福利費等を賄うことができない請負金額となることは、その結果として「通常必要と認められる原価」に満たない金額となる場合には、当該元請下請間の取引依存度等によっては法第19条の3の不当に低い請負代金の禁止に違反するおそれがあるので留意することとされています。

　一方、当該調査では、①請負代金内訳書に元請負人が提示した合理的な根拠のない大幅な値引き額があり、それにより実質的には法定福利費や労務費を賄うことができない請負金額となるおそれのあるもの、②元請負人が自らの予算額に基づく請負金額の総額を示し、それに収まるよう下請負人が提示した大幅な値引き額について、元請負人において、十分な検証することなく、それにより実質的には法定福利費や労務費を賄うことができない請負金額となるおそれのあるもの、など不当に低い請負代金の禁止に違反するおそれのある事案や請負契約に関する不誠実な行為に該当するおそれのある事案が見受けられました。

5.　技能労働者の賃金上昇を阻害するおそれのある単価設定について

　公共工事設計労務単価が 11 年連続で引き上げられ、本年3月から適用されていることなどに加え、昨年2月には、国土交通大臣と建設業4団体との意見交換会において、今後の担い手確保のため、様々な課題もあり、困難を伴うものの、本年は概ね3%の賃金上昇の実現を目指して、全ての関係者が可能な取組みを進めることを申し合わせたところです。

　一方、当該調査では、前年度の同種同等工事における単価に比べて、大幅に安い単価を設定し、技能労働者の賃金上昇を阻害するおそれのある事案が見受けられました。

（※）本年3月29日の国土交通大臣と建設業4団体との意見交換会では、本年は概ね5%の賃金上昇を目指して、全ての関係者が可能な取組みを進めることが申し合わせされました。

6.　労務費相当分の現金支払について

　法第 24 条の3では、労働者の雇用の安定を図る観点から、元請負人は、下請代金のうち労務費に相当する部分については、現金で支払うよう適切に配慮をしなければならないこととされています。

　一方、当該調査では、当該工種における契約金額に占める労務費から想定して、労務費相当分の現金払いがされていないおそれのある事案が見受けられました。

7. 適正な施工体制の確立について

　建設業において建設工事の適正な施工を確保するためには、発注者から直接工事を請け負った特定建設業者は、直接の契約関係にある下請負人のみならず、当該工事の施工にあたる全ての下請負人を監督しつつ、工事全体の施工を管理することが必要です。法第 24 条の 8 において、特定建設業者に施工体制台帳、施工体系図及び作業員名簿の作成等を義務付け、施工体制の的確な把握を行うことによって、建設工事の適正な施工を確保するとともに、法第 24 条の 7 において、特定建設業者は下請負人に対する指導等に努めなければならないこととされています。

　一方、当該調査では、施工体制台帳、施工体系図及び作業員名簿の作成や記載内容の真正性の確認等が不十分で、社会保険加入の徹底や現場に入場した者との契約関係が雇用か請負か不明確なものなど施工体制の的確な把握が行われていないおそれのある事案が見受けられました。

8. 適正な請負代金の設定について

　法第 18 条では、「建設工事の請負契約の当事者は、各々対等な立場における合意に基づいて公正な契約を締結し、信義に従って誠実にこれを履行しなければならない。」と規定されています。

　一方、当該調査では、①下請業者との請負契約書に物価等の変動に基づく契約変更条項が含まれていないもの、②下請業者から物価変動に基づく請負金額の変更の申出があった場合でも、適切に協議に応じず、状況に応じた必要な契約変更を実施しない等適切な対応が図られていないものなど、適正な請負代金の設定が行われているとは認められないおそれのある事案が見受けられました。

8

出典：国土交通省　「見積依頼・提出を踏まえた双方の協議による適正な手順を経た契約の徹底等について　国不建推第73号 令和5年3月31日」
（https://www.mlit.go.jp/totikensangyo/const/content/001602850.pdf）から加工

　上記1〜8の改善すべき事項に留意し、下請契約における価格高騰等を踏まえた適正な請負代金の設定、適切な代金の支払、社会保険加入の徹底、適正な法定福利費及び労務費の確保及び技能労働者への適切な賃金の支払等について、建設業法令やその他ガイドライン等に基づき、適正に建設業を営んでいただくことが大切です。

12 国土交通省の実施する下請取引等実態調査って何？

情報を追加

下請取引等実態調査の調査票が届いたけれど、どんな調査なの？

建設工事の下請取引の実態を把握するための調査だよ

下請取引等実態調査とは？

　下請取引等実態調査とは、建設工事における元請負人と下請負人の間の下請取引等の適正化を図るため、下請取引等の実態を把握し、建設業法等に照らし適正でない取引実態が見受けられる建設業者に対して指導や助言することを目的とした調査です。国土交通省及び中小企業庁により、全国の建設業者の中から無作為に抽出された業者を対象に、書面調査が行われています。

　令和6年度は全国の建設業者30,000業者が無作為に抽出され、令和6年8月23日から令和6年9月20日の期間で調査が行われました。

　令和5年度は全国の建設業者12,000業者が無作為に抽出され、調査を受けています。それまで書面調査だったものが、調査対象業者の利便性等の観点から、令和6年度からはオンラインによるWEB調査となったこともあり、調査対象業者数が大幅に増加しました。建設業者としては、調査を受ける可能性が高まったということは意識しておかなければなりません。

調査内容は？

　令和6年度の調査では、元請負人と下請負人の間及び発注者（施主）と元請負人の間の取引の実態等、見積方法（法定福利費、労務費、工期）の状況や契約締結方法、価格転嫁や工期設定の状況、下請代金の支払期間・方法、約束手形の期間短縮・電子化の状況、技能労働者への賃金支払状況などが調査されています。この調査内容は毎年度違いがあります。

▼調査票の内容（一部抜粋）

Q7 下請代金の支払期間・方法について教えて下さい

Q7_1 資本金の額が4,000万円未満の一般建設業の許可を受けている下請負人及び許可を受けないで建設業を営む下請負人から引渡しの申し出があった日（請負契約において定められた工事完成の時期から20日を経過した日以前の一定の日に引渡しを行う旨の特約がされている場合は、その一定の日）から、下請代金の支払を行うまでの期間は次のうちどれですか。該当する主な番号を1つ選択して下さい。

```
1. 30日以内
2. 31日以上50日以内
3. 51日以上
4. 実績がない（貴社が特定建設業許可業者ではない場合も含む）
```

Q7_2 貴社が、出来高払又は竣工払を受けてから下請負人に対し下請代金の支払を行うまでの期間は、次のうちどれですか。
該当する主な番号を1つ選択して下さい。

```
1. 2週間以内      2. 2週間より長く1月以内      3. 1月より長い
```

Q7_3 下請負人に対して、下請負人との合意なく支払の保留を行ったことがありますか。該当する主な番号を1つ選択して下さい。

```
1. 合意なく保留したことはない ⇒ Q7_6へ
2. 合意なく出来高払又は竣工払の1割以下の金額を保留したことがある ⇒ Q7_4へ
3. 合意なく出来高払又は竣工払の1割を超える金額を保留したことがある ⇒ Q7_4へ
```

Q7_4 保留金の扱いはどのようにしていますか。該当する主な番号を1つ選択して下さい。

```
1. 保留した月の翌月に支払っている      3. 工事完成後に支払っている
2. 保留した月の翌々月に支払っている    4. 工事完成後も支払っていない
```

8

Q7_5 支払の保留を行う理由は何ですか。該当する番号を選択して下さい。（複数回答可）

```
1. 工事目的物の瑕疵を修補するため
2. 発注者から予定どおりの支払がなされなかったため
3. 自社の資金繰りが悪化するのを避けるため
4. 特に理由はないが、慣例となっているため
5. その他 具体的に：[                    ]
```

出典：国土交通省「令和6年度下請取引等実態調査 調査票」(https://www.mlit.go.jp/totikensangyo/const/content/001857104.pdf) P11より

調査の結果により、建設業法令違反行為等を行っている建設業者に対しては、指導票が送付され、是正措置を講ずるよう指導が行われます。

法令違反により、特に必要があると認められた場合には、許可行政庁による立入検査等の対象とされます。また、立入検査の対象として、調査への未回答業者やしわ寄せを行ったとされる元請負人についても選定され、下請取引の実態が確認されます。

実際に令和5年度の調査においては、建設工事を下請負人に発注したことのある建設業者7,613業者のうち、指導対象調査項目について、不適正な取引に該当する回答を行った建設業者7,043業者に対し、指導票が発送されています。

調査項目のうち、「下請代金の決定方法」、「契約締結時期」、「引渡し申出からの支払期間」「支払手段」については概ね法令遵守されている状況である一方、「見積提示内容」「契約方法や条項」「手形の現金化等にかかるコスト負担の協議」等の項目については、多くの建設業者で法令遵守がなされていないという結果となっています。

▼指導対象調査項目別の適正回答率

	指導対象調査項目	適正回答率（%）		増減
		令和5年度	令和4年度	
1	見積依頼方法	83.7	82.6	1.1
2	下請代金の決定方法	98.4	98.1	0.3
3	見積提示内容	20.6	19.2	1.4
4	見積日数（500万円未満）	98.3	98.6	-0.3
5	見積日数（5,000万円未満）	77.8	77.2	0.6
6	見積日数（5,000万円以上）	78.9	77.7	1.2
7	契約方法	63.2	62.5	0.7
8	契約条項	46.5	43.1	3.4
9	契約締結時期	98.6	98.5	0.1
10	安全経費を含めない契約締結の有無	98.5	98.6	-0.1
11	追加・変更時の契約締結の有無	88.2	87.2	1.0
12	追加・変更時の見積依頼方法	78.1	76.1	2.0
13	追加・変更時の契約方法	82.5	82.6	-0.1

14	追加・変更契約の締結時期	82.2	81.8	0.4
15	工期・価格変更交渉に対する対応	87.8	87.3	0.5
16	引渡し申出からの支払期間	97.8	97.8	0.0
17	注文者から支払を受けてからの支払期間	87.4	87.5	-0.1
18	支払手段	93.7	93.2	0.5
19	手形期間	94.4	94.6	-0.2
20	手形の現金化等にかかるコスト負担の協議	38.1	38.5	-0.4
21	赤伝処理	74.7	75.0	-0.3
22	施工体制台帳の整備（民間工事）	91.9	89.7	2.2
23	施工体制台帳の添付書類（民間工事）	48.3	44.0	4.3
24	施工体系図（民間工事）	82.1	77.5	4.6
25	帳簿備付	88.7	88.9	-0.2

出典：国土交通省「令和5年度下請取引等実態調査の結果概要」(https://www.mlit.go.jp/totikensangyo/const/content/001720848.pdf) P3をもとに作成

この調査は必ず回答しなければいけない？

　この調査は、建設業法第31条第1項及び第42条の2第1項に基づき、国土交通省及び中小企業庁が実施しているものです。また、建設業法第52条第5項において、『「第31条第1項、（中略）または第42条の2第1項の規定による報告をせず、又は虚偽の報告をした者」は100万円以下の罰金に処する。』と定められています。そのため、調査対象となった場合は、必ず回答するようにしましょう。

　報告された調査票は国が適切に管理し、発注者や元請負人に回答者が特定されることはありませんので、ご安心ください。

8

索引

名南コンサルティングネットワーク

行政書士法人名南経営

所訓

「私達は自利利他の精神に基づき、お客様の明日への発展のために今日一日を価値あるものとします。」

　行政書士法人名南経営は、税務をはじめ経営戦略・人事労務・法務・資産運用など、中堅・中小企業の企業経営における多様な課題の解決を力強くサポートしている専門家集団名南コンサルティングネットワークの一員。

＜名南コンサルティングネットワークのメンバーファーム＞

税理士法人名南経営	株式会社名南経営コンサルティング
弁護士法人名南総合法律事務所	司法書士法人名南経営
社会保険労務士法人名南経営	株式会社名南財産コンサルタンツ
名南 M&A 株式会社	株式会社名南メディケアコンサルティング
他	

　許認可業務と相続・遺言関連業務を主軸とし、企業から個人のクライアントまで、幅広いサービスを提供。事業に関する許認可コンサルティング及び個人の相続・遺言法務コンサルティングを通じて、クライアントのリスク・負担・不安を解消し、ビジネスや暮らしにおける「願い」を実現するサポートをしている。

　許認可業務においては、許認可専門部署を設置してサービスを提供しており、当該部署において受託している許認可業務の 7 〜 8 割ほどが建設業関連業務である。一般的な行政書士業務である建設業許可申請等の手続きだけでなく、顧問による相談対応や、クライアントの従業員向け建設業法令研修、コンプライアンス体制構築コンサルティング等も対応していることが特徴。

　令和 7 年 2 月現在、23 名（うち行政書士 7 名）。

著者紹介

行政書士

大野　裕次郎（おおの　ゆうじろう）

行政書士法人名南経営　社員行政書士
愛知県出身
2007 年 3 月　三重大学人文学部　卒業
2007 年 4 月　株式会社名南経営（現：株式会社名南経営コンサルティング）に入社し、名南行政書士事務所を兼務。
2009 年 1 月　行政書士試験合格
2009 年 10 月　行政書士登録
2015 年 7 月　行政書士法人名南経営を設立し、社員（役員）に就任。

建設業に参入する上場企業の建設業許可取得や大企業のグループ内の建設業許可維持のための顧問などの支援をしている。建設業者のコンプライアンス指導・支援業務を得意としており、建設業者の社内研修や建設業法令遵守のコンサルティングも行っている。

著書
2023 年 9 月『行政書士実務セミナー＜建設業許可編＞』（共著・中央経済社）
2024 年 7 月『建設業の立入検査　知識と対策ハンドブック』（共著・日本法令）

行政書士

寺嶋　紫乃（てらじま　しの）

行政書士法人名南経営　行政書士
岐阜県出身
2014 年 1 月　行政書士試験合格
2014 年 7 月　行政書士登録し、紫（ゆかり）行政書士事務所を独立開業。持ち前の高いホスピタリティを活かし、許認可業務を中心に様々な手続きを経験。
2016 年 1 月　ヘッドハンティングされ、行政書士法人名南経営に入社。

建設業者向けの研修や行政の立入検査への対応、建設業者の M&A に伴う建設業法・建設業許可デューデリジェンスなど、建設業者のコンプライアンス指導・支援業務を得意としている。

著書
2023 年 9 月『行政書士実務セミナー＜建設業許可編＞』（共著・中央経済社）
2024 年 7 月『建設業の立入検査　知識と対策ハンドブック』（共著・日本法令）

行政書士

片岡　詩織（かたおか　しおり）

行政書士法人名南経営　行政書士
愛知県出身
2020 年 3 月　三重大学人文学部　卒業
2020 年 4 月　行政書士法人名南経営　入社
2022 年 1 月　行政書士試験　合格
2022 年 5 月　行政書士登録

建設業許可をはじめとする各種許認可手続きを担当し、担当件数は年間 200 件を超える。建設業者向けの研修や建設業者の M&A に伴う建設業法・建設業許可のデューデリジェンスなど、建設業者のコンプライアンス指導・支援業務にも携わっている。

著書
2023 年 9 月『行政書士実務セミナー＜建設業許可編＞』（共著・中央経済社）

カバーデザイン・イラスト　mammoth.

建設業法のツボとコツが
ゼッタイにわかる本 [第3版]

| 発行日 | 2025年 4月 1日 | 第1版第1刷 |

| 著　者 | 大野 裕次郎／寺嶋 紫乃／片岡 詩織 |

発行者	斉藤　和邦
発行所	株式会社　秀和システム
	〒135-0016
	東京都江東区東陽2-4-2　新宮ビル2F
	Tel 03-6264-3105 （販売） Fax 03-6264-3094
印刷所	三松堂印刷株式会社　　　Printed in Japan

ISBN978-4-7980-7382-8 C2032